U0187012

真空镀膜技术与应用

主　编　田灿鑫
副主编　邹长伟　项燕雄

武汉理工大学出版社
·武　汉·

内 容 提 要

本书内容涵盖了真空镀膜的关键技术和实际应用。在介绍真空镀膜技术基础理论及应用的基础上，着重阐述了真空蒸发镀膜、真空溅射镀膜、真空离子镀膜、等离子体增强化学气相沉积的原理、工艺、应用等，紧接着介绍了薄膜厚度的测量、薄膜分析检测技术等方面的内容，最后详细阐述了工模具真空镀膜生产线的具体工艺流程。本书叙述深入浅出，内容丰富而精炼，工程实践性强，在强化理论的同时，重点突出了工程应用，具有很强的实用性。本书适合从事真空镀膜技术、薄膜与表面工程、材料工程等领域的研究、设计、设备操作及维护工作的技术人员阅读参考。

图书在版编目 (CIP) 数据

真空镀膜技术与应用 / 田灿鑫主编 . — 武汉 : 武汉理工大学出版社 , 2023.12

ISBN　978-7-5629-6979-2

Ⅰ . ①真⋯ Ⅱ . ①田⋯ Ⅲ . ①真空技术—镀膜 Ⅳ . ① TN305.8

中国国家版本馆 CIP 数据核字（2023）第 249145 号

责任编辑： 李兰英

责任校对： 雷红娟　　　　**排　　版：** 任盼盼

出版发行： 武汉理工大学出版社

社　　址： 武汉市洪山区珞狮路 122 号

邮　　编： 430070

网　　址： http：//www.wutp.com.cn

经　　销： 各地新华书店

印　　刷： 北京亚吉飞数码科技有限公司

开　　本： 170 × 240　1/16

印　　张： 15.25

字　　数： 242 千字

版　　次： 2024 年 5 月第 1 版

印　　次： 2024 年 5 月第 1 次印刷

定　　价： 98.00 元

前　言

当块体材料一个维度的尺寸减小到微米尺度时,我们将其称之为薄膜材料,同样材料的薄膜与块体,其特性差别很大。为了更好地利用薄膜材料为人类服务,科研人员一直不断地进行科学研究,工程技术人员不断地将科学转变成生产力,提高人们的生活水平。

真空镀膜是一种制备薄膜的方法,是真空状态下在固体表面沉积薄膜的一种技术。由于所制备的薄膜具有纯度高、致密度高、膜与基体或工件结合力强等特点,同时由于用真空镀膜方法可以制备自然界中不存在的结构,如量子点、量子阱或超晶格材料等纳米结构,所以随着科技的发展,真空镀膜技术在国民生活、工业、国防和科研领域发挥着越来越重要的作用。超大规模集成电路、平板显示、薄膜太阳能电池、有机发光显示、高硬度耐磨损刀具、装饰膜、催化薄膜等都可以用真空镀膜方法制备,而且有些膜只能用真空镀膜方法制备。

随着社会经济的不断发展,国家对于可持续发展的要求不断提高,我们更加关注环保工作。传统的电镀技术会产生较大的污染,已经被国家严格控制,但是随着人们生活水平的日益提高,对物品表面的美观性也提出了越来越高的要求。真空镀膜技术的出现不仅有效地满足了人们日益丰富的物质文化需要,又不会对环境产生污染,所以真空镀膜技术在未来会有更加广阔的发展前景,会开拓出更加广阔的市场。笔者本着促进真空镀膜技术的研究和应用的宗旨,撰写了本书,力求用简洁的语言、图和表阐述深奥的物理过程,同时介绍了真空镀膜技术的最新发展情况。

本书共6章,内容涵盖了真空镀膜的关键技术和实际应用。第1章介绍了真空镀膜技术分类、真空基础知识、真空镀膜系统、真空的获得、真空的测量以及真空镀膜技术的应用。第2章至第5章介绍了真空蒸发镀膜、真空溅射镀膜、真空离子镀膜、等离子体增强化学气相沉积的原理、基础知识、工艺、应用等。第6章详细阐述了工模具真空镀膜生产线的具体工艺流程，包括PVD工模具涂层生产线、氮化物涂层、纳米晶非晶复合涂层、多元多层涂层和高熵合金涂层。

本书叙述深入浅出，内容丰富而精练，工程实践性强，在强化理论的同时，重点突出了工程应用，具有很强的实用性，通俗易懂。

在撰写本书的过程中，笔者总结了多年来的科研实践成果和教学经验，参阅了国内外大量的相关文献，参考并采用了国内外在薄膜制备设备与技术方面的成熟资料与经验。由于真空镀膜涉及薄膜、物理、材料、真空、电子技术等专业知识，作者水平有限，疏漏在所难免，恳请广大读者批评指正。

作　者

2023年8月

目　录

1　真空镀膜技术概论

在真空环境中制备薄膜最早是由大发明家爱迪生提出的。他用阴极溅射法进行表面金属化的工艺方法制备蜡膜，并于1903年获得了该技术的专利权。但是，由于很难实现需要的真空条件，真空镀膜技术并没有得到进一步的发展。直到第二次世界大战时期，德国人利用这种方法制备军用光学镜片和反光镜，之后陆续制备了一系列光学薄膜，真空镀膜技术才有了进一步的发展。20世纪60年代，随着高真空、超高真空技术的不断进步，真空镀膜技术得到了飞速的发展。

1.1　真空镀膜技术分类

真空镀膜技术是将金属、合金或化合物在真空环境下蒸发（溅射），并将其冷凝到衬底上，从而在衬底上形成一层特定厚度的薄膜。与湿法镀膜（电镀、化学镀）相比，该技术具有无污染、高纯度、膜层材料和衬底材料种类繁多、可制备多种功能和特性各异的薄膜等优点，是当前真空应用技术的主流发展方向之一。随着高新技术产业的发展，近年来真空镀膜技术发展非常迅猛。目前，真空镀膜的制备方法主要有两种，一种是物理气相沉积（Physical Vapor Deposition，PVD）技术，另一种是等离子体增强化学气相沉积（Chemical Vapor Deposition，CVD）技术。

物理气相沉积技术是一种在真空环境中，通过对材料进行加热蒸发、原子在材料表面发生溅射等物理过程，将材料原子沉积到工件或衬底获得薄膜的方法。其特点是：薄膜 / 基体结合强度高、薄膜均匀致密、膜厚可控、适用范围广、可沉积厚膜、可制备组分稳定的合金膜，且可重复使用。物理气相沉积技术因其加工温度低于 500℃，有望成为一种最终加工方法，应用于高速钢、硬质合金等金属表面。真空蒸发、溅射镀膜和离子镀是物理气相沉积三种主要的制备技术，这三种技术都需要在真空环境中进行。

化学气相沉积技术是指向基体上注入包含薄膜元素的单质气体或化合物，通过气相作用或在基体上发生化学反应，在基体上形成金属或化合物薄膜。化学气相沉积技术一般分为常压化学气相沉积、低压化学气相沉积和等离子化学气相沉积等。

在特殊功能薄膜、复合薄膜和超硬薄膜等方面，物理气相沉积具有广阔的应用前景。随着对相关设备、材料、工艺等的不断改进，并与其他多个领域的交叉融合，该技术必将得到更广泛的应用。

1.2 真空基础知识

1643 年，物理学家托里拆利在意大利佛罗伦萨进行的关于大气压强的研究，首次向人们展示了一种物理状态——真空。从那时起，真空技术得到了迅速的发展，并在军事和民用等诸多方面都得到了普遍应用。真空技术已经成为制备薄膜的关键技术，目前，大多数薄膜材料的生产都需要在真空或低压下进行。下面简要介绍真空的定义、形成以及真空度的意义。

1.2.1 真空的定义

真空通常是指低于 1 个标准大气压强的气体状态。与普通大气相比，其中的气体更少，也就是说，单位空间内的分子数目变少了，而分子内部或分子与其他微粒（例如，电子、离子）发生碰撞的概率变小了；在单位时间里，分子碰撞每单位面积（如容器壁）的次数也明显降低。

1.2.2 真空的形成

真空按照获得方式可分为：自然真空和人为真空。

1.2.2.1 自然真空

在各种海拔高度上，大气压强是不一样的。海平面的标准大气压强是 1.01325×10^5Pa。海拔超过 10km 的情况下，每上升 15km，大气压强随着高度的增加而降低一个量级，这就是自然真空的内在规律。

1.2.2.2 人为真空

人为真空是指将某一容器中的空气抽走后形成的真空环境。真空镀膜工艺属于人为真空，也就是利用真空泵将真空腔室内的空气抽走，使其达到相应的真空度，然后再进行后续步骤。

在真空镀膜工艺中，了解真空的特性及某些规律，是从事真空镀膜技术人员必须掌握的重要知识。真空镀膜的主要内容有真空物理、真空获取技术、真空应用技术、真空测量技术等。

1.2.3 真空度的意义

1.2.3.1 真空度

在一个真空容器中，若不受外界影响，则容器内的气体分子数是不变的。因此，真空度就是指在一个真空容器中，气体分子数的多少。通常用大气压强来表示真空容器中真空度的水平。气体压强越低，真空容器内的分子数就越小，则真空度就越高。

1.2.3.2 真空度单位

压强以帕[斯卡]作为法定计量单位。常用压强单位的换算关系如表1–1所示。

表1–1 常用压强单位的换算关系

帕/Pa	托/Torr	毫巴/mbar	标准大气压/atm
1	7.500×10^{-3}	10^{-2}	9.869×10^{-6}
1.333×10^{2}	1	1.333	1.315×10^{-3}
100	7.500×10^{-1}	1	9.869×10^{-4}
1.103×10^{5}	760.00	1.013×10^{3}	1

1.2.3.3 压强的产生

容器内的压强,是由许多没有规律移动的气体分子不停地撞击容器内壁而产生的。压强随着容器内气体分子的增多而增大;随着容器温度的升高,压强也随之增大。气压反映了许多气体分子的热移动。

一般情况下,在一个大气压之下,按照压强大小,将真空分为:

低真空:1×10^{5} ~ 1×10^{2}Pa,用机械泵、滑阀泵进行抽空。

中真空:1×10^{2} ~ 1×10^{-1}Pa,用增压泵、罗茨泵进行抽空。

高真空:1×10^{-1} ~ 1×10^{-5}Pa,用扩散泵、分子泵进行抽空。

超高真空:1×10^{-5} ~ 1×10^{-8}Pa,用吸附泵、溅射泵进行抽空。

1.2.3.4 不同真空度的分子数

真空是相对而言的,并非绝对,以标准大气压为参照。0℃时,1个标准大气压下,1cm³内的气体分子为2.687×10^{19}个,而超高真空度下,1cm³内的气体分子为33 ~ 330个,这说明了真空并非是空的。

1.3 真空镀膜系统

一个标准的真空镀膜系统包括以下几部分：待抽空的容器(真空室)、获得真空的装置(真空泵)、测量真空的装置(真空计)以及必要的管道、阀门和一些附属设备。

抽气速率和极限真空(极限压强)是决定真空系统性能的两个关键参数。抽气速率是指在某一压强下单位时间所抽气体的体积,据此可以得出实现目标真空度所用的时间。抽气速率 S 用如下公式计算：

$$S=\frac{Q}{p}$$

式中,p 为真空泵入口处的压强；Q 为单位时间内该出口的气体流量。

没有一个真空系统可以获得绝对真空($p=0$),但可以实现某一目的压强 p_u,将其视作该系统所能实现的最小压强,同时也作为衡量真空系统能否满足要求的主要标准。

从理论层面来看,真空系统可以实现的真空度需要通过下面的公式来确定,即

$$p=p_u+\frac{Q}{S}-\frac{V}{S}\frac{\mathrm{d}p_t}{\mathrm{d}t}$$

式中,p_u 为真空泵所能获得的极限压强,Pa；S 为泵对气体的抽气速率,L/s；V 为真空室体积,L；p_t 为被抽空间气体分压,Pa；t 为时间,s。

1.4 真空的获得

真空的获得又被称为“抽真空”，它是指采用不同的真空泵把容器内的空气抽走，使得这个空间内的压强降到一个大气压以下。当前，为得到真空而常用的装置包括旋片式机械真空泵、罗茨泵、油扩散泵、复合分子泵、分子筛吸附泵、钛升华泵、溅射离子泵和低温泵等。在这些泵中，前四种泵归类为气体传输泵（传输式真空泵），是指将气体分子不断地吸入真空泵中，并排到外界环境，而实现抽真空；后四种泵归类为气体捕获泵（捕获式真空泵），是在泵腔的内壁上进行分子凝结或化学键合，从而获得所需要的真空。气体捕获泵因其不以油为工作介质，所以也被称作无油类真空泵。与那些永久性地移走气体的传输式真空泵不同，有些捕获式真空泵是可逆式的，可以在加热过程中将被收集到的或凝结的气体排回到系统。

传输式真空泵分为容积式和动量传输式两大类。容积式传输泵通常包括旋片式机械泵、液环泵、往复泵和罗茨泵；动量传输式真空泵通常包括分子泵、喷射泵、油扩散泵。捕获式真空泵通常包括低温吸附泵和溅射离子泵等。

一般情况下，采用的镀膜工艺不同，其所用真空镀膜室的真空度应达到不同的水平，而在真空技术中，多以本底真空度（也被称为本征真空度）来表示其水平。本底真空度是指通过真空泵将真空镀膜室的真空度抽至满足镀膜工艺需要的最高真空度，而这个真空度的大小，主要依赖于真空泵的抽真空能力。真空镀膜室被其真空系统抽真空所能达到的最高真空度称为极限真空度（或极限压强）。表 1–2 中列出了一些常见真空泵的工作压强范围及可以得到的极限压强。表格中用阴影遮住的部分代表了每个真空泵在与其他设备结合使用时可以得到的压强。

表 1-2 常见真空泵的工作压强范围及极限压强

真空泵	工作压强 /Pa							
	10^{4}	10^{2}	1	10^{-2}	10^{-4}	10^{-6}	10^{-8}	10^{-10}
旋片机械泵								
吸附泵								
扩散泵								
钛升华泵								
复合分子泵								
溅射离子泵								
低温泵								

由表 1-2 可知，表示真空度的压强覆盖了十个以上的数量级，若在大气压下进行抽真空，单独用一种真空泵难以实现超高真空度。在实际应用中，任何一种真空泵都不能覆盖由大气压到 10^{-8}Pa 或更高真空度的全部压强。

真空技术在生产和科研领域中，需要的压强范围有了显著的扩大，大多数情况下，需要由多个不同的真空泵组成一个抽气系统，并进行协同抽气，这样才能满足生产和科研工作的需求。所以，很多时候会出现选择不同种类的真空泵组成一个复合真空系统来进行抽气的情况。

为了得到较高的真空度，一般采用 2 ~ 3 种真空泵共同组成一个复合真空系统。如：对于有油真空系统，借助“油封机械泵（两级）+ 油扩散泵”这一混合方式，能够实现 10^{-6} ~ 10^{-8}Pa 真空度；对于无油真空系统，借助“吸附泵 + 溅射离子泵 + 钛升华泵”这一混合方式，能够实现 10^{-6} ~ 10^{-9}Pa 真空度；对于有油与无油系统混用的情况，借助“机械泵 + 复合分子泵”这一混合方式，能够得到较高的真空度。在这些类型中，无论是输运泵还是捕获泵，均能从一个大气压下开始进行抽吸，一般把这种类型的泵称作“粗抽泵”，而把只能在低压下进行抽吸的真空泵称作“次级泵”，对次级泵进行抽吸的泵称作“前级泵”。

1.4.1 旋片式机械泵

所有依靠机械运动(转动或滑动)来实现所需真空的泵都被称为机械真空泵。它能从大气压开始抽真空,既能独立工作,又能在高真空泵或超高真空泵中作为前级泵。由于该泵采用了油封方式,也能视作有油型真空泵。机械真空泵一般分为旋片式、定片式、滑阀式(又称活塞式),旋片式机械泵是常用机械泵。

旋片式机械泵采用油维持移动构件间的密封性,并以机械方式,对这一密封性空间的容积进行周期性的扩大(抽气)和缩小(排气),实现了持续性的抽气和排气。单级旋片式机械泵(图 1–1)的泵体主要包括定子、转子、旋片、进气管、排气管等。定子两端均进行密封,获得一个封闭的腔体。在上述腔体中设置了一个偏心的转子,定子、转子这两者的位置关系如同两个内切圆。在转子的直径方向设置一条通槽,槽中配有两块旋片,两块旋片之间连接一根弹簧,在转子转动的时候,弹簧可以让旋片一直沿定子内壁滑动,从而将泵腔分为 A、B 两部分。

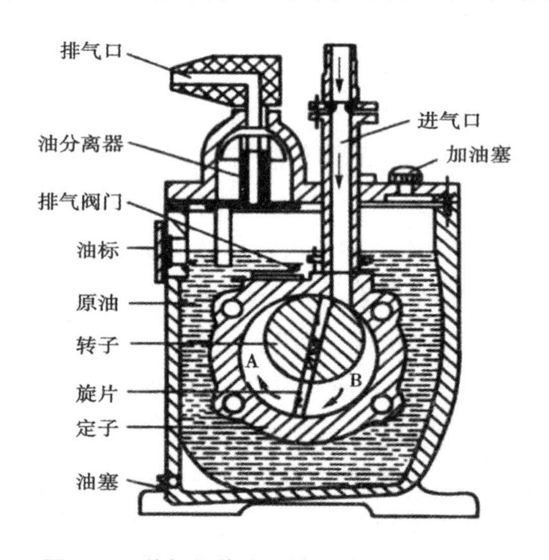

图 1–1　单级旋片式机械泵的结构示意图

图 1–2 为旋片式机械泵的工作原理示意图。当转子驱动旋片按图 1–2 所示的方向转动时,因为旋片 1 后方的空间压强比进气口处的压强小,因此,泵体将从进气口吸气[图 1–2(a)];当泵的吸气达到最大值时,吸气停止,气体被压缩[图 1–2(b)];当旋片转到图 1–2(c)中的位置时,

泵腔左边的气体被限制，被压缩后导致旋片 2 前方空间的压强上升，当压强超过 1 个大气压时，气体就会冲开排气阀门，这时泵体由排气口排出气体；之后，转子继续转动，旋片返回到图 1–1 中所示的位置，一个完整的排气过程完成，旋片泵再次进行新的吸气、排气循环。单级旋片泵能实现 1Pa 的极限真空度，而双级旋片泵能实现 10^{-2} Pa 的极限真空度。

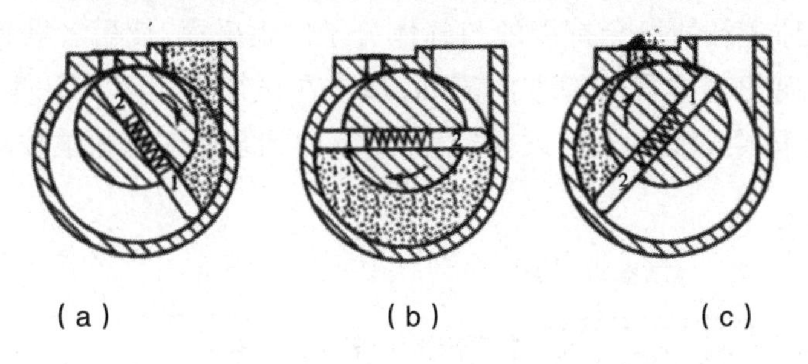

图 1–2 旋片式机械泵的工作原理图

1.4.2 罗茨真空泵

另外一种常用的机械式气体传输泵是罗茨真空泵，也叫作机械增压泵，见图 1–3。在工作过程中，两个八字形凸起的转子以彼此相反的方式转动。两个转子的啮合精度非常高，因此，省去了在转子与转子、转子与泵体间的空隙处使用油进行密封。因为转子在转动时有较大的扫掠范围，且转子的转速较高，所以该类型的泵具有较高的抽气速度（10^3L/s），并具有更高的极限真空度（约为 10^{-2}Pa）。

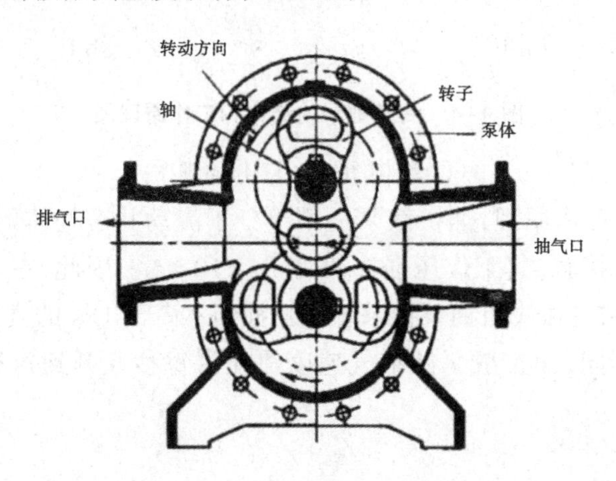

图 1–3 罗茨真空泵的结构示意图

1.4.3 油扩散泵

图 1–4 是油扩散泵的结构和工作原理图。和机械真空泵不同，它没有旋转的部件。如图 1–4（b）所示，油扩散泵的工作原理为把泵油加热到 200℃，获得高温油蒸气，当进行热运动的油蒸气向上运动，并从各级喷嘴定向喷射时，会持续地与气体分子发生碰撞，使后者获得一部分动量，进而朝着排气孔的方向流动，最终在压缩作用下从泵体中排出，而经过泵体冷却的油蒸气发生冷凝，重新回到泵底部油池被加热蒸发再利用。

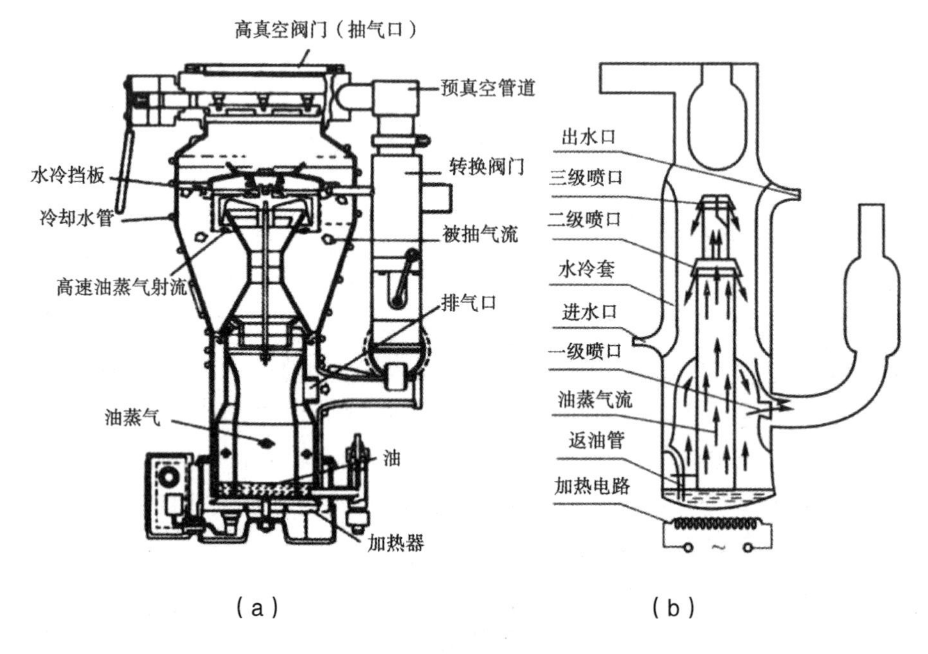

图 1–4　油扩散泵的结构和工作原理图

（a）结构图；（b）工作原理图

由于其工作原理，油扩散泵适用于分子流动状态气体的抽除，不能与空气直接接触，其工作压强一般为 1 ～ 10^{-6}Pa。因此，在开始工作之前，必须先用机械式粗抽泵把系统压强抽到不高于 1Pa 的真空状态。按照管径的不同，油扩散泵的抽气速度覆盖了每秒几升到每秒上万升的范围。

1.4.4 涡轮分子泵

分子泵同机械泵本质上是一样的,均为气体传输泵,不过它属于无油泵,与前级泵组成一个联合装置,可以得到超高的真空度。分子泵包括牵引分子泵(阻压泵)、涡轮分子泵以及复合分子泵。其中,牵引分子泵具有最简单的构造,它的旋转速度很低,但是具有很高的压缩比(即泵出口处与入口处的压强之比),启动时间较短。涡轮分子泵具有非常理想的抽气速度,最高可为 10^3L/s,是一种适用于现代真空工艺中无油、高真空环境的高真空泵。

同油扩散泵类似,涡轮分子泵的工作原理是通过高速转动的转子把动量传递给气体分子,从而形成有方向的气流来实现抽取空气。如图 1–5 所示,涡轮分子泵包括立式轴流式压缩机以及多个串联的转子 / 定子对。涡轮分子泵的转子叶片是一种特殊的外形,在其以 20000 ~ 30000r/min 的转速转动时,叶片将动量传递至气体分子,推动气体沿一定的方向移动。涡轮分子泵设置了多级叶片,上面的叶片将气体分子从叶片中排出,然后再将其压缩到下一层叶片中,依次进行下去。涡轮分子泵在抽取大多数气体分子方面具有很好的效果。例如,对于氮气来说,它的压缩比可以高达 10^9。然而,目前涡轮分子泵对原子序数较低的气体的抽吸能力还不够强。举例来说,对氢气的压缩比大约为 10^3。

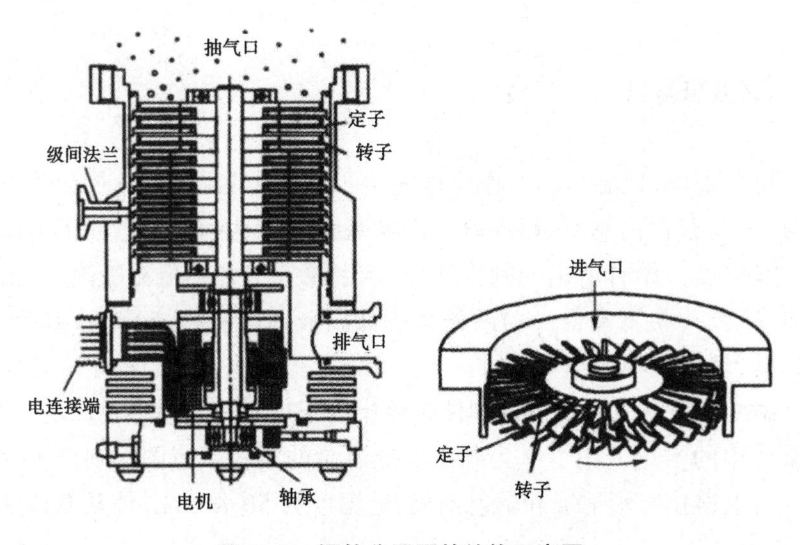

图 1–5 涡轮分子泵的结构示意图

1.4.5 复合分子泵

复合分子泵兼具了涡轮分子泵良好的抽气性能和牵引分子泵较大的压缩比，通过高速转动的转子带走泵体内的气体分子实现超高真空度。图 1-6 为复合分子泵的结构示意图，其转速能够达到 24000r/min，其上端为包含几级开放叶片的涡轮分子泵，其下端为多槽的牵引分子泵，抽气速度达 460L/s，转子停止旋转的情况下压缩比为 150。

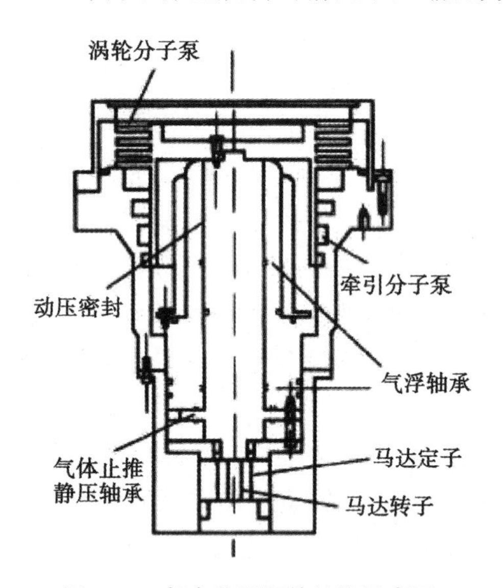

图 1-6　复合分子泵的结构示意图

1.4.6 低温泵

简单来说，低温泵的工作原理为，在 20K 的低温下使气体分子发生冷凝，进而获得高真空、超高真空。该装置能够达到目前世界上最高极限的真空度。结合所用的制冷原理，低温泵一般包括低温吸附泵、低温冷凝泵、制冷机低温泵。前两种采用低温液体（液氮、液氦等）制冷，价格昂贵，多用于辅助抽气。

制冷机低温泵通过制冷剂使泵体中的温度下降到很低的温度，来抽走泵体中的空气。图 1-7 为制冷机低温泵的结构示意图。制冷机的一级冷头上连接着辐射屏和辐射挡板，其温度为 50 ~ 77K，使从泵体抽出的水蒸气、二氧化碳预冷凝结，而且为二级冷头和低温冷凝板隔绝真空室放出的热辐射。二级冷头连接着冷凝板，其温度为 10 ~ 20K，冷凝板的平滑金属表面用来脱去氮气、氧气等，其另一面的活性炭用来脱去氢气、氦气、氖气等。采用两级冷头，可实现多种气体的脱除，实现超高的真空度。

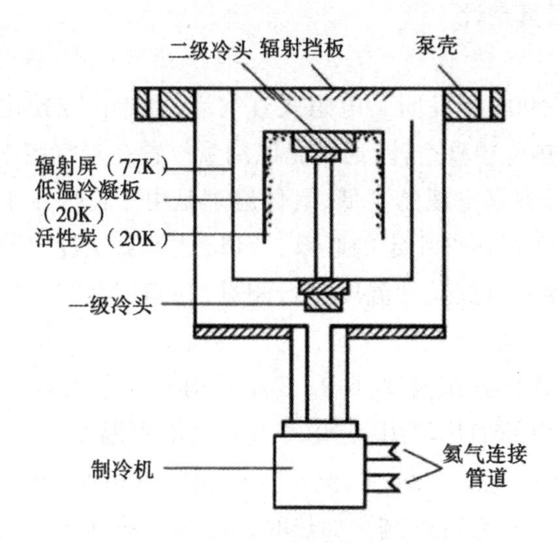

图 1-7　制冷机低温泵的结构示意图

1.5　真空的测量

真空测量是在一定的空间中，通过专门的装置来检测其真空度。其中用到的装置叫作真空计（或者真空仪、真空规管等）。真空计有很多种，依据测量原理可以划分为两种，一种是绝对真空计，另一种是相对真空计。可以直接利用某些物理参数来测量气体压强的真空计都属于绝对真空计（如 U 型压力计等），这种类型的真空计所测量的物理参数不受气体组成的影响，因此结果更加可靠。然而，当气体压强非常小时，很难直接测量其压强，因此，利用压强相关的物理量，同绝对真空计相比确定系统压强，此类真空计属于相对真空计（如热传导真空计等）。这种类型的真空计的不足之处在于其测量结果的精确性较差，还依赖于气体组成。在实际工作中，除了对真空度进行校正之外，一般都是采用相对真空计测量。下面重点介绍一些常用真空计的工作原理及量程，如电阻真空计、热偶真空计、电离真空计等。

1.5.1 电阻真空计

皮拉尼于1906年发明了电阻式真空计，也叫作皮拉尼真空计。这种真空计属于热传导真空计，通常是以测量放置在真空腔中的灯丝的温度，来间接地得到真空度的高低，具体原理是由于低气压下气体的热传导与其压强之间存在着一定的联系，所以，这类真空计要研究的一个关键问题就是，如何对灯丝的温度进行测量，并确定其与气体压强之间的函数关系。

电阻真空计的构成见图1–8，其主要构成为电阻规管和惠斯顿电桥。电阻规管内的加热丝用钨、铂等具有高电阻温度系数的材料制成，使其对温度变化非常灵敏。热丝与惠斯顿电桥相连，充当电桥的一个臂。在低压条件下，对灯丝进行加热时，其产热与散热的关系如下所示：

$$Q=Q_1+Q_2$$

式中，Q 为通电加热时灯丝产生的热量，其大小依赖于流过灯丝的电流；Q_1 为由灯丝发出去的热量，其大小依赖于灯丝的温度；Q_2 为气体分子撞击灯丝时所带出的热量，这个热能与气体压强相关。如果灯丝中的电流不变（Q 恒定），则随着真空室内气压降低，Q_2 也会下降，在此过程中，灯丝上累积的热量将逐渐增多，从而使灯丝温度上升，进而令灯丝的电阻增加。总体来看，气体压强 p 和灯丝电阻 R 二者具有如下关系：p 越小，R 越大，反之同理。这样，便能根据灯丝电阻值来确定压强的大小。

电阻真空计可以测量 10^5 ~ 10^{-2}Pa 的真空，其得到的压强与气体的种类有关。因为它的校准曲线是以干燥的氮气或空气为研究对象，因此，当被测气体组分发生较大的改变时，必须对其结果进行校正。此外，由于电阻真空计长期使用，其灯丝会由于氧化的影响而产生零点偏移，所以在实际应用中，应注意避免灯丝与空气长时间接触，或测量较高的压强，要时常调整工作电流，以标定电阻真空计的零点位置。

1.5.2 热偶真空计

热偶真空计由规管及相关电路构成，见图 1-9。热偶真空计的工作电路包括加热灯丝 *CD*、变阻器、直流电源及毫安表等，使灯丝具有稳定的电流。用 *A*、*B* 两种材质制成的热电偶与毫伏表组成了一个测试电路，其中，热电偶的热端通过 *O* 点与灯丝连接，进而测得灯丝的温度。在通电之后，灯丝会产生大量的热量，其中一部分热量被附近的气体分子、热电偶的热传导吸收，另一部分热量被灯丝自身辐射出去。

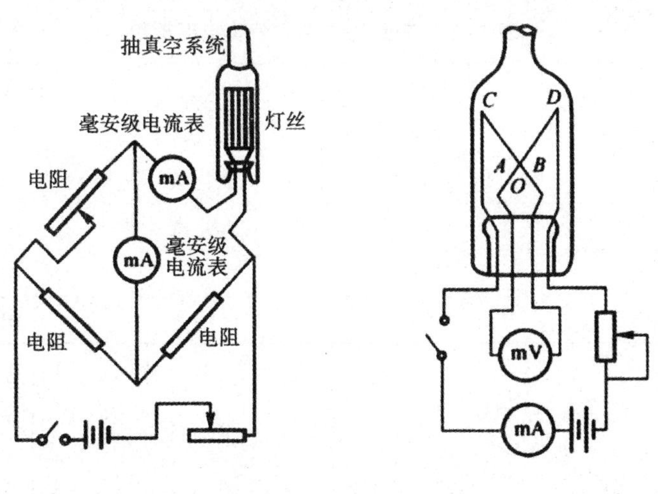

图 1-8　电阻真空计　　　　图 1-9　热偶真空计

与电阻真空计类似，当电流为一定值时，灯丝产生的热量为一定值。随着真空室内压强的下降，气体分子与灯丝的碰撞所吸收的热量也会减少，灯丝中积聚的热量相应增多，导致灯丝的温度上升。即真空室压强 p 与灯丝温度 T 两者具有如下规律：p 减小则 T 增大，反之同理。这样就可以直接借助灯丝温度的测量确定真空室内的压强。

由于热电偶真空计的测量结果受连接在灯丝上的热电偶的导热性能及灯丝本身的热辐射的影响，所以其测量结果并不稳定，但由于其电路简单、成本低、易于实现对真空度的自动测量与控制，所以此种方法得到了广泛应用。该热偶式真空计可实现 10^2 ~ 10^{-1}Pa 的测量。由于受环境的影响很大，其压强不能过低，压强过低，气体分子与灯丝发生碰撞产生的热传导所带走的热量会显著减少，灯丝失去的热量主要来自于热电偶的导热和其本身的热辐射时，会无法满足灯丝温度与气体压强之间的函数关系。

由于热偶真空计存在热惯性，当气体压强处于变化中，灯丝温度的变化会产生一定的延迟，因此测量结果的读出也会出现迟滞现象。与电阻真空计一样，由于长期使用，真空计中的灯丝会因为发生氧化而出现零点偏移，所以必须定期调节加热电流，才能对真空计的零点进行标定。另外，由于不同的气体分子具有不同的导热特性，热偶真空计测量不同气体的结果是不稳定的，所以在对不同的气体进行测量时，需要对其进行校正。一些常见气体或蒸气的修正系数见表 1–3。

表 1–3　常见气体或蒸气的修正系数

气体或蒸气	修正系数	气体或蒸气	修正系数
空气、氮气	1	氪气	2.30
氢气	0.6	一氧化碳	0.97
氦气	1.12	二氧化碳	0.94
氖气	1.31	甲烷	0.61
氩气	1.56	己烯	0.86

1.5.3 电离真空计

电离真空计是一种应用非常广泛的高真空度真空测量仪器，常与热偶真空计联用。电离真空计是依据气体分子电离的原理来测量真空度，具体来说，在低气压下，当一个气体分子被离子化时，它所生成的正离子数目一般正比于它的密度。能够促使气体分子进行电离的电离源有很多种，按其电离源可分为如下三类，热阴极电离源进行热电子发射，叫作热阴极电离真空计；冷发射电离源进行电子发射，包括场致发射、光电发射，叫作冷阴极电离真空计；用放射性材料作电离源，叫作放射性电离真空计。电离源有很多种，但都有一个共同点，那就是在电场或磁场中，电子被加速后与气体分子发生碰撞，从而实现电离。在真空度的测定中，以电离真空计最为常见。不同种类的电离真空计相互搭配，可以实现从 1Pa 到当前最小压强的测量。

热阴极电离真空计的构造见图 1–10，该真空计主要由三个电极构成：热阴极、阳极、离子收集极。从热阴极发出的电子在向阳极加速运动的过程中与气体分子相撞，令它们发生电离。离子收集极的作用是接收电离后的离子，通过检测离子电流的强度，来判断其是否具有一定的真空度。离子电流的强度由三个方面决定，即从阴极发出的电子电流的强度、气体分子的碰撞截面以及气体分子的密度，当阴极发射电流和气体的种类不变时，离子电流的强度就仅由被电离气体的压强决定。

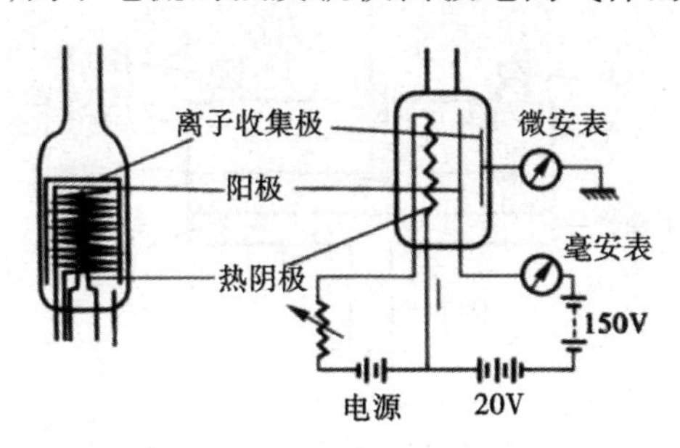

图 1-10 热阴极电离真空计的结构示意图

由阴极发出的高能量光子对离子收集极所引起的光电效应，使电离真空计所能测得的压强下限受到了一定的影响。由光电效应引起的光电流与在 10^{-7}Pa 的真空中的离子电流相当，而这恰好是电离真空计所能探测到的最低压强。电离真空计所能测得的最高压强大约是 1Pa，超过这个压强时电子的自由程太短，与气体分子产生的碰撞不足以引发电离。

为克服电离真空计自身的放气现象对高真空度测定结果的干扰作用，可以在工作前将它加热到稍微高一点的温度，然后再开始使用。电离真空计的测量结果与被测气体的类型也有一定关系，这是因为不同气体分子的碰撞截面各异，产生的电离效果也有所不同。

1.5.4 薄膜真空计

薄膜真空计的工作原理为，利用金属薄膜两侧气体的压强差所引起的机械位移来进行真空度测量，它可以用来测量气体的绝对压强，并且不受气体种类的影响，属于绝对真空计。

从图 1-11 可以看出，薄膜真空计中包含两个独立的真空腔，其中一个真空腔的压强已知，而另外一个真空腔的压强未知时，薄膜产生的位移正比于两个腔的压强差。为了提高检测的准确性，提出了一种新的检测方法，测定薄膜与其他金属电极间的电容 C_1 的变化来确定薄膜的位移。为进一步减小因温度漂移而产生的机械误差，可以利用差分法进行测量，具体来说，测得薄膜与另一个参考电极间 C_2 的变化，由 C_1 与 C_2 的差得出气体压强；另外，为了降低温度漂移对压强结果的干扰，可将薄膜真空计进行恒温处理。

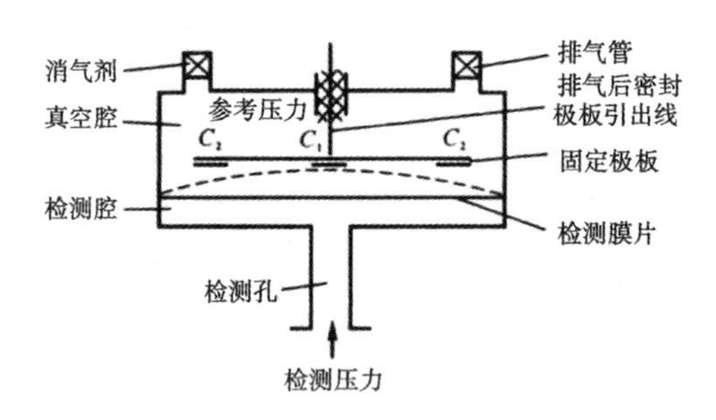

图 1-11　薄膜真空计的结构原理图

该仪器可实现宽范围、高精度的测量，可测得的最低压强为 10^{-3}Pa，可实现一个原子大小的薄膜位移测量。薄膜真空计测得的最高压强是由膜材料自身的抗破坏性或薄膜的位移范围所决定的。

图 1-12 表示了常用真空测量方法适用的压强范围。由于这些测量方法对应的压强范围是不一样的，所以把它们组合在一起，能有效地扩大应用范围。

图 1-13 为一个典型的薄膜制备系统的构成。将氮气（或氩气）填充到真空系统中，目的在于控制一些气体成分对系统及真空泵造成的污染，并使易燃或有害气体得到稀释，降低这些气体的危害。

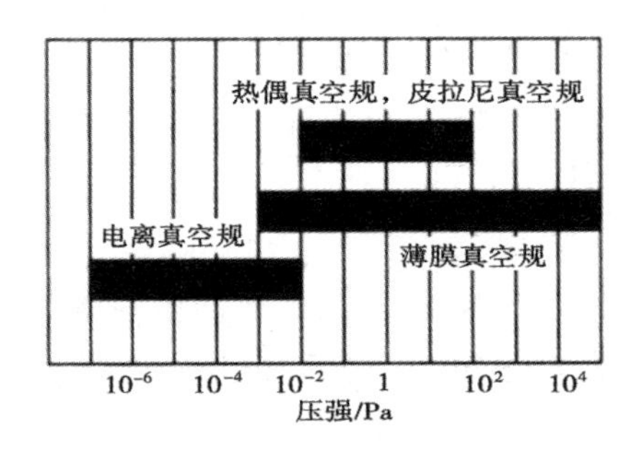

图 1-12　常用真空测量方法适用的压强范围

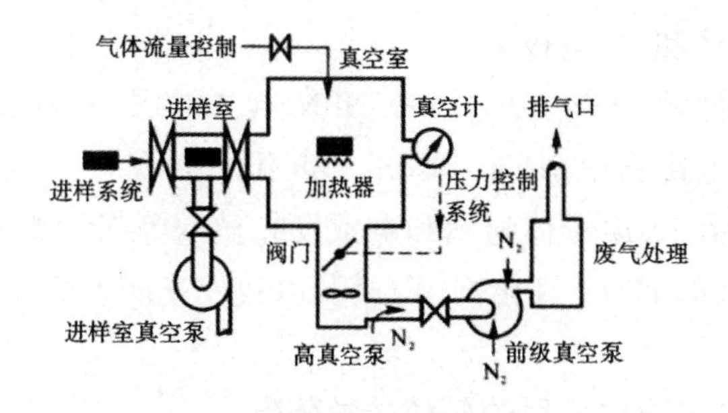

图 1-13 典型薄膜制备系统的构成

1.6 真空镀膜技术的应用

20 世纪 80 年代以来，PVD 涂层技术在高速钢刀具和硬质合金刀具上得到成功应用，新的涂层技术和涂层材料不断涌现，PVD 涂层技术和涂层材料受到研究人员和广大用户的广泛关注，并被迅速应用于刀具、模具、零部件、医疗器械及高端装饰材料上。

1.6.1 电子工业用薄膜

在电子工业中，真空镀膜的应用更是举足轻重。各类集成电路，如存储器、运算器、高速逻辑器件等都需要使用导电膜、绝缘膜和保护膜。

①电子元件用薄膜，如 Ta_2N、Ta-Al-N、Ta-Si、Cr-SiO、NiCr 金属膜电阻，SiO_2、Al_2O_3、Ta_2O_5、TiO_2、Al、Zn 电容以及 Cr、Cu（Au）、Pb-Sn、Au、Pt、Al、Au+Pb+In、Pb+Au+Pb、Al+Cu 电极等。

②摄像管中的 SbS_2、Se-As-Te、ZnSe、PbO、光电导面；SnO_2、In_2O_3 透明电导膜。

③半导体元件和半导体集成电路用薄膜。成膜材料有 Ni、Ag、Au-Ge、Ti-Ag-Au、Al、Al-Si、Al-Si-Cu、Mo、$MoSi_2$、WSi_2、Ti-Pt-Au、W-Au、Mo-Au、Cr-Cu-Au 半导体膜。

④电发光元件中的 In_2O_3+SnO_3 透明光导膜，ZnS、ZnS+ZnSe、

$ZnS+CdS$ 荧光体和 Al 电极。

⑤传感器件的 $PbO+In_2O_3$、Pb、NbN、V_3Si 约瑟夫逊结合膜，Fe-Ni 磁泡用膜以及电传感用 Se、Te、CdS、ZnS 传感器膜。

⑥液晶显示、等离子体显示和电致发光显示等三大类平板显示器件的透明导电膜，如 ITO（氧化铜锡）膜及电致发光屏上的多层功能膜。

1.6.2 光学工业中应用的各种光学薄膜

在光学领域，在光学玻璃或石英表面镀一层或几层不同物质的薄膜后，可以得到高反射或无反射（即增透膜）或者有一定比例的反射或透射材料，也可以得到对某些波长吸收，而对其他波长透射的滤色片。

①减反射膜，如照相机、幻灯机、投影仪、电影放映机、望远镜、瞄准镜以及各种光学仪器透镜和棱镜上所镀的单层 MgF_2 薄膜和双层或多层的由 SiO_2、Al_2O_3、TiO_2 等薄膜组成的宽带减反射膜。

②反射膜，如大口径天文望远镜、各类激光器以及新型建筑中的大窗镀膜玻璃用到的高反射膜。

③分光镜和滤光片，如彩色扩印与放大设备中所用的红、绿、蓝三种原色滤光片上镀的多层膜。

④照明光源中所用的反热镜与冷光镜膜。

⑤建筑物、汽车、飞机上用的光控制膜、低反射膜，如 Cr、Ti 不锈钢 Ag、TiO_2-Ag-TiO_2 以及 ITO 膜等。

⑥激光唱片与光盘中的光存储薄膜，如 $Fe_{81}Ge_{15}SO_2$ 磁系半导体化合物膜，TeFeCo 非晶膜。

⑦集成光学元件与光波导中所用的介质膜、半导体膜。[①]

1.6.3 工具、器械中应用的薄膜

1.6.3.1 PVD 涂层技术在刀具上的应用

随着现代加工制造业朝着高精度、高速、干式切削、环保和低成本的

① 李云奇．真空镀膜[M]．北京：化学工业出版社，2012.

方向发展，人们对刀具的性能要求也在不断提高，传统的高速钢或硬质合金刀具，已经很难再适应现代机械加工行业的发展需求。在没有可满足需求的新的刀具材料出现的情况下，PVD 技术制备的涂层由于其高硬度、良好的耐磨损、抗氧化、低摩擦等优良性能，成为提高刀具性能的理想技术，大大延长了金属切削刀具的使用寿命。

PVD 涂层技术可以针对不同的被加工材料进行工艺设计，可以实现在 500℃以下沉积优良的高硬度耐磨涂层。在高速钢、硬质合金等基体刀具上都可以采用 PVD 涂层用于提高刀具切削性能。

随着 PVD 涂层在刀具行业的广泛应用，PVD 涂层技术也得到了长足的发展，涂层成分由 TiN 发展到 TiC、TiCN、WC/C、DLC、CrN、AlTiN、AlCrN、TiSiN 基等多元复合涂层、纳米晶复合涂层、纳米超晶格复合涂层。PVD 涂层工艺的发展时段及应用领域，如表 1–4 所示。

表 1–4　PVD 涂层工艺发展时段及应用领域

时间 / 年	涂层材料	主要应用领域
1978	TiN	低硬度钢材加工
1987	TiCN	低合金钢和奥氏体钢的冲压和成型
1996	TiAlN	钻孔、车削、干加工、高速切削
1998	TiAlN+WCC	长切削片材料的钻孔、奥氏体钢冲裁
2002	AlTiN	钛合金、镍合金的加工
2005	AlCrN 基涂层	深孔钻、铸铁加工
2011	TiAlN 基涂层	高强度材料的加工

2011 年 Balzers 公司推出 S3P TM 技术，即基于大功率脉冲磁控溅射技术的可度量脉冲增强等离子体技术，实现在微钻上的涂层加工服务，目前此技术还没有在国内做大力推广。

1.6.3.2 PVD 涂层技术在模具上的应用

我国已成为世界模具的生产基地，模具市场份额超过千亿，模具工业已成为现代工业发展的基础。近年来我国模具工业以超过 10% 的年增长速度快速发展。因此，如何提高模具的制造质量，延长模具的使用寿命，是一个值得研究的问题。而且，由于表面改性技术具有多种功能、良好的环保性，并且具有很大的增效作用，它正在逐渐地成为一种能够提升模具品质和延长模具使用寿命的主要方法。PVD涂层技术可以在较低的温度下进行加工，并且沉积的涂层材料具有较高的硬度，因此它还具备了优异的耐磨性、抗摩擦性及耐腐蚀性等特点，这就极大地改善了模具型腔表面抗擦伤、抗咬合等性能。

PVD涂层技术是大部分模具延长使用寿命、提高效率的不可或缺的方式，在拉伸模具、剪切模具、铝合金压铸模具和汽车冷镦模具等领域得到了广泛的应用，并取得了很好的效果。采用PVD技术对SKD11冲压模具进行TiCN涂层，可以延长模具寿命5倍以上，同时解决模具、产品拉伤问题。

CrN涂层手机外壳模具、手表连接件模具，模具使用寿命可以延长3 ~ 6倍。对Cr12MoV塑料注射成型模具进行TiN涂层处理后，耐磨性、耐盐雾腐蚀性能得到提高，使用寿命比原来延长2 ~ 4倍，并提高了生产效率。

1.6.3.3 PVD涂层技术在零部件上的应用

采用PVD涂层技术在零部件表面，特别是汽车零部件表面涂覆硬质耐磨层，可以极大地提高工件的表面硬度和耐磨性，降低摩擦系数，减少表面磨损，延长工件的使用寿命。在活塞、活塞环、缸套等零部件上涂覆CrN超厚耐磨、耐蚀、隔热的复合涂层，该产品能适应较高温度的工作环境，减少了对引擎散热的需求，并能将大量的热能从排气中移除，从而极大地提高了引擎的热能利用率和经济性。在发动机顶盖、曲轴衬套等运动零件上涂覆DLC固体自润滑涂层，可大大减小曲顶盖、轴衬套表面摩擦系数，减小磨损率，使寿命得到显著延长。如图1–14所示，为TiN涂层汽车发动机活塞环。如图1–15所示，为DLC涂层发动机气门顶盖。DLC涂层纺织钢领见图1–16。

图 1–14 TiN 涂层汽车发动机活塞环

图 1–15 DLC 涂层发动机气门顶盖

图 1-16 DLC 涂层纺织钢领

1.6.3.4 PVD 涂层技术在医疗器械上的应用

PVD 涂层技术作为一种提高工件表面性能的工艺被广泛应用于各种工具表面，随着医疗器械行业的发展，及人们对现代医疗技术的接受度增强，PVD 涂层技术也在医疗器械上得到应用，用来改善各种医疗器械性能。

由于医疗器械的基质材料大多是金属，因此在使用中表现出了腐蚀、使用寿命短和人体排斥等各类问题，而采用 PVD 技术制备的氮化物涂层和碳类涂层由于其耐腐蚀性能好、表面硬度高和生物相容性好等特点，可以为介入和植入设备提供很好的防护，使其在使用过程中对人体起到更好的防护作用。同时通过 PVD 涂层技术在医疗器械表面涂覆不同颜色的涂层，不但提高了器械的使用寿命，同时也提高了辨识度，有利于手术的顺利进行。图 1-17 为待涂 TiN 涂层手术螺丝刀，图 1-18 为涂层 DLC 医疗用剪刀。

1.6.4 装饰行业中应用的薄膜

国内装饰镀行业，主要涂层供应商基本都是国内企业，装饰镀涂层厚度薄，沉积温度低，对设备要求偏低。采用 PVD 涂层技术在钟表外壳表面、高尔夫球头表面涂覆耐磨损和耐腐蚀的 TiN 仿金涂层，既提高了使用性能，又提高了观赏度，同时由于 PVD 涂层技术绿色无污染，成为电镀技术的最佳替代技术。

现在许多酒店建筑的室内装饰金碧辉煌,实际上这大部分都是PVD涂层技术所创造的。PVD涂层不但具有良好的耐磨、耐腐蚀性能,还可以应用于各种金属、非金属表面,呈现出不同颜色。图1-19为PVD涂层水龙头。

图1-17　待涂TiN涂层手术螺丝刀

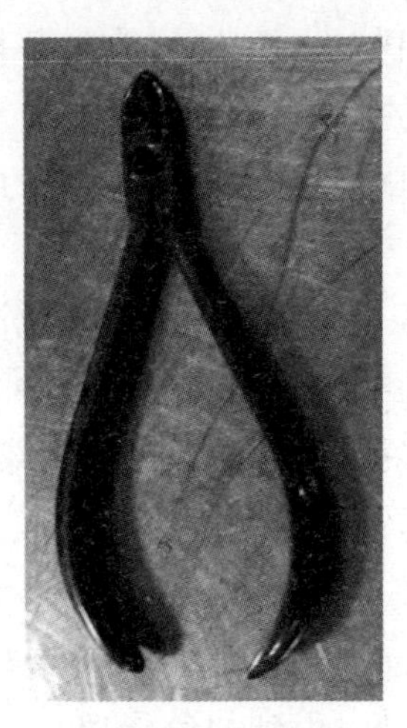

图1-18　涂层DLC医疗用剪刀

图1-19　PVD涂层水龙头

人们普遍认为,装饰性涂层可以为消费者提供相关产品的良好外观。但是,如何在保证成本性效率和多产式生产的前提下,对各种尺寸表面进行高质量、高效率的加工,是目前亟待解决的问题。

为提高彩色装饰性涂层的产量和质量,采用大面积物理气相沉积连续真空镀膜技术,以获得高质量、低成本的彩色装饰性涂层是目前最有优势的一种制备手段。研究和制造彩色装饰性涂层,是提高建筑装饰材料质量、扩大使用范围的一条行之有效、切实可行的途径。由物理气相沉积真空镀膜技术所制备的彩色装饰性涂层,拥有良好的附着性、耐候性和机械性能,与其他制备技术相比,同样是一种环境友好型、绿色无污染的技术。

用现代涂层技术生产的彩色装饰性涂层,可以将其具体工艺分成四类。

第一类是阳极电镀着色涂层。采用传统的电镀工艺,将经电解抛光处理的毛坯浸泡在电解液中进行阳极氧化,经阳极氧化处理后的氧化层具有多孔性,并可吸附有色染料溶液。此法多适用于铝、铝合金,不适用于不锈钢。

第二类是粉末涂敷或上漆着色涂层。这种工艺是一种在工业上使用的装饰性镀膜方法,具有较强的优越性,并占有一定主导地位,它的性能良好,得到的色彩理想。但是,在镀层厚度大的情况下,镀层的金属光泽会被镀层所掩盖。另外,涂层越厚,所需原材料的费用也就越高。

第三类是浸渍法涂敷涂层。这是在金属表面涂覆一层薄薄装饰层的常用工艺。把被加工件浸泡在一种含水的溶剂中,以便使金属表面有抗腐蚀性,并涂上一层装饰性的色彩。以铬酸盐浸渍液为例,不过,六价铬和三价铬都有一定的毒性,对环境有很大的影响,因此,在使用这类溶液时,一定要对其进行适当的处理。

与上述三种镀膜方法相比,PVD 涂层方法具有与染色制品相似的优点。其具有良好的金属光泽,并具有多种色彩。另外,采用 PVD 法可以获得极薄的膜层,从而获得较高的经济效益。并且,PVD 涂层方法制备的涂层在生长形成的过程中没有使用任何化学液体,例如染色溶液或电解液,涂层材料在沉积到基板上之前,在高真空环境下直接转化成气相。所以,PVD 涂层工艺是一项对环境友好、可持续发展的绿色工艺。

近年来,随着 PVD 技术的发展,人们开始搭建连续式 PVD 涂覆生产线。薄片涂镀机(WCB-coater)一般情况下用于食品包装的塑料箔的涂镀。连续式 PVD 生产线还可在铝带上制作高反射、高吸收性能的表层,而半连续式 PVD 生产线又常用来涂覆在门窗玻璃上得到各种色彩、发挥各种用途。然而,在沉积装饰性薄膜,尤其是在不锈钢材质上沉积装饰薄膜,很少使用连续 PVD 生产线。

使用连续 PVD 真空镀膜技术而制备出的彩色装饰性涂层,是在真空环境下,运用中频磁控溅射、等离子体活化电子束蒸发工艺,在金属板材或金属卷材上镀多层金属氮化物、金属氧化物和金属氮氧化物,从而形成具有多层叠加干涉功能的装饰性涂层膜系。表 1–5 所示为表面彩色涂层与干涉彩色涂层的对比。

表 1–5 表面彩色涂层与干涉彩色涂层的对比

	表面彩色涂层	干涉彩色涂层
原理	涂层材料的颜色	干涉效应
典型例子	TiN、ZrAlN、TiAlN···	TiO_2、ZrO_2、CrN、TiN_xO_y···
标准涂层厚度	1~5μm	50~300nm
必要的涂层厚度均匀性	≤ ±10%	≤ ±2%
镀膜技术	脉冲磁控溅射,等离子体活化电子束蒸发	脉冲磁控溅射,等离子体活化电子束蒸发
基材要求	中等	较高
颜色范围	有限的	较宽的
彩色亮度	良好	优秀
对观察视角依赖度	低	高
抗环境冲击和影响的敏感性	中等	较低
耐磨和耐腐蚀效果	良好	优秀

由表 1–5 可以得到,这样的膜系是采用了薄膜对光波的干涉原理,具有很大的色彩范围、很强的金属质感,对环境冲击和影响的灵敏度较低,具有很好的耐磨、耐腐蚀效果。该涂层与表面彩色涂层相比,在某些方面有显著的优越性。

彩色装饰性涂层膜系(图 1–20)的设计理念,是利用金属氮化物、金属氧化物和金属氮氧化物三种化合物的相互重叠所产生的光学干涉效应而实现的。通过在 10 ~ 100nm 厚的透明 / 半透明薄膜上涂覆,可以得到多种颜色的涂层。全膜系统的颜色取决于薄膜的厚度,颜色范围取决于适当的厚度和薄膜的折射率 n。采用折射率高的薄膜,在不同的厚度下，可以得到更多的颜色。

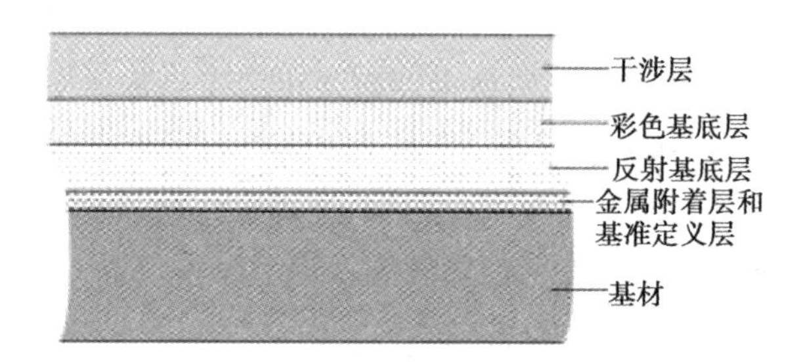

图 1–20　彩色装饰性涂层的膜系结构示意图

以干涉彩色膜层为基础的装饰涂层对于干涉薄膜，也就是所谓的“干涉层”而言，最好在其下面加一层统一的反射基底层，以使其呈现出均匀、差异化的色彩。因此，最好先在基材上涂覆一层反射膜再制备干涉层。这一反射层可以形成良好的附着性，保证均匀的反射，提高膜系在不同的基材材料上的亮度（主要是不锈钢材料），并对比基材材料的反射特征形成较高的工艺调节灵活性（比如，通过镀制反射基底层，就可以使膜系具有某种颜色）。

2　真空蒸发镀膜

真空蒸发镀膜是一种常用的薄膜制备方法，它在高真空中进行，通过加热蒸发容器中的原材料，使得原子或分子从表面气化逸出，形成蒸气流。这些气化的原子或分子随后入射到基片表面，并沉积成固态薄膜。真空蒸镀是使用较早、用途较广泛的气相沉积技术，已有几十年的历史，近年来，随着电子轰击蒸发、高频感应蒸发以及激光蒸发等技术在蒸发镀膜技术中的广泛应用，这一技术得到了进一步完善。

2.1　真空蒸发镀膜的原理

真空蒸发镀膜的原理如图 2-1 所示。在真空条件下，利用加热蒸发的方法，将待沉积的材料转化为气态粒子，然后这些气态粒子在真空中快速向基片表面输送，并在基片表面附着、凝结成为固体薄膜。在真空蒸发镀膜过程中，需要保证蒸发源与基片间的真空度，以减少气体分子对蒸发粒子的碰撞阻碍。真空蒸发镀膜广泛应用于制备各种薄膜，如金属、合金、化合物、陶瓷等，具有制备成本低、成膜速度快、薄膜附着力强等特点。

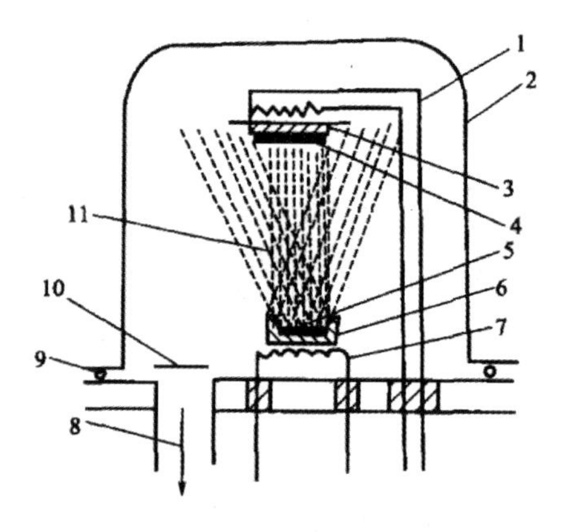

图 2-1　真空蒸发镀膜原理

1—基片加热电源；2—真空室；3—基片架；4—基片；5—膜材；6—蒸发盘；
7—加热电源；8—排气口；9—真空密封；10—挡板；11—蒸气流

从这一原理中不难看出，真空蒸发镀膜的工艺过程包括三个主要步骤：膜材在蒸发源表面的蒸发，蒸发后的粒子（主要是原子或分子）在气相中的迁移，以及到达基片表面后通过吸附作用在基片表面上凝结生成薄膜。这些是创造良好成膜条件的一些基本要素，实际操作中还需要根据具体的工艺要求和设备条件进行细化和调整。[①]

2.1.1 膜材的蒸发过程

在镀膜材料逃逸迁移的蒸发过程中，需要建立条件，在镀膜过程中，要保持真空室的真空度一直高于 10^{-2}Pa，真空度应是一个合适的固定值，不是越高越好。

2.1.1.1 膜材的蒸发温度与蒸气压

膜材在蒸发源中的加热蒸发可以使膜材粒子以原子（或分子）的形态进入到气相空间中。在蒸发源的高温作用下，膜材表面的原子或分子获得足够的能量，克服表面张力，从表面蒸发出来。这些蒸发出来的原子或分子在真空中以气态形式存在，即气相空间。金属或非金属材料，

① 李云奇．真空镀膜[M]．北京：化学工业出版社，2012.

在真空环境中,膜材的加热和蒸发过程可以得到改善。真空环境减少了大气压力对蒸发过程的影响,使得蒸发过程更加容易进行。在大气压下,材料需要承受更大的压力来克服气体的阻力,而在真空中,这种阻力大大减小,使得材料更容易蒸发。在蒸发镀膜过程中,蒸发源材料的蒸发温度和蒸气压是选择蒸发源材料的重要因素。对于 Cd（Se, S）涂层来说,其蒸发温度通常在 1000 ~ 2000℃,因此需要选择具有适宜蒸发温度的蒸发源材料。如铝在大气压下的蒸发温度为 2400℃,但在真空条件下,它的蒸发温度会显著下降。这是因为在真空中没有大气分子的阻碍,使得铝原子或分子能够更容易地从表面蒸发出来。这种现象对于真空蒸发镀膜来说是一个重要的优势。在真空气氛中,膜材的蒸发变得更加容易进行,因此可以在较低的温度下形成薄膜。这种较低的温度可以减少材料的氧化和分解,从而有助于制备更高质量的薄膜。

在真空镀膜过程中,膜材的蒸气在固体或液体的平衡过程中所表现出来的压强被称为该温度下的饱和蒸气压。这个压强反映了在特定温度下,物质蒸发和凝结的动态平衡。通常,真空室中其他部位的温度远低于蒸发源的温度,这使得蒸发的膜材原子或分子更容易在真空室的其他部分凝结。这种情况下,如果蒸发速率大于凝结速率,那么在动态平衡下,蒸气压将达到饱和蒸气压。也就是说,在这种情况下,蒸发的原子或分子数量和凝结的数量相等,达到了动态平衡。

反之,如果蒸发速率小于凝结速率,动态平衡的蒸气压将小于饱和蒸气压。

若饱和蒸气压为 p_v,依克劳修斯 – 克拉珀龙方程可导出:

$$\frac{dp_V}{dT}=\frac{\Delta H_V}{T\left(V_g-V_L\right)} \qquad (2\text{–}1)$$

式中, H_v 为摩尔汽化热; V_g 为气相摩尔体积; V_L 为液相摩尔体积; T 为热力学温度。

因为 $V_g>>V_L$,而且在压强很低时,蒸气符合理想气体定律,令 $V_g-V_t\approx V_g=R_{T/p}$,这时式(2–1)即可写成:

$$\frac{dp_V}{p_V}=\frac{\Delta H_V dT}{RT^2} \qquad (2\text{–}2)$$

由于汽化热 ΔH_v 是温度的慢变函数,故可近似将其看成常数。于是积分后即得：

$$\ln p_{\mathrm{V}} = C - \frac{\Delta H_{\mathrm{V}}}{RT^2} \quad (2\text{–}3)$$

式中，C 为积分常数，因此可得：

$$\ln p_{\mathrm{V}} = A - \frac{B}{T} \quad (2\text{–}4)$$

式中，$A = \frac{C}{2.3}$，$B = \frac{\Delta H_{\mathrm{V}}}{2.3R}$，$A$ 与 B 值可由实验确定，且 ΔH_{v}=19.1213J/mL。

可见，式（2–4）通常用于描述蒸发膜材的蒸气压与温度之间的关系。这个关系显示，随着温度的升高，蒸气压也会迅速增大。在真空蒸发镀膜工艺中，膜材的加热温度可以通过控制蒸气压的大小来大致确定。在真空蒸发镀膜过程中，如果蒸发温度高于熔点金属，那么金属将经历从固态到液态的转变，这个过程被称为熔化以后的蒸发。而在蒸发温度低于金属熔点的条件下，金属将以固态直接升华成气态，这个过程被称为升华状态的蒸发。

在蒸发镀膜过程中，蒸发源提供的能量使得膜材原子或分子蒸发并形成气态粒子。这些粒子在飞向基片的过程中会受到气体分子的碰撞，这种碰撞会消耗粒子的动能，使得它们的能量降低。由于蒸发镀膜的粒子到达基片时的能量较低，因此所形成的膜层附着力相对较小，这是与溅射镀和离子镀相比的一个主要区别。

2.1.1.2 膜材的蒸发速率

以蒸气形式在单位时间（s）内从单位膜材表面（cm^2）上所蒸发出来的分子数，可用下式表达：[①]

$$N=2.64\times10^{24}\,p\left(\frac{1}{T\mu}\right)^{1/2} \quad (2\text{–}5)$$

式中，p 为膜材的温度为 T 时的饱和蒸气压强，Pa；T 为绝对温度，K；μ 为膜材的分子量。

如果把蒸发出来的膜材用质量单位“g”表示，则其表达式为：

① 陆峰．真空镀膜技术与应用［M］．北京：化学工业出版社，2022.

$$G_m=4.37\times10^{-2}\left(\frac{\mu}{T}\right)^{1/2}p\quad[\mathrm{g/(m^2\cdot s)}]\tag{2-6}$$

在真空中单位面积的蒸发速率,可用式(2-5)、式(2-6)来表示。

2.1.2 膜材蒸发粒子在气相中的迁逸过程

膜材粒子进入到气相进行自由运动的特点与真空室内的真空度有着密切的关系。为了实现膜材粒子在气相中进行更自由的运动,通常需要维持较高的真空度,以保证膜材粒子能够以更高的速度和更大的平均自由程运动。这对于制备高质量、附着力强的薄膜是至关重要的。常温下空气分子的平均自由程 $\bar{\lambda}$ 可由下式表示:

$$\bar{\lambda}=\frac{6.52\times10^{-1}}{p}(\mathrm{cm})\tag{2-7}$$

若 $p=1.3\times10^{-1}$Pa,$\bar{\lambda}$ =5cm;若 $p=1.3\times10^{-4}$Pa 时,$\bar{\lambda}\approx$ 5000cm。这样 1.3×10^{-1}Pa 时,虽然每立方厘米还有 3.2×10^{10} 个分子,但分子在两次碰撞之间,有约 5cm 长的自由途径。

若设蒸发出的分子数为 z_0,在迁移途中发生碰撞的分子数为 z_1,蒸发度距离为 1,则发生碰撞的分子数占总蒸发分子数的比率可由下式求出:

$$\frac{z_1}{z_0}=1-\mathrm{e}^{-\frac{1}{\lambda}}\tag{2-8}$$

$$z_1=z_0\left(1-\mathrm{e}^{-\frac{1}{\lambda}}\right)\tag{2-9}$$

2.1.3 蒸发粒子到达基片表面上的成膜过程

真空蒸发镀膜过程中,残余的气体分子碰撞基片表面后部分被反射到气态空间,部分被淀积膜层埋葬吸附,对膜的生成是不利的,因为它会阻碍膜材粒子到达基片,影响薄膜的致密度和附着力。残余气体分子在碰撞基片表面后部分被反射到气态空间,这部分气体分子会再次与膜材粒子碰撞,影响它们向基片迁移和淀积的过程。而另一部分气体分子会被淀积膜层埋藏吸附，这会使得膜层的质量受到一定的影响。

残余气体分子对基片的碰撞概率 N_g，可按余弦定律求得：[①]

$$N_g=2.64\times10^{24}p_g\left(\frac{1}{T_g\mu_g}\right)^{1/2} \tag{2-10}$$

式中，p_g、T_g、μ_g 分别为残余气体的压强、绝对温度（K）和分子量。

将膜材经过加热蒸发后，蒸发粒子在单位时间内凝结在基片单位面积上的分子数称为膜材的凝结速率，以 N 表示。凝结速率与蒸发源的蒸发特性、源与基片的几何形状及源与基片间的距离（蒸距）有关。这里仅分别写出它与前节中所详述的点源和小平面源的凝结速率 N_{dpoi} 与 N_{dpl} 的表达式：

$$N_{dpoi}=\frac{N_eA\cos\theta}{4\pi r^2}\alpha \tag{2-11}$$

$$N_{dpl}=\frac{N_eA\cos\theta\cos\varphi}{\pi r^2}\alpha \tag{2-12}$$

式中，A 为蒸发源的蒸发面积；r 为膜材发射到基片上去的距离；θ 为蒸气入射方向与基片表面法线间的夹角；φ 为蒸气发射方向与蒸发源表面法线间的夹角；N_e 为膜材的蒸发速率；α 为黏着系数（凝结系数），其值介于 0 和 1 之间，它与基片的性质、表面温度及蒸气的性质有关，对活性金属表面清洁的基片而言，α 近似为 1。

从式（2-10）、式（2-12）可以求得对小面源气体分子碰撞概率与蒸汽分子凝结速率之间的比值关系，即

$$\frac{N_g}{N_d}=\frac{p_g}{p}\sqrt{\left(\frac{T\mu}{T_g\mu_g}\right)\frac{\eth r^2}{\alpha_1\alpha_2\cos\theta\cos\varphi A}} \tag{2-13}$$

在给定的蒸发振与基片形状的情况下，如果气体和波发温度确定后，上式可简化如下：

$$\frac{N_g}{N_d}=\frac{p_g}{p}K \tag{2-14}$$

式中，K 为常数；$\frac{p_g}{p}$ 比值，即可以表明残余气体对膜层污染程度。可见

① 陆峰．真空镀膜技术与应用［M］．北京：化学工业出版社，2022.

$\frac{N_g}{N_d}$与残余气体的压强 p_g 成正比，与室内压强 p 成反比。

在真空蒸发镀膜工艺中，提高膜材的蒸发速率可以减少残余气体对膜材的污染，但是要获得质量良好的涂层，仅仅依靠提高室内的真空度和膜材的蒸发速率是不够的。因此，要获得质量良好的涂层，需要综合考虑多个因素，包括膜材的选择和蒸发速率的提高、基片的选择和处理、真空度的控制、蒸发源的选择和调节以及镀膜参数的优化等。

2.2　蒸发加热方式及蒸发源

蒸发加热法主要采用饱和蒸汽加热，通过加热将水或其他溶剂蒸发成水蒸气，达到浓缩溶液的目的。蒸发源是一种用于加热膜材料进行气化和蒸发的装置，主要有电阻加热、电子束加热、感应加热、电弧加热和激光加热等多种形式。

2.2.1 电阻加热式蒸发源

就蒸发源而言，电阻加热蒸发源是应用最广泛的蒸发源。该蒸发源的加热材料通常是高熔点金属，如 W、Mo、Ta、Nb 或 Ni、Ni-Cr 合金。这些材料被加工成各种合适的形状以承载待蒸发的膜材料。蒸发源的加热方法为使用大电流通过蒸发源产生热量，从而直接加热和蒸发膜材料。

2.2.1.1 电阻加热式蒸发源的特点、使用要求及选材

电阻加热式蒸发源结构简单，使用方便；能够蒸发温度小于 1500℃的铝、金、银等金属，也能蒸发某些硫化物、氟化物和氧化物；对蒸发源材料的自身熔点要求高，通常需要高于被蒸发的材料；要求蒸发源材料的饱和蒸汽压要低，以便于蒸发过程中不会因为蒸气压过高而产生飞溅

或导致设备损坏；要求蒸发源材料的化学性能稳定，且具有良好的耐热性，热源变化时，功率密度变化较小；蒸发源对膜材料的“湿润性”好，有利于膜材的附着和生长。

加热所用电阻材料的要求是：高熔点，蒸发源材料的熔点必须高于蒸发膜材的熔点，这样才能避免蒸发源材料与膜材一起熔化；低的饱和蒸汽压，电阻材料的饱和蒸汽压要足够低，以便于在蒸发过程中不影响真空度和膜层的污染；良好的导电性能，电阻材料需要具有良好的导电性能，以便于加热蒸发过程可以顺利进行；化学性能稳定，加热蒸发源后，要确保电阻材料不会与膜材发生化学反应，生成化合物。如W、Mo、Ta等这些材料具有高熔点、高强度、良好的导电性和耐腐蚀性等特点，因此适合用于真空蒸发镀膜工艺中的电阻加热源。石墨和氮化硼合成导电陶瓷等材料具有高强度、高硬度和良好的导热性，因此也常用于制作加热元件和电极。这些材料的耐腐蚀性能也很好，适用于各种环境下的加热和蒸发过程。对于某些特定的镀膜工艺，这些材料可以作为蒸发源用于制备各种涂层和薄膜。

2.2.1.2 电阻加热式蒸发源工作原理和结构形状

电阻加热式蒸发源的工作原理是利用电阻加热的方式将材料加热至其蒸汽压强达到一定值时，使其蒸发并沉积在基底上形成薄膜。其主要设备包括真空腔体、电源、加热器、材料舟和基底等。在真空腔体中，首先需要将空气抽出，以保证蒸发过程中不会受到气体的干扰。然后将待蒸发的材料放入材料舟中，并将其放置在加热器中。通过电源对加热器进行加热，使材料舟中的材料加热至其蒸汽压强达到一定值时，材料开始蒸发并沉积在基底上形成薄膜。

电阻加热式蒸发源通常由一块内部有电阻线圈的金属片以及一个位于上面的介质面板组成。其金属片采用的是高熔点金属，如钨或钼，而线圈可以是单股线的或多股线的。蒸发源的尺寸和形状可能因具体应用和设备设计而有所不同，但通常都是为了达到最佳的加热效果和薄膜质量而设计的。

2.2.1.3 电阻加热式蒸发源的热计算

电阻加热式蒸发源需要的热量不仅包括膜材蒸发所需的热量，还需要考虑加热过程中由于热传导和热辐射所损失的热量。因此，为了准确地计算所需的热量，需要同时考虑这两个因素。若蒸发源所需的总热量为 Q，则有：

$$Q=Q_1+Q_2+Q_3 \tag{2-15}$$

式中，Q_1 为膜材蒸发时所需热量；Q_2 为蒸发源因热传导而损失的热量；Q_3 为蒸发源因热辐射而损失的热量。

（1）膜材蒸发时所需热量。如果把相对分子质量为 μ、重量为 W 的物质，从室温 T_0 加热到蒸发温度 T，其蒸发所需的热量为 Q_1，则有：

$$Q_1=\frac{W}{\mu}\left[\int_{T_0}^{T_{sm}} c_S \mathrm{d}T+\int_{T_{sm}}^{T} c_1 \mathrm{d}T+q_{sm}+q_v\right] \tag{2-16}$$

式中，c_s 和 c_1 分别为固态和液态膜材的摩尔比热容；q_{sm} 和 q_v 分别为膜材的摩尔熔解热和摩尔蒸发热；T_{sm} 为膜材熔化温度。直接由固态升华为气态的膜材，其 $q_{sm}+q_v$ 值可以不考虑。

（2）热传导损失的热量。蒸发源装夹在水冷电极上，这样电极的高温面温度，可以认为是蒸发源温度，记为 T_1，其低温面温度为冷却水温度，为 T_2。若设电极材料的热导率为 λ，导热面积为 A，导热长度为 L，则热传导损失的热量为：

$$Q_2=\frac{2\lambda A}{L}(T_1-T_2) \tag{2-17}$$

（3）热辐射损失的热量。如果蒸发源的温度为 T_1，辐射系数为 ε_1，辐射面积为 A，镀膜室等部件的温度为 T_2，辐射系数为 ε_2，则蒸发源热辐射损失热量为：

$$Q_3=\sigma\left(\varepsilon_1 T_1^4-\varepsilon_2 T_2^4\right) \tag{2-18}$$

式中，$\sigma=5.67\times10^{-12}\mathrm{W/(cm^2\cdot K^4)}$，为斯蒂芬波尔兹曼常数。

蒸发源所需的总热量即为蒸发源所需的总功率。

电阻加热蒸发源可以根据膜材的性质、蒸发量以及与蒸发源材料的浸润性，制成不同结构形式，如筐状、舟状、丝状以及螺旋丝状蒸发源。

图 2–2 为各种典型形状的电阻蒸发源。

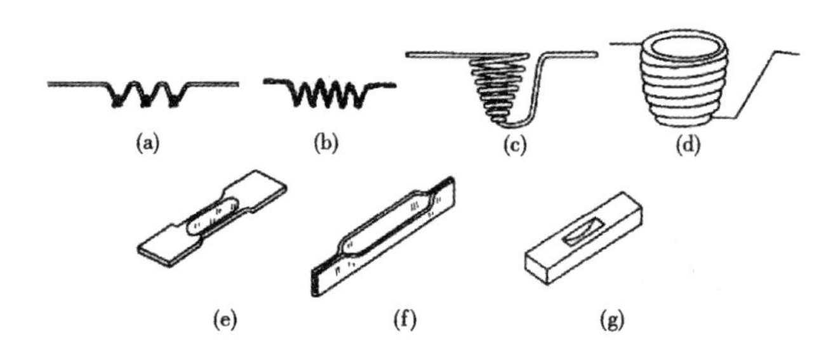

图 2–2　各种形状的电阻蒸发源

(a)V 形丝状;(b)螺旋丝状;(c)锥形丝状;(d)篮式丝状;
(e)凹坑箔;(f)舟形箱;(g)成形舟

(1)丝状和螺旋丝状蒸发源。丝状蒸发源结构的金属丝可以是单股丝或多股丝。常用的丝状蒸发源结构金属丝包括单股丝和多股丝两种形式。图 2–2(a)、(b)中的结构适合蒸镀小量的具有极好浸润性的材料,如铝材。图 2–2(c)、(d)所示,螺旋锥形和篮式蒸发源的结构特点是可以容纳更多的蒸发材料,同时可以防止材料在加热过程中溅出或掉落。

(2)箔盘状和槽状蒸发源。图 2–2(e)、(f)、(g)是使用钨、钽或钼的片箔状或块状材料加工成的蒸发盘和蒸发舟作为蒸发源。这些金属在高温下会失去韧性,变得更加易碎。特别是当它们与蒸发材料发生合金化时,这种现象会更加明显。

(3)坩埚。对于蒸发温度不是很高,但容易与蒸发源材料发生反应的材料,我们可以采用间接加热的方式进行蒸镀。在这种方法中,需要将这些材料放置在坩埚(可由石英、玻璃、氧化铝、石墨、氧化铍、氧化锆等材料制成)中,然后对坩埚进行加热,以间接地加热材料本身。蒸发材料不会直接与蒸发源材料接触,因此可以避免两种材料发生反应。同时,由于坩埚的材质通常具有较高的热导率和耐高温性能,因此可以有效地将热量传递给蒸发材料,使其达到所需的蒸发温度。为了确保蒸发过程的稳定性和均匀性,需要选择合适的坩埚材质,同时控制加热电流的大小和加热时间的长短。此外,为了获得高质量的镀膜,坩埚与蒸发材料之间的热接触也需要良好,以避免产生过大的温度梯度。

氮化硼导电陶瓷是由多种材料通过热压、涂复制而成的一种具有导电性的陶瓷材料。这种陶瓷材料通常由以下三种材料组成。

(1)六方氮化硼(h-BN)。这种材料是氮化硼的稳定形式,具有高耐热性和高硬度,同时具有良好的电绝缘性和化学稳定性。它可以作为氮化硼导电陶瓷的主要成分。

(2)氮化铝(AlN)。这种材料是一种宽禁带半导体材料,具有高熔点、高硬度、高化学稳定性以及良好的电绝缘性和热导率。它可以作为氮化硼导电陶瓷的添加剂,以增加陶瓷的强度和耐高温性能。

(3)碳化硅(SiC)。这种材料是一种宽禁带半导体材料,具有高熔点、高硬度、高化学稳定性以及良好的电绝缘性和热导率。它可以作为氮化硼导电陶瓷的添加剂,以增加陶瓷的强度和耐高温性能。

这三种材料的组合可以形成一种具有优良导电性、高耐热性、高硬度和高化学稳定性的陶瓷材料,可以作为蒸发器材料在高温下使用。

2.2.2 电子束加热蒸发源

电子束加热式蒸发源是一种利用电子束对膜材进行加热使其气化蒸发的设备。相比电阻加热式蒸发源,它具有更高的蒸发效率和更高的蒸发速度,因此被广泛应用于高速沉积和高纯度物质的蒸发。在电子束加热式蒸发源中,电子束直接作用于膜材表面,使其迅速加热至高温并蒸发成气态。由于电子束的能量高度集中,因此可以快速且有效地加热膜材,避免了加热元件和坩埚及其支撑部件的污染,也消除了加热温度的限制。由于电子束加热式蒸发源的蒸发过程是在高真空环境下进行的,因此可以有效地防止膜材氧化,从而提高蒸发材料的纯度。此外,通过控制电子束的能量和电流,还可以实现高精度和高重复性的蒸发,使得制备的薄膜具有更好的一致性和可靠性。

2.2.2.1 电子束加热原理及特点

电子束加热原理是基于电子在电场作用下获得动能,然后这些动能可以转化为轰击热能,从而实现对膜材加热汽化的目的。从物理学中可知,电子在电位差为 U 的电场中,获得的动能为 $\frac{1}{2}m_e u_e^2=eU$,通常用电子伏（eV）表示。1eV=1.602 × 10^{-19}J。如果电子束的电子流率为 n_e，则电子束的热效应 Q_e 为：①

$$Q_e = n_e eUt = IUt \tag{2-19}$$

式中，I 为电子束的电流，A；t 为束流的作用时间，s；U 为电位差，V。当电位差 U（或称加速电压）很高时，式（2-19）所表达的热能就可以使膜材汽化蒸发。电子束蒸发源为蒸发镀膜工艺提供了一种高效、高纯度且操作灵活的热源。

电子束能量密度大，可以在短时间内将膜材加热到很高的温度，因此非常适合蒸发难熔金属和非金属材料，如钨（W）、钼（Mo）、锗（Ge）、二氧化硅（SiO_2）、氧化铝（Al_2O_3）等。使用水冷铜坩埚可以避免坩埚材料与膜材之间的相互污染和反应，从而保证了镀膜的纯度和稳定性。此外，由于水冷铜坩埚具有良好的导热性能，因此可以迅速将热量传递给膜材，从而实现高效的蒸发过程。

电子枪是用来发射电子的装置，加速电源提供能量使电子加速，磁场线圈用来控制电子的运动轨迹，水冷铜坩埚则用来承载镀料。电子在电位为 U 的电场中，所获得的动能（eV）为

$$eU = \frac{1}{2}mv^2$$

式中，1eV=1.602 × 10^{-19}J；$v = \sqrt{2\eta U}$，$\eta = e/m$（电子的荷质比）。

如果电子束的电子流率为 n_e，则电子束产生的热效应 Q_e 为

$$Q_e = n_e eUt = IU \cdot t \tag{2-20}$$

式中，I 为电子束的束流，A；t 为电子束流的作用时间，s；U 为电位差，V。

当电位差（加速电压）很高时，式（2-20）所产生的热能即可使膜材气化蒸发，从而为真空镀膜技术提供了良好的热源。

2.2.2.2 e 型电子枪蒸发源

（1）e 型电子枪蒸发源的工作原理。e 型电子枪的工作原理如图 2-3 所示，热电子是由位于水冷坩埚下面的热阴极所发射，阴极灯丝加

① 李云奇．真空镀膜[M]．北京：化学工业出版社，2012．

热后发射出具有 0.3eV 初始动能的热电子，具有 0.3eV 初始动能的热电子利用电子束蒸发技术，将电子束通过 5 ~ 10kV 的电场加速并聚焦到被蒸发的材料表面，该电子束在电磁线圈的磁场中可沿 E × B 的方向偏转。到达和通过阳极时，电子的能量可提高到 10kV。电子在到达和通过阳极时，其能量可以提高到 10kV。这个过程可能通过电子加速器或其他电子源实现。电子通过阳极孔，进入磁场空间。在这个磁场空间中，电子束受到磁场的偏转作用，实现了 270° 的偏转角。

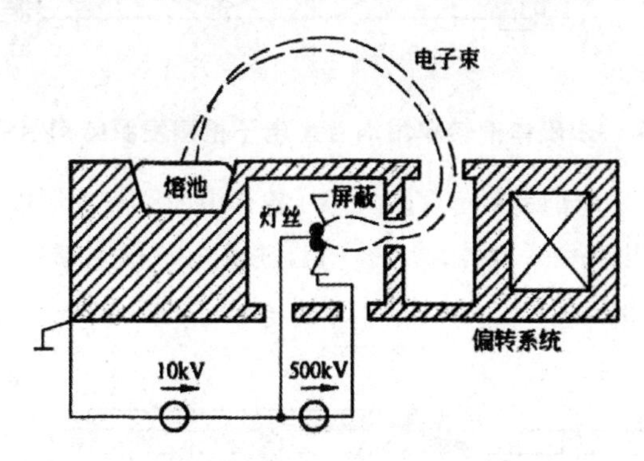

图 2-3　e 型电子枪的工作原理

（2）e 型电子枪蒸发源的结构形式。e 型电子枪主要由阴极灯丝、聚焦极、阳极、磁偏转系统、高压电极、低压电极、水冷坩埚及换位机构等部分组成。

目前国内常用的 e 型电子枪蒸发源的两种结构形式，分别是单坩埚结构和多坩埚结构。单坩埚结构（图 2-4）主要用于单一膜材的蒸发。这种结构比较简单，通常只有一个坩埚，电子束打到坩埚内壁，使坩埚内的膜材受热蒸发。多坩埚结构（图 2-5）则可以实现多种膜材交替式的蒸发。这种结构通常有多个坩埚，每个坩埚可以装入不同的膜材，电子束可以选择性地打到各个坩埚内的膜材上，使不同材料可以按照预设的顺序依次受热蒸发。

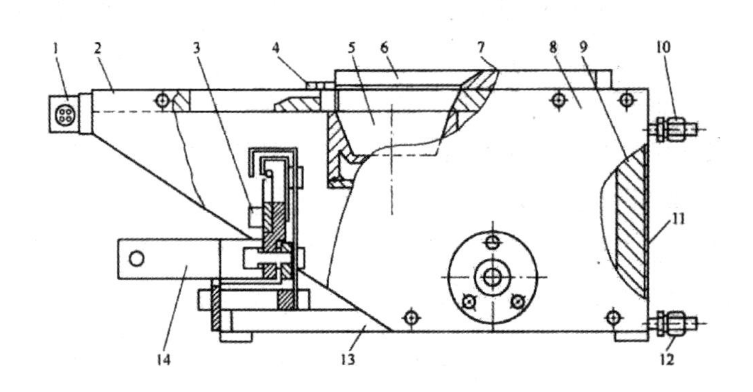

图 2-4　永磁体偏转单坩埚 e 型电子枪蒸发源结构示意图

1—电磁扫描线圈；2—前屏蔽罩板；3—电子枪头组件；4—调制极块；5—后部罩板；6—旋转坩埚组件；7—坩埚罩板；8—偏转极靴；9—偏转磁钢；10—水冷出口接头；11—磁钢罩板；12—水冷入口接头；13—底板；14—高压馈入电极

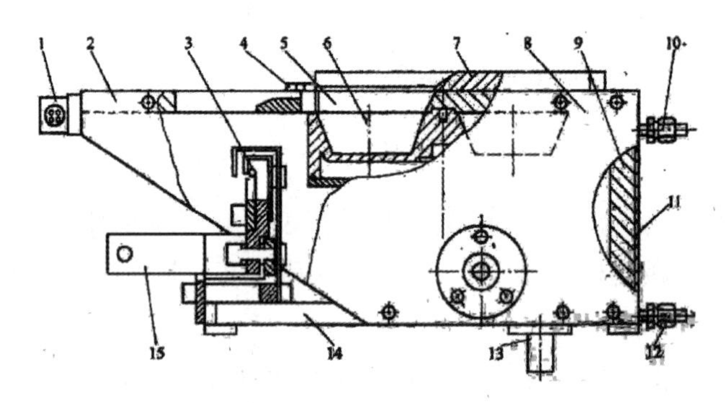

图 2-5　永磁体偏转多坩埚 e 型电子枪蒸发源结构示意图

1—电磁扫描线圈；2—前屏蔽罩板；3—电子枪头组件；4—调制极块；5—后部罩板；6—旋转坩埚组件；7—坩埚罩板；8—偏转极靴；9—偏转磁钢；10—水冷出口接头；11—磁钢罩板；12—水冷入口接头；13—坩埚旋转驱动轴；14—底板；15—高压馈入电极

当电子束轰击膜材时，会激发出许多有害的散射电子，包括反射电子、背散射电子和二次电子等。这些电子可能对基片和膜层造成不利影响，因此需要采取措施来吸收或收集这些有害电子。在图 2-6 中，二次电子收集极 11 就是为了保护基片和膜层，把这些有害电子吸收掉而设置的。这个极性的作用是收集并吸收这些散射电子，从而防止它们对基片和膜层产生不利影响。此外，由于入射电子与膜材蒸气中性原子碰撞而电离出来的正离子,在偏转磁场的作用下会沿着与入射电子相反的方向运动。这些正离子对膜层有一定的污染作用,因此需要采取措施进行收集。在图 2-6 中,离子收集极 1 是用来捕获这些正离子的。这个极性的作用是收集并捕获这些正离子,从而减少它们对膜层的污染。

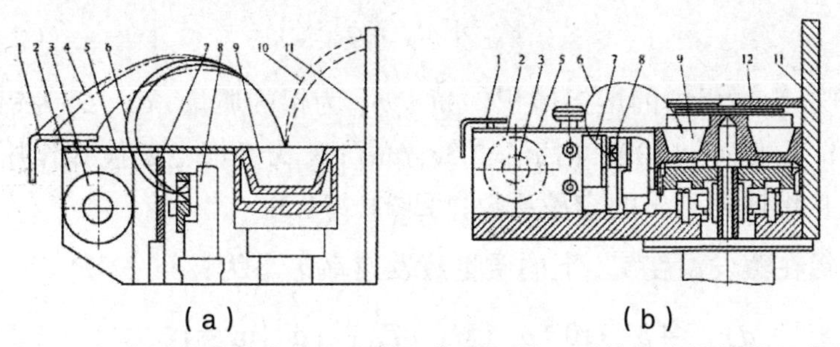

图 2-6　电磁偏转带有电子和离子收集极的 e 型枪蒸发源结构示意图

(a)单坩埚式;(b)多坩埚式

1—离子收集极;2—极靴;3—电磁线圈;4—正离子轨迹;5—屏蔽罩;
6—电子束轨迹;7—阳极;8—发射体组件;9—水冷坩埚;10—散射电子轨迹;
11—二次电子收集极;12—坩埚罩板

2.2.3 感应加热式蒸发源

高频感应加热蒸发是将装有镀膜材料的坩埚放置在高频螺旋线圈的中央。这种设置可以使镀膜材料在高频电磁场的感应下产生强大的涡流电流和磁滞效应,从而使膜层升温直至气化蒸发。这个过程中,坩埚内的镀膜材料通过电磁感应产生涡流加热效应,进而加热至所需温度,使其蒸发。蒸发源一般由水冷高频线圈和石墨或者陶瓷(氧化镁、氧化铝、氧化硼等)坩埚组成。水冷高频线圈的作用是提供一个高频电磁场,而石墨或陶瓷坩埚则用来盛放镀膜材料。高频电源采用的频率为 1 万至几十万赫兹,输入功率为几至几百千瓦。这种电源可以提供足够的能量来驱动高频线圈,从而产生高频电磁场。由于膜材体积越小,感应频率越高,因此感应线圈频率通常用水冷铜管制造。这种水冷铜管可以有效地吸收高频电磁场产生的热量,从而保证设备的稳定性和安全性。[①]

① 李云奇.真空镀膜[M].北京:化学工业出版社,2012.

2.2.3.1 坩埚设计

由于感应加热式蒸发源主要用于蒸镀金属铝膜。因此，以蒸镀铝为例进行介绍。熔铝体积可按下式计算：

$$V_{A1}=Km_{A1}/\rho_{A1} \quad (2-21)$$

式中，V_{A1} 为坩埚内的熔铝体积，cm^3；m_{A1} 为铝的质量，g；ρ_{A1} 为铝的密度，g/cm^3。例如，1200℃时 $\rho_{A1}=2.38g/cm^3$；K 为考虑电磁搅拌作用时避免铝液从坩埚内溅出的容积系数，可取 1.2~1.3。

熔铝在蒸发温度 T_{A1} 下的质量蒸发速率 q_{emA1} 为：

$$q_{emA1}=4.37\times10^{-4}p_{A1}\left(M_{A1}/T_{A1}\right)^{1/2}\left[g/\left(m^2\cdot s\right)\right] \quad (2-22)$$

式中，p_{A1} 为对应 T_{A1} 温度时铝的蒸气压强，Pa；T_{A1} 为铝蒸发温度，K；M_{A1} 为铝的摩尔质量，g。

坩埚的蒸发面积可按下式计算：

$$A=\frac{m_{A1}}{\tau q_{emA1}}\left(cm^2\right) \quad (2-23)$$

式中，τ 为蒸发周期，s，即装料量 m_{A1} 的蒸发时间；其余参量的物理意义与式（2-31）相同。

坩埚直径 d_1 及深度 h_1 分别为

$$d_1=2\left(A/\pi\right)^{1/2}(cm) \quad (2-24)$$

$$h_1=V_{A1}/A(cm) \quad (2-25)$$

内坩埚的材料选择石墨，是因为石墨具有良好的导热性能，可以有效地将热量从高频电源传导到铝材上，帮助铝材熔化。外坩埚的作用是保温，因此需要选择具有良好的保温性能的材料。各种氧化物材料因为其优良的保温性能而被广泛用作外坩埚的材料。热绝缘层和热绝缘筒的作用是隔热，因此需要选择热性能良好的材料。

2.2.3.2 电源及其频率的选择

加热功率是选择电源的重要因素。加热功率应能够满足蒸发源所需的能量，以保证膜材能够充分、均匀地加热。功率因数也是一个重要的考虑因素。功率因数反映了电源对交流电的利用率，高的功率因数可以减少无功功率的损耗，提高电源的效率。透入深度反映了电源产生的高频电磁场能够深入到膜材内部的程度。这个因素对于加热膜材的效果有很大影响，因此需要选择能够产生足够透入深度的电源。电动力则反映了电源带动各种设备的能力。对于真空蒸发镀膜设备来说，电动力应足够带动其运行并满足其使用需求。电效率是考核电源经济性的重要指标。电效率反映了电源在使用过程中消耗的电能与提供给蒸发源的能量之比。高电效率的电源不仅可以节省能源，也可以降低设备的运行成本。

2.2.4 空心热阴极电子束蒸发源

2.2.4.1 HCD 枪的工作原理及特点

HCD 枪利用空心热阴极放电产生等离子电子束，中空形金属钽管为阴极，放置膜材的水冷铜坩埚为阳极，它是一种电子束蒸发源。当加上一定电压后，氩气在钽管中点燃，产生气体放电，氩离子轰击钽管内壁，使温度急剧上升，大量热电子被发射出来。由于阳极坩埚的作用，大量电子被拉出并轰击到膜材表面，导致膜材汽化蒸发，沉积在基片上形成薄膜。

这种蒸发源的特点是：①空心阴极放电可以形成密度很高的电离等离子体，通过阴极流动的气体可大部分被电离。这意味着电子束的能量密度非常高，有利于实现高速率和高效率的蒸发；②阴极工作温度可达 3200K，外部等离子体纯度高。由于温度极高，阴极可以发射出大量的热电子，而且这些电子具有高能量，有利于轰击膜材表面并实现高速率蒸发；③阴极不易损坏，寿命较长。由于采用了钽管作为阴极材料，这种材料具有高熔点和高耐腐蚀性，因此可以长时间稳定运行，不易损坏；④可在气体辉光放电区工作，稳定工作压强为 $1\sim10^{-2}$Pa。这意味着电子束产生和膜材蒸发的环境相对稳定，对保证膜材的质量和均匀性是有利的；⑤若在基片上加上数十伏乃至数百伏的负偏压，通过离子在成膜过程中对基片的轰击作用，可获得附着力好的薄膜。这种离子束轰击的作用可以提高薄膜与基片的结合力，从而提高薄膜的质量和稳定性。⑥蒸发源在大电流低电压下工作，使用安全，易于自动控制。由于采用了较低的工作电压和大电流，这种蒸发源设备相对安全，同时也有利于实现精确的自动控制。

2.2.4.2 空心热阴极等离子体电子束蒸发源的特点

空心热阴极等离子体电子束蒸发源的特点主要表现在其结构和功能上。

（1）这种蒸发源的阴极采用了空心设计，这使得阴极可以电离大部分通过的气体，形成高密度的等离子体。在电子束蒸发源中，等离子体是实现膜材蒸发和膜层形成的关键。通过空心阴极电离产生的等离子体，可以有效地提高膜材的蒸发速度和膜层的沉积速率。

（2）空心热阴极等离子体电子束蒸发源的工作环境为高电流、低电压，这使得其安全性得到保障。在真空环境中，通过控制电流和电压，可以精确地控制膜材的蒸发过程和膜层的沉积特性。在基片上加上10~100V 的负偏压时，可以实现金属离子对基片的轰击并形成膜层，由于这种离子轰击的方式，使得膜层的附着强度较好。另外，如果通入反应气体，还可以制备化合物薄膜，如 TC、TIN 等。这表明空心阴极电子束蒸发源不仅可以用于加热膜材使其蒸发，还可以通过通入反应气体实现化学反应，制备化合物薄膜。

此外，这种蒸发源的阴极使用寿命较长，不易损坏，这得益于其整体结构设计的简单性和稳定性。同时，由于其工作温度可达 3200K，蒸发分子或原子经过等离子区的时候，等离子激发原子电离，可达 20% 的离化率，这使得膜材的蒸发更加充分和均匀。

2.2.4.3 HCD枪的结构及其结构上的改进

最初设计的HCD枪的典型结构见图2-7所示。为了增加枪与真空壳体之间的距离,水冷坩埚和聚焦线圈被放置在与枪中心线成一定角度和一定距离的真空壳体上。这样可以使枪体更加远离真空壳体,增加它们之间的距离。为了达到较远距离的设计要求,HCD枪的结构需要紧凑,以便能够适应有限的空间。这可能需要采用更小的零件、更精细的装配工艺和更高效的冷却系统等措施,以确保枪体的稳定性和可靠性。为了使枪与真空壳体之间的距离增加,并且保证电子束流的稳定性,可能需要通过改善阴极材料的纯度和表面光洁度,优化聚焦磁场和偏转磁场的设计,以及采用先进的电子束控制算法等措施来提高电子束流的稳定性。由于枪与真空壳体之间的距离增加,因此需要使用更高性能的真空密封技术来确保枪体的密封性。这可能需要采用先进的密封材料和结构设计,以及严格的生产工艺和检测标准等技术手段来保证。由于枪与真空壳体之间的距离增加,操作者可能无法直接对枪体进行手动控制。因此,需要设计一个远程控制系统,使操作者可以在一个较远的位置上对枪进行操作和控制。这个系统可能包括一些先进的传感器和控制算法,以便能够实现对枪的精确控制。

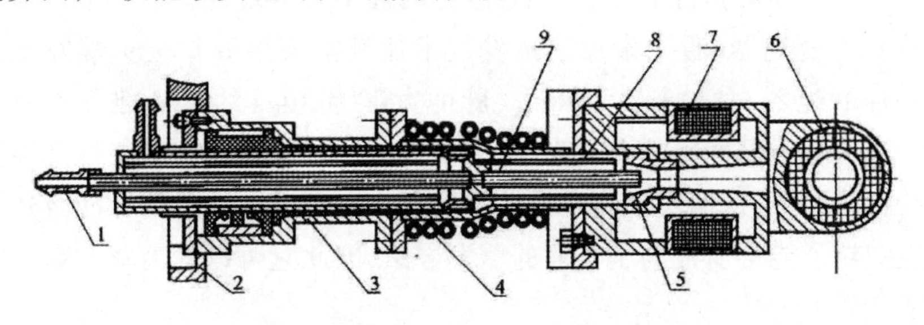

图2-7　最初设计的KCD枪的典型结构

1—水冷电极；2—密封法兰组；3—绝缘套；4—冷却水管；5—阳极口；
6—偏转线圈；7—聚焦线圈；8—阴极罩；9—空心阴极

2.2.5 激光加热式蒸发源

激光加热式蒸发源是利用高功率激光束作为热源对膜材进行加热

的设备。其装置和工作原理如图 2-8 所示。

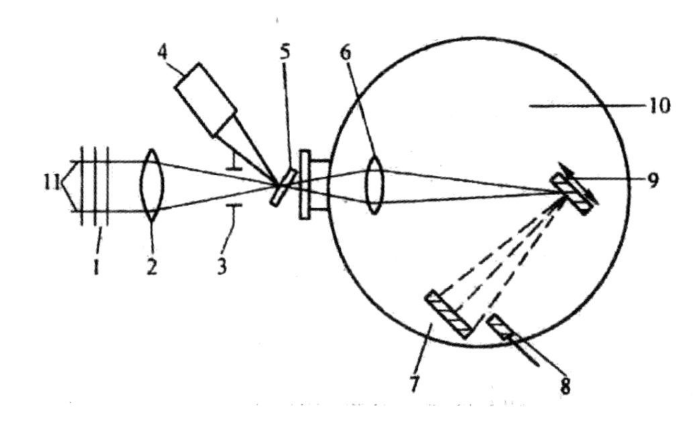

图 2-8 激光蒸发装置和工作原理图

1—玻璃衰减器；2，6—透镜；3—光圈；4—光电池；5—分光器；7—基片；8—探头；9—靶；10—真空室；11—激光器

连续输出的 CO_2 激光器和紫外波段的脉冲激光器是激光加热式蒸发源中常用的两种激光器。连续输出的 CO_2 激光器通常用于激光束加热蒸发技术中，其工作波长为 10.6μm。在这个波长下，许多介质材料和半导体材料都有较高的吸收率，因此这种激光器能够有效地将能量吸收并传递到待蒸发膜材中，从而实现膜材的加热和蒸发现象。除了连续输出的 CO_2 激光器，激光束加热蒸发技术还经常采用波长位于紫外波段的脉冲激光器，如波长为 248nm，脉冲宽度为 20ns 的 KrF 准分子激光等。这种激光器产生的激光光子具有高能量，可以在瞬间将能量直接传递给膜材原子，从而实现高效的蒸发过程。由于紫外波段的脉冲激光器产生的粒子能量通常高于普通的蒸发方法，因此它可以提高蒸发膜材的纯度和质量。

图 2-9 是激光束加热蒸发镀膜装置。激光束加热蒸发镀膜装置主要由激光源、透镜系统、反射镜、坩埚和真空室等部分组成。在这个装置中，激光束首先穿过透镜，然后被反射到坩埚上。坩埚中装有需要蒸发的膜材，高能量的激光束使膜材迅速加热并达到其熔点，产生蒸发现象。通过可转动的反射镜，可以将激光束准确地照射到坩埚上的膜材上，同时避免了蒸发物的沾染，从而增加了反射镜的使用寿命。对于不同波长的激光束，需要选用具有不同光谱透过特性的窗口和透镜材料，

以确保激光束能够顺利引入到真空镀膜室中，并被准确地聚焦到膜材上。这种镀膜技术适用于制备高性能材料、光学薄膜、半导体薄膜等领域，具有高精度、高纯度、高一致性等优点。需要注意的是，激光加热蒸发镀膜技术需要配合适当的工艺参数和操作规程，以保证制备出的薄膜材料符合预期要求。同时，对于不同类型的膜材和激光束，需要进一步优化和改进装置和工艺参数，以达到最佳的镀膜效果。

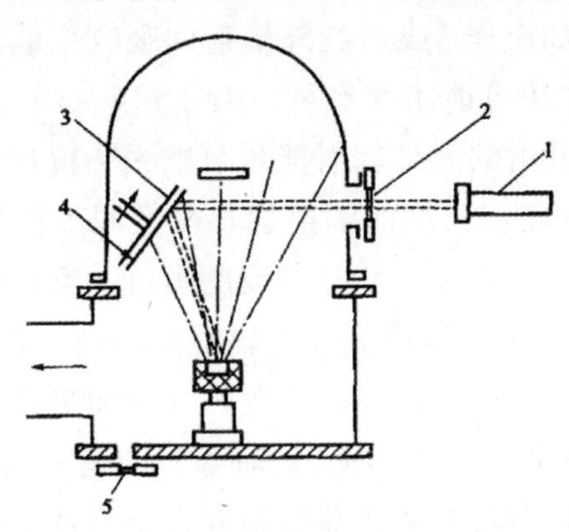

图 2-9　激光束加热蒸发镀膜装置

1—激光器；2—透镜；3—旋转反射镜；4—带孔挡板；5—光学监控窗

激光蒸发源的缺点之一是可能会产生微小的膜材颗粒飞溅，这会对膜的均匀性造成一定程度的影响。在激光蒸发源的操作过程中，高能量的激光束作用于膜材表面，使其迅速加热、熔化并蒸发。这个过程中，有些熔化的膜材颗粒可能会在激光束的作用下被喷射出来，形成飞溅。这些微小的膜材颗粒飞溅可能会在膜材表面形成不均匀的分布，影响最终膜层的厚度和性能。因此，在使用激光蒸发源时，应采取一些预防措施来减少飞溅的产生。例如，可以优化激光工艺参数，如激光功率、扫描速度等，以控制加热和蒸发的过程。此外，可以在激光束的路径上设置阻挡装置，以防止飞溅颗粒散播到基体上。为了减小飞溅对膜层均匀性的影响，可以采用一些技术手段。例如，可以采用旋转靶材或改变激光束的扫描路径等方法，使膜材表面各处受到的激光能量更加均匀，从而减少飞溅的产生。另外，可以调整蒸发源和基体之间的距离，以改变飞溅颗粒在基体上的分布情况。

2.2.6 辐射加热式蒸发源

辐射加热式蒸发源在某些材料的应用上具有一定的限制。对于红外辐射吸收率高的材料,使用辐射加热式蒸发源是合适的。这些材料通常具有较高的吸收率,能够有效地吸收来自加热器的红外辐射能量,并将其转化为热能,从而促进材料的蒸发。然而,对于红外辐射的反射率高的材料(如金属)或对红外辐射的吸收率低的材料(如石英),使用辐射加热的方法可能不太有效。对于这些材料,由于反射率高或吸收率低,加热器发出的红外辐射能量可能无法被材料充分吸收,因此难以实现有效的蒸发。典型的辐射加热蒸发源如图 2-10 所示。在裸钨丝加热器中,热量约有一半会从蒸发的膜材上反射回来,因此为了提高加热效率,通常会在加热器上装上辐射热屏蔽。在中央部位开出小孔是为了便于蒸气的逸出,这可以避免蒸气在加热器内冷凝或积聚,从而维持加热器的正常工作。然而,这种设计也有一定的不足之处。由于蒸气必须通过加热器,而加热器的温度高于蒸发膜材表面的温度,可能会造成某些化合物的分解。这可能会对制备的薄膜材料的质量和性能产生一定的影响,因此在选择和使用辐射加热式蒸发源时需要谨慎考虑。

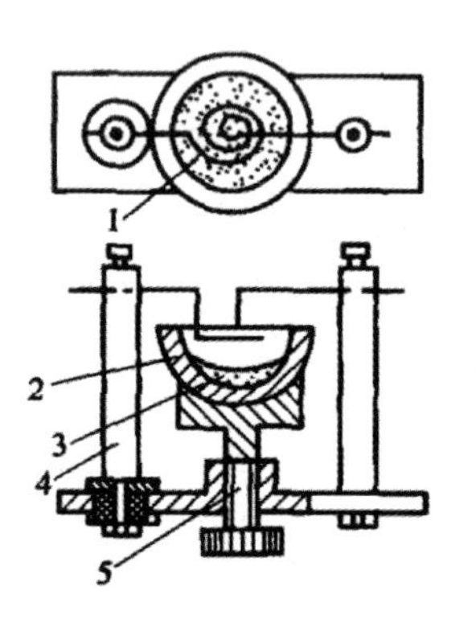

图 2-10 典型的辐射加热式蒸发源

1—钨条螺旋; 2—坩埚; 3—膜材; 4—支撑杆; 5—坩埚支撑座

2.3 真空蒸镀工艺

真空蒸镀工艺是一种常用的镀膜技术，它在真空条件下进行加热蒸发并沉积薄膜。在真空蒸镀过程中，镀膜材料（或称膜料）被加热至高温，并蒸发成气态。这些气态的膜料粒子随后在真空中飞行，并沉积在基片表面。当这些粒子遇到基片表面时，它们会冷凝并凝聚成薄膜。为了获得高质量的薄膜，真空蒸镀工艺需要精确控制许多参数，如温度、蒸发速率、基片温度和真空度等。这种工艺可以用于制备各种材料，如金属、半导体、绝缘体和合金等。真空蒸镀工艺具有许多优点，如高沉积速率、高纯度和高附着力等。这种工艺还具有良好的薄膜可控性和大面积均匀性，使得它在光学、电子和装饰等领域得到了广泛应用。然而，真空蒸镀工艺也存在一些缺点，例如需要高真空设备和较高的能源消耗等。

真空蒸镀工艺一般包括基片表面清洁、镀膜前的准备、蒸镀、取件、镀后处理、检测、成品等步骤。

（1）基片表面清洁。真空室内壁、基片架等表面的油污、锈迹、残余镀料等在真空中易蒸发，直接影响膜层的纯度和结合力，镀前必须清洁干净。

（2）镀前准备。镀膜室抽真空到合适的真空度，对基片和镀膜材料进行预处理。加热基片，其目的是去除水分和增强膜基结合力。在高真空下加热基片，能够使基片的表面吸附的气体脱附，然后经真空泵抽气排出真空室，有利于提高镀膜室真空度、膜层纯度和膜基结合力。达到一定真空度后，先对蒸发源通以较低功率的电，进行膜料的预热或者预熔。为防止蒸发到基板上，用挡板遮盖住蒸发源及源物质，然后输入较大功率的电，将镀膜材料迅速加热到蒸发温度，蒸镀时再移开挡板。

（3）蒸镀。在蒸镀阶段除要选择合适的基片温度、镀料蒸发温度外，沉积气压也是一个很重要的参数。沉积气压即镀膜室的真空度高低，决定了蒸镀空间气体分子运动的平均自由程和一定蒸发距离下的蒸气与残余气体原子及蒸气原子之间的碰撞次数。

（4）取件。膜层厚度达到要求以后，用挡板盖住蒸发源并停止加热，但不要马上导入空气，需要在真空条件下继续冷却一段时间，进行降温，防止镀层、剩余镀料及电阻、蒸发源等被氧化，然后停止抽气，再充气，打开真空室取出基片。

2.4 真空蒸发镀膜技术的应用

在真空蒸镀的工艺过程中，高真空环境可以减少大气中的有害气体（如氧气、水蒸气等）对膜层质量的影响，从而提高膜层的致密度和纯度。相比于其他镀膜技术，真空蒸镀的设备和工艺相对简单，且更容易实现自动化和智能化控制，这有助于提高生产效率和降低成本。但是，由于真空蒸镀是在高真空中进行的，膜材与基体之间的接触可能不够紧密，导致膜层的结合力较差。此外，由于真空蒸镀的工艺特点，它主要用于制备金属膜、金属合金以及一些具有高蒸气压的化合物膜。对于一些不易蒸发或需要在特定气氛中蒸发的材料，则需要采用其他镀膜技术，如化学气相沉积（CVD）等。目前来看，真空蒸镀主要用于蒸发金属膜（如Al、Ag、Cr、Cu、Au、Ni、Ti、W、Ta、Mo、Zn等）、金属合金、化合物膜。

2.4.1 真空蒸发镀膜技术在光学领域中的应用

在光学领域，真空蒸发镀膜技术常用于制备光学元件，如透镜、棱镜、反射镜等。通过在光学元件表面沉积一层金属膜或介质膜，可以改变光线在表面上的反射和透射行为，从而优化光学系统的性能。例如，在照相机和摄像机的镜头中，采用真空蒸发镀膜技术可以减小反射和眩光，提高光的透射率和影像质量。

2.4.1.1 透镜

透镜是光学系统中最重要的元件之一，常用于聚焦或分散光线。通过真空蒸发镀膜技术，可以在透镜表面沉积一层或多层光学薄膜，以改变光线在透镜表面的反射和透射行为，从而优化光学系统的性能。例如，在照相机和摄像机镜头中，采用真空蒸发镀膜技术可以减小光线在透镜表面的反射和眩光，提高影像质量。

（1）提高透镜的透光率。在透镜表面沉积一层透明度高、反射率低的光学薄膜，可以有效减少光线的反射损失，提高透镜的透光率。例如，在照相机和摄像机的镜头中，采用真空蒸发镀膜技术可以减小光线在透镜表面的反射和眩光，提高影像质量。研究者们在透镜表面采用真空蒸发镀膜技术沉积一层薄膜材料，以减小光线的反射损失，提高透镜的透光率。在镀膜过程中，选择了具有低反射率、高透光性的薄膜材料，如二氧化硅、氟化镁等，通过控制薄膜的厚度和均匀性，有效减少了光线的反射，提高了透镜的透光率。通过真空蒸发镀膜技术，可以针对透镜表面的材料特性，选择适当的薄膜材料和工艺参数，以实现对透镜透光率的优化和提升。这一技术不仅适用于二氧化硅、氟化镁等薄膜材料，还可以使用其他具有低反射率、高透光性的薄膜材料，通过调整薄膜的厚度和材料组成，实现对透镜透光率的提升。

（2）增强透镜的反射能力。在某些需要增强反射能力的场合，例如激光器中，可以在透镜表面沉积一层高反射率的光学薄膜，提高激光器的输出功率和稳定性。研究者们使用真空蒸发镀膜技术在光学透镜表面制备了一层厚度约为200nm的铝膜。在透镜表面沉积铝膜后，其反射率明显提高，相比未镀膜的透镜，镀膜后的透镜在可见光范围内的反射率更高，并且具有更佳的光谱特性。通过真空蒸发镀膜技术，可以针对透镜表面的材料特性，选择适当的薄膜材料和工艺参数，以实现对透镜反射率的优化和提升。这一技术不仅适用于铝膜，还可以使用其他高反射率材料如钛、铬等，通过调整薄膜的厚度和材料组成，实现对透镜反射率的增强。

（3）制造特定用途的透镜。通过真空蒸发镀膜技术，可以制造出具有特定性能的透镜，满足特定的光学需求。例如，可以制造出具有宽光谱透过范围的彩色相机镜头，或者具有特定带通滤光片的窄带滤光片。研究者们使用真空蒸发镀膜技术在光学透镜表面制备了一层特定性能的光学薄膜，以优化激光器的性能。在透镜表面沉积薄膜后，透镜对特定波长光线的反射率和透过率得到了调整，从而优化了激光器的输出功率和光束质量。通过真空蒸发镀膜技术，可以针对透镜表面的材料特性和应用需求，选择适当的薄膜材料和工艺参数，以实现对透镜性能的优化和提升。这一技术不仅适用于特定用途的透镜制备，还可以拓展到其他光学元件的表面处理和优化中，为光学系统的设计和制造提供了更多的可能性。

2.4.1.2 棱镜

棱镜是一种光学元件，常用于改变光线的方向和偏振状态。通过真空蒸发镀膜技术，可以在棱镜表面沉积一层或多层光学薄膜，以增强或减缓光线的偏振状态，从而优化光学系统的性能。例如，在某些光学测量系统中，采用真空蒸发镀膜技术可以制备具有特定偏振特性的棱镜，提高光学测量的精度和稳定性。

（1）提高棱镜的反射率。在某些应用中，需要提高棱镜的反射率，例如在激光器中，通过真空蒸发镀膜技术，可以在棱镜表面沉积一层高反射率的光学薄膜，提高激光器的输出功率和稳定性。研究者们使用真空蒸发镀膜技术在光学棱镜表面制备了一层厚度约为100nm的铝膜。在棱镜表面沉积铝膜后，其反射率明显提高，相比未镀膜的棱镜，镀膜后的棱镜在可见光范围内的反射率更高，并且具有更佳的光谱特性。通过真空蒸发镀膜技术，可以针对棱镜表面的材料特性，选择适当的薄膜材料和工艺参数，以提高棱镜的反射率。这一技术不仅适用于铝膜，还可以使用其他高反射率材料如银、铬等，通过调整薄膜的厚度和材料组成，实现对棱镜反射率的优化和提升。

（2）制造特定用途的棱镜。通过真空蒸发镀膜技术，可以制造出具有特定性能的棱镜，满足特定的光学需求。例如，可以制造出直角棱镜、五角棱镜、屋脊棱镜等不同类型的光学棱镜，用于各种光学系统中。研究者们使用真空蒸发镀膜技术在光学棱镜表面制备了一层厚度约为100nm的钛膜。钛是一种具有高透光性、高反射性和强吸收性的金属材料,具有良好的光学特性。在棱镜表面沉积钛膜后,研究者们发现棱镜的偏振选择性得到了显著提高。通过真空蒸发镀膜技术,可以针对棱镜表面的材料特性,选择适当的薄膜材料和工艺参数,以实现对棱镜偏振选择性的优化和提升。这一技术不仅适用于钛膜,还可以使用其他具有特定光学特性的薄膜材料,通过调整薄膜的厚度和材料组成,实现对棱镜偏振选择性的调控。

2.4.1.3 反射镜

反射镜是一种光学元件,常用于改变光线的传播方向或聚焦光线。通过真空蒸发镀膜技术,可以在反射镜表面沉积一层或多层光学薄膜,以增强光线的反射能力,从而提高光学系统的性能。例如,在激光器中,采用真空蒸发镀膜技术可以制备高反射率的反射镜,提高激光器的输出功率和稳定性。

(1)提高反射镜的反射率。通过真空蒸发镀膜技术,可以在反射镜表面沉积一层高反射率的光学薄膜,提高反射镜的反射率。例如,在激光器中,采用真空蒸发镀膜技术可以制备高反射率的反射镜,提高激光器的输出功率和稳定性。研究者们使用真空蒸发镀膜技术在反射镜表面制备了一层厚度约为 500nm 的铝膜。在反射镜表面沉积铝膜后,其反射率明显提高,相比未镀膜的反射镜,镀膜后的反射镜在可见光范围内的反射率更高,并且具有更佳的光谱特性。通过真空蒸发镀膜技术,可以针对反射镜表面的材料特性,选择适当的薄膜材料和工艺参数,以实现对反射镜反射率的优化和提升。这一技术不仅适用于铝膜,还可以使用其他高反射率材料如钛、铬等,通过调整薄膜的厚度和材料组成,实现对反射镜反射率的增强。

(2)制造特定用途的反射镜。通过真空蒸发镀膜技术,可以制造出具有特定性能的反射镜,满足特定的光学需求。例如,可以制造出具有宽光谱反射范围的反射镜,或者具有特定形状和角度的反射镜。中科院长春光机所经过近 20 年的技术攻关,攻克了大口径碳化硅反射镜坯制备、加工工艺、检测方法、改性镀膜等关键核心技术,成功制造了世界最大口径碳化硅非球面反射镜,建立了 4m 量级大口径碳化硅非球面反射镜全链路集成制造系统,完成了世界最大口径碳化硅非球面反射镜的高精度制造。这项科研成果已经发表在国际著名学术期刊 *Light: Science & Applications* 上。人类对宇宙的观察范围越来越大,光学望远镜的两个关键性能指标——角分辨率和能量收集能力,都跟口径有关,口径越大,光学望远镜的分辨率就越高,看得也就越远越广,所以口径的发展趋势是越来越大。

此外,真空蒸发镀膜技术还可以用于制备其他光学元件,如光栅、滤光片、全反射镜等,以及制备具有特定光学性能的光学薄膜,如高透过率膜、高反射率膜、高透过率带通滤光片等,以提高光学元件的透过率、分辨率和色彩还原度。这些光学元件和薄膜在光学系统、光电子学、光谱学等领域都有着广泛的应用。

2.4.2 真空蒸发镀膜技术在半导体制造领域中的应用

在半导体制造领域,真空蒸发镀膜技术常用于制备半导体器件的表面薄膜。例如,在集成电路中,采用真空蒸发镀膜技术可以在半导体芯片表面沉积一层金属膜作为电路导体或电阻层,实现电路的互联和功能实现。此外,真空蒸发镀膜技术也用于制备半导体器件的保护层、绝缘层、钝化层等,以增强半导体器件的稳定性和可靠性。

2.4.2.1 电极制备

在半导体制造中,常常需要制备各种类型的电极,以实现电能和信号的输入/输出。真空蒸发镀膜技术可被用来在半导体表面制备一层金属薄膜(如金、银、铝等),以形成良好的电极。

在反射膜制备上,真空蒸镀铝膜可提高太阳能电池板的光电转换效率。铝膜的反射作用可以使更多的光线被电池板吸收,从而提高光电转换效率。同时,真空蒸镀铝膜还可以提高太阳能电池板表面的耐久性,延长其使用寿命。

在透明导电膜制备上,真空蒸发镀膜技术可以用来制备一层透明导电膜,以提高太阳能电池板的导电性能和耐候性能。例如,通过真空蒸发镀膜技术制备一层掺氟氧化锡(FTO)薄膜,可以使其具有较高的透光率和良好的导电性能,同时还能抵抗环境对太阳能电池板的影响。

2.4.2.2 表面钝化

表面钝化处理是指在一定的溶液中,通过化学处理在镀层上形成一层坚实致密的、稳定性高的薄膜的表面处理方法。其可以增强镀层的耐蚀性,提高其表面光泽和抗污染能力。半导体器件的表面往往需要经过钝化处理,以减少表面态密度、提高器件稳定性。真空蒸发镀膜技术可以用来在半导体表面制备一层钝化薄膜(如氧化硅、氮化硅等),以实现表面钝化。该技术在电镀中得到了广泛应用,如镀 Zn、Cu 及 Ag 等后,都会进行钝化处理。以 Zn 为例,钝化处理可以大大提高 Zn 层的耐蚀性,同时增加其表面光泽。

需要注意的是,钝化处理的具体效果会受到溶液成分、处理时间、温度等多种因素的影响,需要根据具体的应用场景和要求进行精细的设计和优化。

2.4.2.3 介质薄膜

真空蒸发镀膜技术可以用来在半导体表面制备一层高质量的介质薄膜,以提高器件的性能和稳定性。在半导体器件中,常常需要使用各种介质薄膜,如绝缘层、掩埋层等。真空蒸发镀膜技术可以用来在半导体表面制备一层高质量的介质薄膜,以提高器件的性能和稳定性。例如,在制备绝缘层时,真空蒸发镀膜技术可被用来在半导体表面制备一层氧化硅(SiO_2)薄膜,以实现良好的绝缘效果。同时,该技术还可以制备氮化硅(Si_3N_4)薄膜等高质量的介质薄膜,以增强半导体器件的稳定性和耐久性。

2.4.2.4 增强耐磨性

在某些应用中,半导体器件需要有良好的耐磨性。真空蒸发镀膜技术可以在半导体表面制备一层硬质薄膜(如碳化硅、氮化钛等),以提高其耐磨性。例如,在汽车传感器中,需要使用半导体材料来监测车速、温度等参数。通过真空蒸发镀膜技术,可以在半导体表面制备一层碳化硅薄膜,以提高其耐磨性,从而延长传感器的使用寿命。

2.4.2.5 光学薄膜

在某些光学传感器和通信器件中，需要使用特定性能的光学薄膜。真空蒸发镀膜技术可以用来制备各种类型的光学薄膜，如高透光率薄膜、高反射率薄膜等。光学薄膜是一种能够改变光线的透光率、反射率等光学特性的薄膜。在光学仪器、照明设备等领域中，广泛使用真空蒸发镀膜技术制备光学薄膜，以提高光学设备的性能和品质。例如，在望远镜的镜片上镀上光学薄膜，可以改变光线的透光率、反射率等特性，从而提高望远镜的成像质量。在照明设备中，真空蒸发镀膜技术可以用来制备高透光率的增透膜，降低设备的能耗。除此之外，光学薄膜还可以应用于太阳能电池上，提高太阳能电池的光电转换效率。例如，在太阳能电池表面镀上光学薄膜，可以增强太阳能电池对特定波长光线的吸收，从而提高光电转换效率。

2.4.2.6 金单晶膜

选用真空蒸发法制备金单晶膜直接在卤化碱单晶基体上通过金属蒸气沉积并进行外延生长，以形成一层单晶金膜。在制备过程中，需要严格控制各种工艺参数，如基体的材料和加热状况、金蒸气的沉积速率以及真空蒸镀室内的压强等。这些参数不仅影响金膜的生长速度和质量，还决定着金膜的稳定性。为了获得高质量的金单晶膜，需要选择合适的卤化碱单晶基体，并对其进行适当的加热处理，以优化金原子在其表面的分散性。此外，还需要精确控制金蒸气的沉积速率和真空蒸镀室内的压强，以确保金原子能够在基体上形成单晶结构。金涂层的品质受到多个因素的影响，包括基体的材料、制备和加热状况、金蒸气的沉积速率以及真空蒸镀室内的压强等。为了制备出优质的单晶金膜，确实需要严格控制这些因素之间的关系。一般来说，基体材料需要具有较高的热稳定性、较低的表面能以及与金膜相匹配的晶格结构。此外，基体的制备和加热状况也会影响金膜的质量。基体的表面粗糙度、化学纯净度以及热应力等都会对金膜的制备产生影响。沉积速率太快可能会导致金原子来不及在基体上扩散和迁移，从而形成非晶态的金膜。而沉积速率太慢则会导致金膜生长速度过慢，影响生产效率。真空蒸镀室内的压强也会影响金膜的质量。压强的变化可能会导致金蒸气分子的运动状态和碰撞频率改变,从而影响金原子在基体上的沉积速率和扩散行为。因此,要制备优质的单晶金膜,必须对这些因素进行全面考虑和严格控制。这需要使用先进的制备设备和精确的控制手段,以确保各个因素之间达到最佳的平衡状态,从而实现高质量金膜的制备。

基片温度和沉积速率之间需要达到一个平衡,以确保金原子有足够的扩散和迁移时间。如果基片温度较低,沉积速率也应该相应减小,以避免由于原子接踵而来而阻碍单晶体的生成。此外,单晶膜的厚度可以通过控制金的蒸发源加热温度和沉积时间来确定。在真空蒸发镀膜过程中,随着沉积时间的增加,金膜的厚度也会逐渐增加。因此,通过精确控制蒸发源加热温度和沉积时间,可以获得所需厚度的单晶金膜。另一种确定单晶膜厚度的方法是使用微量天平称量 Si 片上所蒸镀的金膜质量。通过这种称重方法,可以精确到十万分之一克,从而能够推算出金膜的膜厚。这种方法需要使用高质量的微量天平,同时需要控制蒸发源加热温度和沉积时间以获得准确的数据。

采用金单晶薄膜,可通过扫描电子显微镜和透射电子显微镜的观察,在膜厚为 5nm 时,可以看出薄膜刚开始形成小岛状结构,这些小岛分散在基体上,彼此之间的沟道较大。这是因为在薄膜生长的初期,金原子刚刚开始在基体上沉积,它们之间的相互作用力还不足以克服表面能,因此呈现出小岛状结构。当膜厚增加到 10nm 时,小岛开始扩大,沟道的大小在减小。这是因为在薄膜生长过程中,金原子不断地沉积到基体上,小岛之间的相互作用增强,最终导致小岛扩大并相互连接。当膜厚达到 15nm 时,可以看到沟道内的连接路开始出现,形成了网状结构。这是因为在薄膜生长过程中,金原子在沟道内也开始沉积,形成了连接小岛的通道。当膜厚增加到 25nm 时,小岛进一步扩大,沟道逐渐填满,并且变窄。这是因为在薄膜生长过程中,更多的金原子沉积到基体上,使得小岛扩大并最终填满了沟道。在这个阶段,沟道内的连接路变得更加复杂和交错。这些变化说明了在真空蒸发镀膜过程中,金原子在基体上的沉积是动态的,薄膜的生长是连续的。通过精确控制工艺参数,可以制备出高质量的单晶金膜。薄膜在初期生长时,由于原子间的相互作用力较弱,它们通常会以小岛状的形式在基体上扩散和迁移。随着薄膜厚度的增加,小岛之间的相互作用增强,小岛开始扩大并相互连接,使得沟道逐渐变窄。当沟道内出现连接小路并呈现出网状结构时，这意味着薄膜已经具有一定的稳定性，原子间的相互作用力已经足够强大，使得原子能够在小岛之间形成连接。随着薄膜厚度的进一步增加，小岛会进一步扩大并填满沟道，使得沟道内的连接路变得更加复杂和交错。这种交错的连接路可能是由于薄膜生长过程中的二维晶格匹配或热应力等因素所引起的。它们有助于调节薄膜与基体之间的应力，提高薄膜的质量和稳定性。当然，这种交错的连接路也会影响薄膜的光学、电学等性质，因此在实际应用中需要进行精确的控制。

3　真空溅射镀膜

真空溅射镀膜是一种物理镀膜方法,利用离子源产生的离子在真空中经过加速聚集,形成高速度的离子束流,轰击靶材(镀膜材料)表面。在这个过程中,靶材表面的原子会因为离子束流的轰击而获得足够的能量,从而离开靶材并沉积到被镀工件的表面,形成薄膜。真空溅射镀膜的原理在于利用溅射现象实现制取各种薄膜。目前最常用的真空溅射镀膜技术是磁控溅射镀膜技术。这种技术能增加与气体的碰撞几率,提高靶材的溅射速率,最终提高沉积速率。因此更适用于具有吸收、透射、反射、折射、偏光等作用的功能性薄膜、装饰领域、微电子领域。

3.1　溅射镀膜的特点

与传统的真空蒸发镀膜相比,溅射镀膜有以下特点。

(1)溅射镀膜是物理镀膜方法,其基本原理是利用辉光放电产生的高速离子轰击靶材表面,使靶材中的原子或分子逸出并沉积到被镀工件的表面,形成薄膜。而真空蒸发镀膜则利用电阻加热法将靶材加热至熔化,然后蒸发并沉积到被镀工件的表面。

(2)溅射镀膜的沉积粒子大多呈原子状态,被称为溅射原子。而真空蒸发镀膜则是通过加热靶材使表面组分以原子团或离子形式被蒸发出来,然后沉降到基片表面形成薄膜。

(3)溅射镀膜的粒子带一定的动能,因此它们可以沿一定方向射向基体表面，并在基体表面形成镀层。而真空蒸发镀膜的蒸发粒子一般没有这个特性。

（4）溅射镀膜的膜层厚度可控性和重复性好。这是因为在溅射镀膜过程中，可以通过控制入射离子的数量和能量以及溅射时间等参数来实现对膜层厚度的精确控制，同时，溅射镀膜的工艺重复性好，使得批量生产的镀膜产品质量更加稳定可靠。

（5）溅射镀膜可以用于难熔金属和耐高温的介质材料，这是由于其加热源并非简单的电阻加热，而是电子束加热或激光加热。大功率激光器的造价很高，目前只能在少数研究型实验室中使用。

（6）溅射镀膜的过程建立在辉光放电的基础上，辉光放电的来源可以是直流辉光放电、热阴极支持的辉光放电、射频辉光放电或环状磁场控制下的辉光放电。不同的溅射技术所采用的辉光放电方式有所不同。

3.2　溅射的基本原理

磁控溅射是一种先进的物理镀膜技术，它利用磁场来控制电子的运动轨迹，从而提高电子的电离概率和利用电子能量。这种技术使得靶材的溅射更有效地利用正离子对靶材的轰击，同时由于受到正交电磁场束缚的电子只能在能量耗尽时才能落到基片上，因此磁控溅射具有“高速”“低温”两大特点。与直流二极溅射相比，磁控溅射只增加了正交电磁场对电子的束缚效应。而正交电磁场的建立、靶面磁场B值的大小及其分布，特别是平行于靶表面的磁场分量B，是磁控溅射中一个非常重要的参数。在实际应用中，这些参数需要根据具体的设备和工艺需求进行精确控制和调整，以保证镀膜的质量和效果。

由于束缚效应的作用，磁控溅射的放电电压和气压都远低于直流二级溅射。当具有一定能量的离子入射到靶材表面时，入射离子与靶材中的原子和电子相互作用，可以引起靶材表面的粒子发射，包括溅射原子或分子、二次电子发射、正负离子发射、吸附杂质解吸和分解、光子辐射等,并在靶材表面产生一系列的物理化学效应,包括表面加热、表面清洗、表面刻蚀、表面物质的化学反应或分解等(图 3-1)。此外,一部分入射离子进入靶材的表面层,成为注入离子,在表面层中产生一系列的现象,包括级联碰撞、晶格损伤及晶态与无定型态的相互转化、亚稳态的形成和退火、由表面物质传输而引起的表面形貌变化、组分及组织结构变化等。

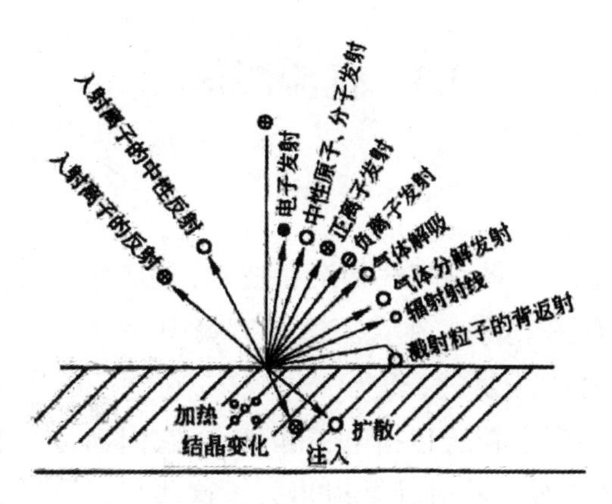

图 3-1　入射荷能离子与靶材表面的相互作用

溅射镀膜技术注重靶材原子被溅射的速率,即通过高速运动的离子轰击靶材表面,使靶材原子被溅射出来并沉积到基片表面形成薄膜。这种技术常用于制备金属、合金、陶瓷和半导体等薄膜材料,具有沉积速率高、附着力强、表面平整度高等优点。

离子镀技术则着重利用荷能离子轰击基片表层和薄膜生长面中的混合作用,以提高薄膜附着力和膜层质量。离子镀技术可用于制备各种薄膜材料,如金属、合金、陶瓷、半导体和化合物等,具有附着力强、表面平整度高、膜层质量好等优点。

离子注入技术则利用注入元素的掺杂、强化作用,以及辐照损伤引起的材料表面的组织结构与性能的变化。这种技术常用于材料改性、表面强化、器件制造等领域,具有掺杂浓度高、分布均匀、注入元素种类多等优点。

根据这些技术的作用不同侧重点可将其应用于不同的应用领域，如镀膜、清洗、刻蚀和辅助沉积等。溅射镀膜可以用于制备各种功能薄膜，如光学薄膜、硬质薄膜、导电薄膜等；离子镀可以用于制备各种高附着力、高耐腐蚀性的涂层和装饰性涂层等；离子注入可用于材料改性、表面强化和器件制造等领域。

3.3 直流溅射

直流溅射镀膜是一种物理气相沉积技术，其基本原理是利用辉光放电来溅射靶材并沉积薄膜。在直流溅射镀膜中，靶材作为阴极，被施加负高压，而气体（通常为氩气）作为工作气体，在电场的作用下电离并产生带电粒子。这些带电粒子包括电子和离子，它们都会与靶材表面发生碰撞，将靶材原子或分子从表面溅射出去。这些溅射原子或分子在真空中飞行，并最终沉积在基板或膜材上，形成一层薄膜。这个过程中，可以通过调节辉光放电的电压和电流以及工作气体的种类和压强等参数，来控制薄膜的沉积速率和薄膜的特性。在溅射过程中，还会发生许多复杂的物理和化学过程。例如，辉光放电会产生高能离子，这些离子不仅会与靶材表面碰撞，还会与工作气体分子碰撞。这些碰撞可能会导致靶材表面的原子或分子被溅射，也可能会引发靶材表面的化学反应，如氧化或还原等。此外，辉光放电中的电子也会与工作气体分子碰撞，引发电子－分子碰撞过程，这个过程会导致气体分子的激发和解离，从而产生更多的离子和电子。这些离子和电子的能量分布广泛，因此，它们与靶材表面的碰撞也可能会导致靶材表面的多种变化。

3.3.1 直流二极溅射原理及溅射过程中的各种效应

在直流溅射镀膜中，阴极靶被施加负高压，因此会有正离子轰击阴极靶，这是阴极溅射的基本工作条件。在气体异常辉光放电中，阴极暗区施加了几乎全部的电位差，当正离子以很高的速度轰击阴极靶时，靶面上的二次电子会被加速并进入阴极暗区。这些二次电子被加速到具有一定能量后被称为一次电子。一次电子与气体原子碰撞产生正离子，从而维持放电的继续进行。随着碰撞次数的增多，一次电子的能量逐渐被消耗并最终被阳极吸收。而被正离子轰击所溅射出来的靶材粒子（主要是原子）最终会飞向基片并形成薄膜，或者由于碰撞重新返回到阴极的靶材表面或被部分散射。因此，二极溅射放电所形成的电回路是新气体放电产生的一次电子飞向阳极、正离子飞向阴极靶而形成的（图 3-2）。在溅射过程中发生了许多复杂的物理和化学过程，如电离效应、溅射效应、沉积效应等。这些过程相互交织，共同作用形成了最终的薄膜。二极溅射的成膜过程是以溅射效应为手段，电离效应为条件，并通过沉积效应而达到溅射膜的成膜目的（图 3-3）的。这些效应协同作用，使得靶材表面的原子或分子被溅射出来并沉积在基板上形成薄膜。①

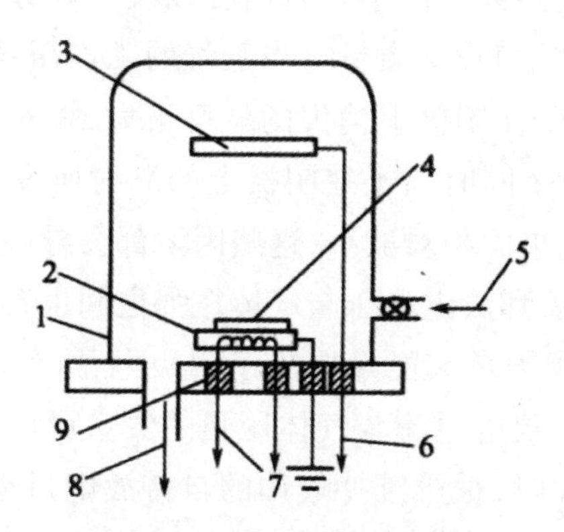

图 3-2　直流二极溅射装置

1—真空室；2—加热片；3—阴极（靶）；4—基片（阳极）；5—氩气入口；6—负高压电源；7—加热电源；8—真空系统；9—绝缘座

① 李云奇．真空镀膜[M]．北京：化学工业出版社，2012．

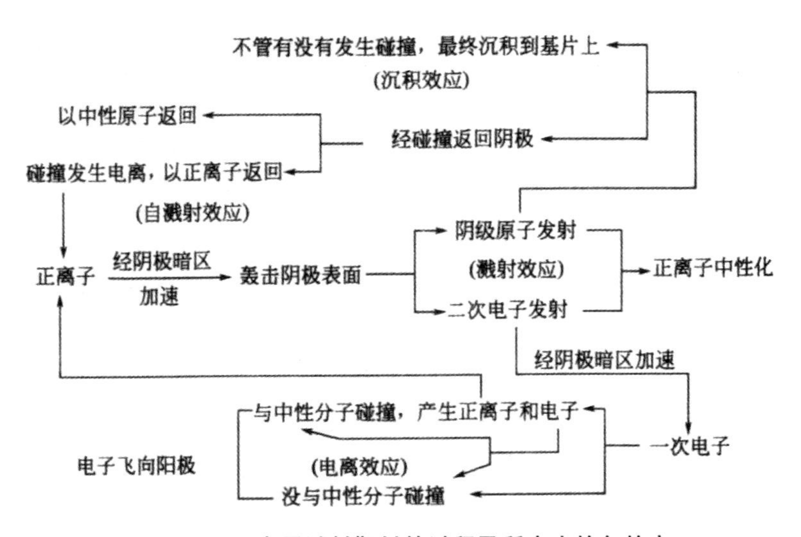

图 3-3　正离子溅射靶材的过程及所产生的各效应

氩气的工作压强是直流二极溅射中非常重要的溅射参数之一，因为它直接影响到电子和离子的平均自由程以及气体分子与电子的碰撞概率，从而影响溅射率和膜层质量。当氩气的工作压强较低时，电子的平均自由程较长，电子在阳极上消失的概率很大，相对地减少了气体分子与电子的碰撞概率；同时离子在阴极上的溅射所发射出来的二次电子又会因气体的压强小而相对减小，这些因素都会导致低压下溅射率的降低。另外，放电电流和放电电压与气体压强之间也存在密切的关系。由于轰击阴极靶的离子最大能量取决于阴极电位（约等于放电电压），因此，高电压一定时，放电电流与气体压强的关系可以用图 3-4 表示。在工作压强低于 1Pa 时，很难维持气体的自持放电过程。因此，为了获得高溅射率和高质量的膜层，需要选择适当的氩气工作压强。通常情况下，氩气工作压强为 1~10Pa。此外，随着放电电压和电流的提高，可以获得较高的溅射速率，但也会增加气体分子的离解度和离子能量，对靶材和基片造成损伤，因此需要在实验过程中进行适当的调整和控制。[①]

① 陆峰．真空镀膜技术与应用［M］．北京：化学工业出版社，2022.

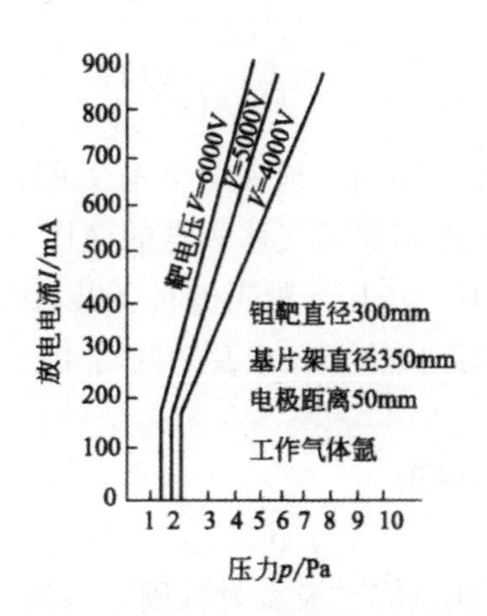

图 3-4　二极溅射放电电流与气体压强的关系

当氩气压强过高时，溅射出来的靶材原子在飞向基片的过程中会受到气体分子的多次碰撞，增加了散射的概率，甚至可能导致部分散射原子返回靶材表面，这样就会减少沉积到基片上的靶材原子数量，从而降低了靶材的沉积速率。随着工作气体的压强变化，靶材原子的沉积速率将达到一个最大值。图 3-5 显示了这种趋势。在低压强下，由于气体分子的碰撞概率较低，所以靶材原子能够更顺利地沉积到基片上，沉积速率上升。然而，随着压力的增加，气体分子的碰撞概率也随之增加，导致靶材原子的散射和返回靶材表面的概率增加，沉积速率下降。因此，存在一个最佳的工作气体压强，使得靶材的沉积速率达到最大。

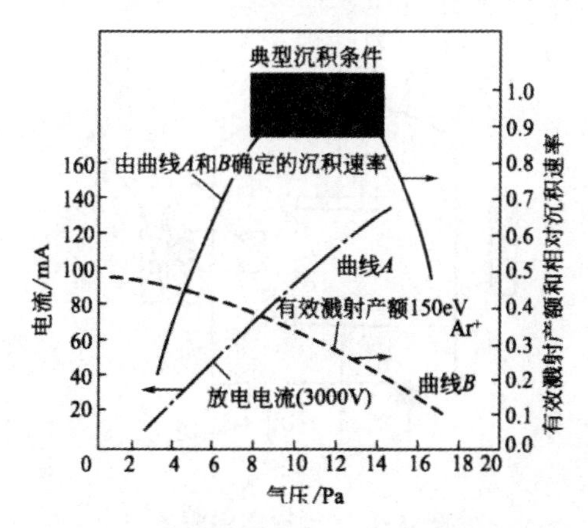

图 3-5　溅射沉积速率与工作气压间的关系

在一般情况下，沉积速率仅与溅射功率或溅射电流的平方成正比关系，而与靶材和基片之间的距离（靶基距）d 成反比关系，即：

$$R = k(p)\frac{VI}{d} \quad (3-1)$$

式中，$k(p)$是与气体的工作压力P有关的常数，式(3-1)表明：为了提高沉积速率R，在不影响气体放电的前提下，尽量使基片靠近阴极范围。但是由于基片过于接近靶阴极时会出现放电流的急剧下降，因此，有关文献给出靶基距应大于极中及暗区的4倍。

3.3.2 三极或四极溅射

三极溅射装置是在直流二极溅射基础上增加一个发射热电子的热阴极和一个磁场线圈形成的，如图3-6所示。热阴极发射热电子的能力较强，因此可以降低放电电压，有利于提高沉积速率和减少气体杂质的污染。在三极溅射中，热阴极发射的电子在轰击靶材的同时可以电离它所穿越的气体，并且在加入磁场线圈后，在电磁场的作用下可以使电离效果得到极大增加。通过控制电子发射电流和加速电压，可以改变三极射等离子体的密度。离子对靶材的轰击能量可以通过靶电压来控制。相比二极溅射，三极溅射可以解决靶电压、靶电流和工作气体压力之间相互约束的矛盾问题，具有更高的沉积速率和更好的薄膜质量。此外，三极溅射还可以通过调节电子发射电流和加速电压等参数来独立控制镀膜参数，提高了镀膜过程的灵活性和可控制性。①

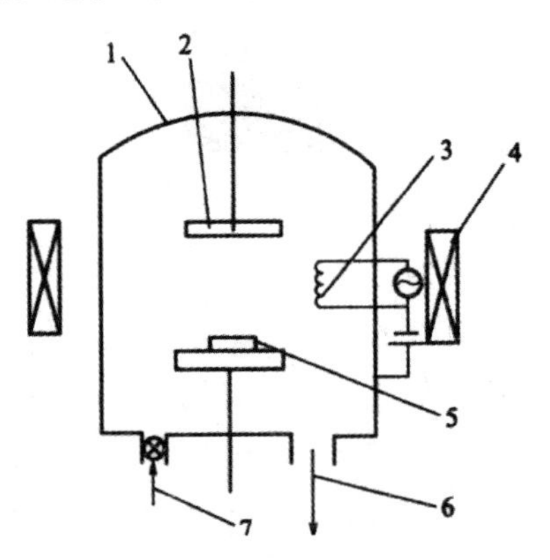

图3-6　三极溅射装置

1—溅射真空室；2—阴极靶；3—热阴极；4—磁场线圈；5—基片；6—真空系统；7—工作气体

① 陆峰．真空镀膜技术与应用[M].北京：化学工业出版社,2022.

3.3.3 直流偏压溅射

在直流偏压溅射中，除了在阴极靶上施加负电压外，还在基片上施加了一个固定的直流负偏压(图 3-7)。这种额外的偏压使得基片在整个薄膜工艺过程中始终处于一个负的电位，因此会受到正离子的轰击。这种轰击有两个主要的好处。首先，它可以随时清除可能进入到薄膜表面上的气体和附着力较小的膜材粒子。当正离子轰击基片表面时，它们具有足够的能量来克服气体分子或附着力较小的膜材粒子的附着力，并将其从基片表面清除。其次，正离子的轰击还可以在沉积工艺之前对基片进行清洗和净化表面。离子束的能量和方向性使其能够有效地清洗基片表面，去除表面的污垢、氧化物或其他污染物。

图 3-8 显示了钽膜电阻率与沉积过程中基片偏压的关系曲线。在零偏压区，钽膜呈现为面心立方晶体结构(Cuface)，而在较高的基片偏压下，钽膜的结构转变为体心立方晶体(Body-Centered Cubic，BCC)，这导致了电阻率的降低。

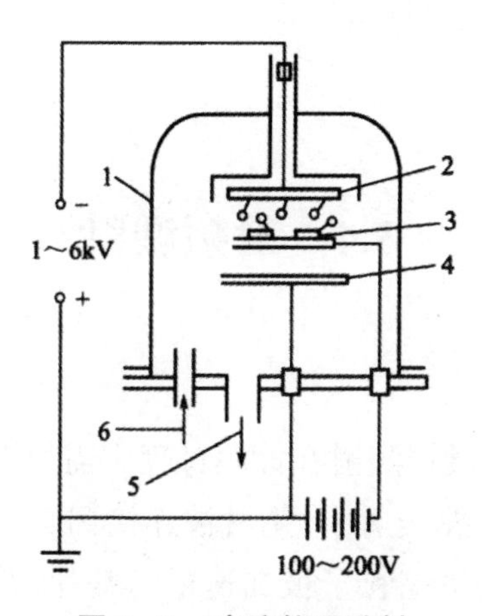

图 3-7 直流偏压溅射

1—溅射室；2—阴极；3—基片；4—阳极；5—接抽气系统；6—氩气入口

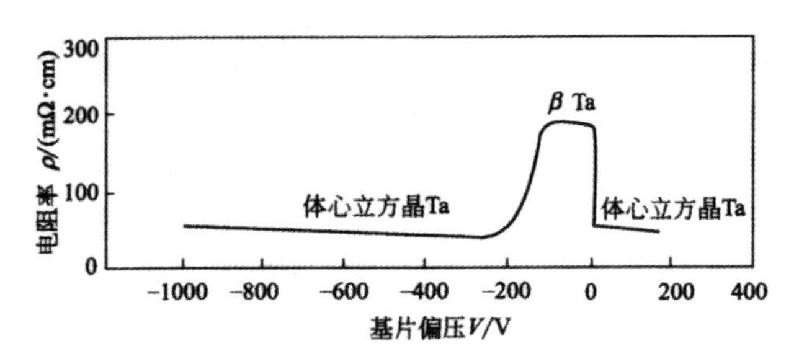

图 3-8　钽膜电阻率与基片偏压的关系曲线

偏压溅射是一种在溅射镀膜过程中,通过在基片上施加负偏压来影响薄膜沉积的工艺方法。由于基片偏压的存在,荷能粒子(如正离子)持续轰击正在形成的薄膜表面。离子轰击可以导致膜材原子与基片表面原子更强的相互作用,产生更大的附着力,从而提高了膜层的强度。离子轰击增加了薄膜表面的离子碰撞,使得膜材原子更难以在基片表面扩散和生长,因此降低了膜层的生成速度。如果偏压过大,甚至可能出现少量非膜材离子的掺杂现象,这可能会对薄膜的纯度产生影响。因此,为了确保薄膜的纯度,需要选择适当的偏压值。偏压溅射技术已被广泛应用于制造高纯度的合金膜。

3.4　射频溅射

直流溅射和直流磁控溅射在镀膜过程中需要在一个负电位下进行。在直流溅射和直流磁控溅射中,靶材被连接到阴极,并在负电压下产生电子和正离子。这些带电粒子被加速射向基片,其中电子被基片捕获,而正离子则轰击到靶材上,将靶材原子或分子从表面弹出,最终沉积在基片上形成薄膜。绝缘材料的靶材,若采用直流二极溅射,正离子不能有效地导走靶材上的电荷,会导致靶材表面正电荷的积累。随着电荷的积累,靶材表面的电位将不断上升,直到正离子无法再到达靶材表面进行溅射。因此,对于绝缘靶材,需要采用其他溅射技术。其中一种替代技术是射频(高频)溅射。射频溅射使用高频交流电场来溅射靶材。由于交流电场的特性,靶材上的电荷可以不断地被中和和积累,从而避免了直流溅射中电荷积累的问题。因此,射频溅射可以用于溅射绝缘靶材。

3.4.1 射频溅射装置及工作原理

射频溅射技术中的电源与直流溅射的电源不同。射频溅射使用的是射频电源,它产生的是高频交流电场,而不是直流电场。射频电源的频率通常在几十到几百 MHz 之间,最常见的频率是 13.56MHz。为使溅射功率有效地传输到靶 - 基板间,还有一套专门的功率匹配网络。图 3-9 是射频装置的结构简图。这个网络在射频溅射装置中起着非常关键的作用。它的作用是将射频电源的功率有效地传输到靶 - 基板之间,从而实现有效的溅射。功率匹配网络的主要功能是进行阻抗匹配,使射频电源的功率能够最大化地传输到靶材上,从而提高溅射效率。在射频溅射过程中,靶材和基片之间会产生辉光放电,这是一种等离子体放电现象。辉光放电会产生大量的电子和离子,这些电子和离子在电场的作用下会向靶材和基片运动,从而形成等离子体。辉光放电中,正离子会向射频靶加速飞行,并轰击其前置的绝缘靶材。由于靶材被加上了负电位,所以正离子会被吸引并加速向靶材运动,从而实现对靶材的溅射。当靶材表面积累了大量的电子后,由于电子的迁移率很高,因此它们可以在很短的时间内飞向靶材,中和其表面上的正电荷。随着时间的推移,靶材表面会逐渐显现负电位,导致正半周时也吸引离子轰击靶材,从而实现了在正负两半周中,均产生溅射。

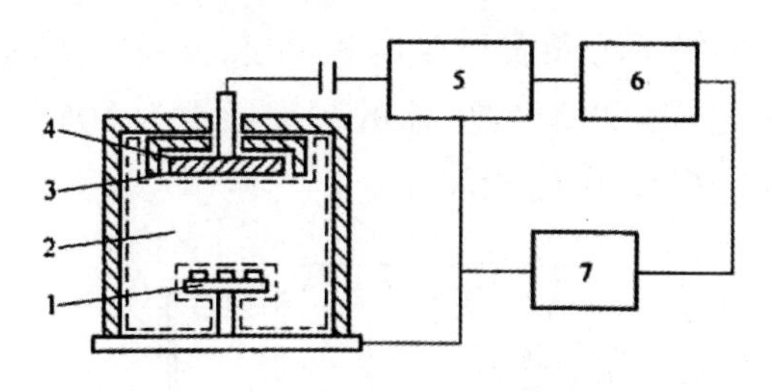

图 3-9　射频溅射镀膜装置

1—基片架；2—等离子体；3—靶材；4—射频溅射靶靶体；5—匹配网络；6—电源；7—射频发生器

射频溅射过程中，辉光放电产生的大量电子和离子会向靶材和基片运动，从而形成等离子体。然而，这个过程只能维持 10^{-7} 秒的时间。这是因为在辉光放电的过程中，靶材表面会逐渐积累正电荷，形成一个正电位，这个正电位会抵消靶材背后靶体上的负电位，从而停止了高能正离子对靶材的轰击。为了克服这个问题，射频电源的极性需要定期倒转。倒转电源极性后，原来积累在靶材上的正电荷会因为电场方向的改变而加速飞向靶体，从而中和掉靶材上的正电荷，使其电位为零。然后，再倒转电源极性，靶材又会开始接受正离子的轰击，从而重新产生溅射。这样，每倒转两次电源极性，就能产生 10^{-7} 秒的溅射。为了满足正常薄膜沉积的需要，电源极性的倒转率必须足够高，即 $f \geqslant 10^7$ 次 /s。这是因为如果倒转率过低，每次溅射的时间将会过长，会导致薄膜沉积的效率降低。

射频溅射的机理和特性可以用射频辉光放电解释。在射频溅射装置中，电子在射频电场中吸收能量并在电场中振荡，通过与气体分子碰撞，电子的能量可以传递给气体分子，使其电离并产生等离子体。由于电子与气体粒子碰撞的几率大大增加，气体的电离概率也相应提高，使得射频溅射的击穿电压和放电电压显著降低，其值只有直流溅射装置的十分之一左右。射频溅射可以在较低的气压下进行，这是因为电子与气体分子碰撞的概率增大，使气体离化率变大。因此，射频溅射可以在 0.1Pa 甚至更低的气压下进行。此外，射频溅射能沉积包括导体、半导体、绝缘体在内的几乎所有材料，这是因为它可以通过调节辉光放电的参数来控制薄膜的性质，如成分、结构和形态等。射频溅射装置中的射频发生器和匹配网络部分负责产生高频电场，并将电源的功率有效地传输到靶材和基片之间。射频发生器的频率通常为 10MHz 以上，国内射频电源的频率规定多采用 13.56MHz。

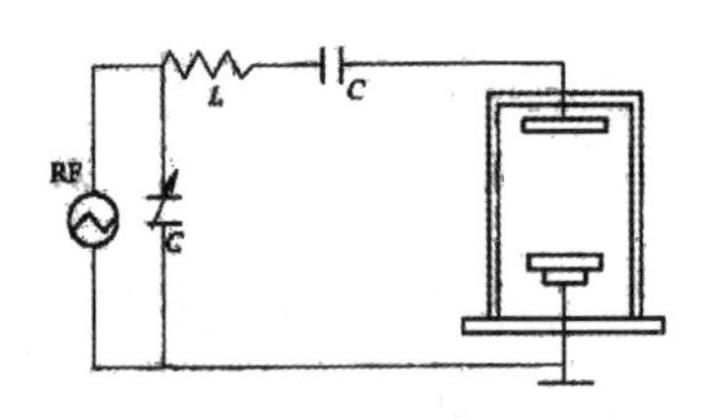

图 3-10　射频电源原理示意图

在射频溅射装置中，如果将射频靶与基片完全对称配置，那么确实会出现前文所描述的情况。两电极的负电位相等,正离子轰击靶及基片的能量和几率也相同,正离子以均等的几率轰击溅射靶和基片。这样,无论是靶材还是基片,它们都受到相同能量的离子轰击。然而,如果正离子附着在基片上,产生的反溅射也会将粒子打落下去。这是因为正离子在轰击基片时,不仅会沉积在基片上,还会产生一个反溅射的粒子。这个反溅射的粒子具有很高的能量,足以将附着在基片上的其他粒子打落。因此,即使有粒子附着在基片上,反溅射也会将其打落,使得基片表面不能沉积薄膜。在射频溅射装置中,设辉光放电空间与靶之间的电压为 V_1,辉光放电空间与直接耦合电极(基片)之间电压为 V_2, S_1、S_2 分别为容性耦合电极(溅射靶)和直接耦合电极(即基片及真空室壁等接地部分)的面积,则两电极的面积和电位有如下关系

$$\frac{V_1}{V_2}=\left(\frac{S_2}{S_1}\right)^4 \tag{3-2}$$

射频溅射靶是通过电容耦合到射频电源上的,这使得靶材和电源之间能够建立一个电场。在这个电场中,正离子会被加速向靶材方向运动,从而对靶材进行轰击。溅射靶面积与接地极面积之比 R 会影响等离子体电位与靶总电位的关系。当 R 值较小时,等离子体电位会相对较低,而靶总电位也会相应较低,如图 3-11 所示。这是因为靶面积较小,使得正离子轰击的能量和概率都降低,导致等离子体电位下降。当靶总电位为负值时,等离子体的电位也会是负值。这是因为正离子在向靶材运动的过程中会受到向外的电场力,使得它们无法到达等离子体区域,只能轰击靶材。因此,等离子体的电位相对于地电位是负值。另外,不管基片是否接地,基片相对于辉光放电时的等离子体的电位永远为负值(V_S)。这是因为辉光放电产生的正离子会被加速向靶材方向运动,从而对基片进行轰击。这个过程中,基片受到的是负电荷的轰击,因此基片的电位相对于辉光放电的等离子体的电位是负值。由于基片始终受到离子轰击,这使得溅射沉积的薄膜质量较好。这种偏压溅射沉积可以减少薄膜中的缺陷和杂质,提高薄膜的质量和稳定性。最后,轰击程度与 V_S 有关。基片的电位越负,它受到的正离子轰击就越强烈。因此,通过调节基片的电位可以控制薄膜沉积的速度和质量。

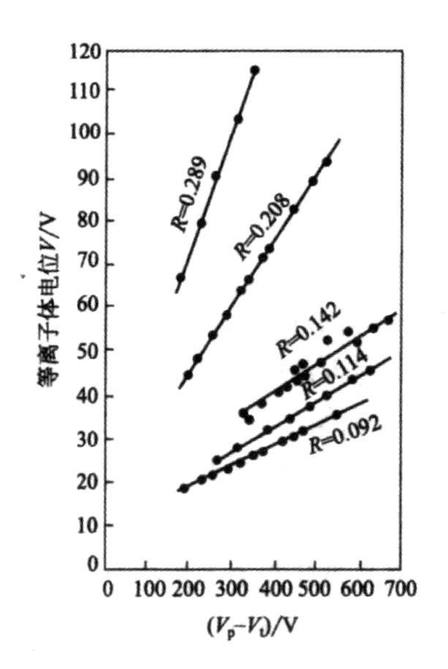

图 3-11 射频辉光放电情况下，各种比值尺下的等离子体电位与靶上总电位的关系

根据需要，可由外部电源对基片施加偏置电压 V_b。该对地偏压 V_b 在辉光放电中起到了悬浮电位 V_f 的作用，而等离子体电位 K 仍然不变，因此基片的总偏置电位为(V_b-V_p)。射频溅射辉光放电中等离子体电位(V_p)及总基片电位(V_b-V_p)与基片偏置电压(V_b)的关系，如图 3-12 所示。可见基片正偏值可以使等离子体电位 V_S 增高，导致离子轰击溅射室壁等接地表面的加剧。所以，除了用基片正偏置来轰击清洗接地构件外，应该避免使用正的偏置电压。[①]

在射频溅射中，基片通常会受到负偏压的影响。这个偏压可以由外部施加，也可以由射频电源自动产生。基片作为接地的电极，会受到从靶材(溅射靶)到基片的正离子和电子的轰击。由于基片接的是地电位，相对于辉光放电的等离子体的电位是负值，因此基片会始终处于离子轰击的状态。这种偏压溅射沉积的优点是可以控制基片所受轰击的程度，从而影响薄膜的沉积速率和薄膜的质量。通过调节基片的电位，可以控制正离子的轰击能量和轰击几率，这有助于优化薄膜的生长速率和结构。在射频溅射中，溅射靶和基片都会受到离子轰击，但它们的作用是不同的。溅射靶是用来提供薄膜材料的，而基片则是用来接收这些材料并形成沉积薄膜的。因此，在射频溅射中，溅射靶和基片都是重要的组

① 徐成海．真空设备选型与采购指南［M］．北京：化学工业出版社，2013.

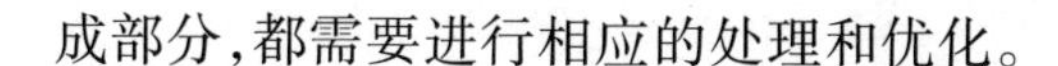
成部分，都需要进行相应的处理和优化。

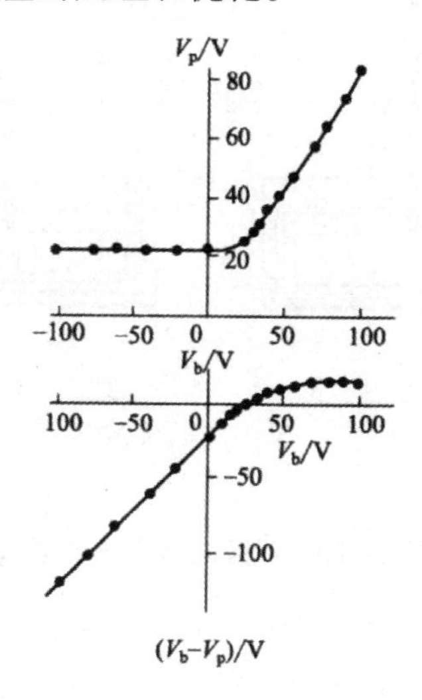

图 3-12 射频辉光放电中，等离子体电位（V_p）及总基片电位（V_b-V_p）与基片偏置电压 V_b 的关系

3.4.2 射频溅射方式及射频溅射靶的结构

射频溅射镀膜的方式主要有二极型、三极或多极型以及磁控射频溅射等三种型式。射频磁控溅射靶的结构与常规射频溅射靶的结构如图 3-13 所示，由于射频磁控溅射靶的等离子阻抗较低，可以在较低的外加射频电位下获得较高的功率密度。因此，使用射频磁控溅射靶的沉积速率远高于常规射频溅射靶的沉积速率。射频磁控溅射靶的优点是可以降低直流偏压，从而降低靶材的溅射速率，使靶材的使用寿命更长。此外，射频磁控溅射靶可以在较低的射频电位下获得较高的功率密度，这也有助于提高薄膜沉积的稳定性和质量。相比之下，常规射频溅射靶则需要更高的直流偏压来获得较高的溅射速率，因此靶材的使用寿命相对较短。同时，常规射频溅射靶沉积速率较低，可能会影响薄膜沉积的稳定性和质量。

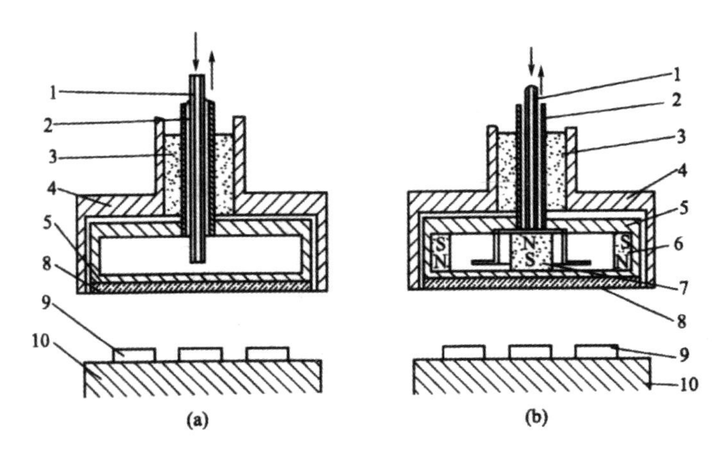

图 3-13 射频溅射电极的结构

(a)常规射频溅射;(b)射步磁控溅射

1—进水管;2—出水管;3—绝缘子;4—接地屏蔽罩;5—射频电极;
6—磁环;7—磁芯;8—靶材;9—基片;10—基片架

3.4.3 射频溅射镀膜的特点及其应用

3.4.3.1 射频溅射镀膜的主要特点

(1)溅射速率高。频磁控溅射技术在沉积 SiO_2 薄膜时的沉积速率可以达到 200nm/min,通常也可以达到 10~100nm/min,并且成膜的速率与高频功率成正比关系。

(2)膜与基体间的附着力大于真空蒸镀的膜层。这种技术制备的薄膜与基体的附着力更强,这是因为射频磁控溅射技术使得向基体内入射的原子平均动能达到了约 10eV,这使得这些原子能够更深入地渗入到基体中,从而形成了更为致密的膜层。

(3)膜材适应性广泛。这种技术不仅可以用于金属,还可以用于非金属或化合物。这归功于射频磁控溅射技术能够有效地将各种材料溅射成薄膜,几乎所有材料都可以制备成圆形板状。射频磁控溅射技术的稳定性和耐用性,使得它可以长期使用,从而保证了连续、长期的薄膜制备过程。

（4）对基体形状的要求不苛刻。即使基体表面不平或存在宽度在1mm以下的小狭缝，也可以通过这种技术成功溅射成膜。这是因为它采用了辉光放电的方式，使得溅射出来的粒子可以在真空中传播，并在到达基体时形成薄膜。

3.4.3.2 射频溅射镀膜的应用

基于上述特点，射频溅射沉积的涂层应用非常广泛，特别是在集成电路和介质功能薄膜的制备上尤为突出。非导体和半导体材料都可以通过射频溅射沉积技术均匀地涂敷在各种基体上，从而制备出高性能的薄膜材料。在集成电路制备中，射频溅射沉积技术可用于制造各种金属、半导体和绝缘介质薄膜材料，如铜、镍、铝、金、二氧化硅、氮化硅等。这些薄膜材料可以作为电路的导电线路、隔离层或电容介质等，对集成电路的性能和可靠性起着至关重要的作用。在介质功能薄膜的制备上，射频溅射沉积技术可用于制备各种高性能的介质薄膜材料，如二氧化硅、氮化硅、氧化铝、氮化钛等。这些薄膜材料具有高硬度、高绝缘性、高耐磨性和高温稳定性等特点，可以作为硬质薄膜、电子器件的介质材料和光学元件等，具有广泛的应用前景。

通过在镀膜室中放置多个靶，可以在同一室内不破坏真空且一次性完成多层薄膜的制备。这不仅提高了生产效率，还降低了制备成本。以制备二硫化钼涂层为例，采用专用电极射频装置可以在轴承内、外环上进行制备。射频源频率为11.36MHz，靶电压为2~3kV，总功率为12kW，工作范围的磁感应强度为0.008T，真空室的极限真空度为6.5×10^{-4}Pa。这些参数的设定和设备的配置能够有效地实现二硫化钼涂层的制备（图3-14）。然而，射频溅射镀膜也存在一些不足之处。首先，设备复杂度高，运行费用相对较高。这主要是因为需要配置专门的射频溅射靶和射频发生器等设备，同时需要维护和保养这些设备。其次，沉积速率偏低。虽然射频溅射技术可以制备出高质量的薄膜材料，但相对于其他镀膜技术而言，其沉积速率可能较低。这可能会影响生产效率和成本。此外，射频溅射功率利用效率低也是一大问题。在射频溅射过程中，大量功率会转化成热量，从靶的冷却水中流失。这不仅浪费了能源，还可能对设备造成热损伤。因此，提高射频溅射功率利用效率是一个需要解决的关键问题。

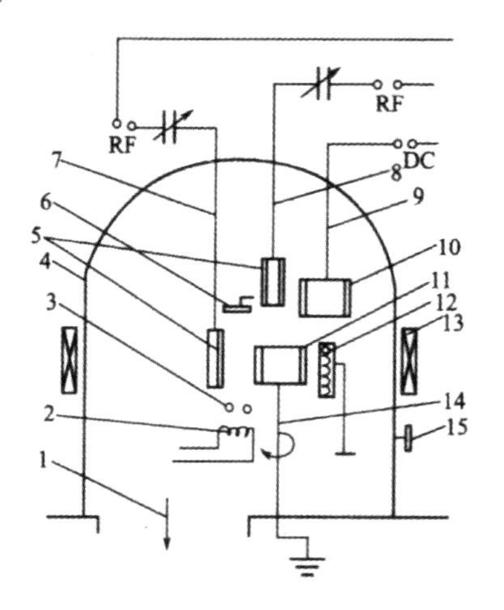

图 3-14　专用射频溅射装置

1—真空系统；2—热阴极灯丝；3—辅助阳极；4—真空室；5—靶材料；6—阳极；
7—镀外圆的靶电极；8—镀内圆的靶电极；9—直流负高压轰击电极；
10—轴承内圈(工件)；11—轴承外圈(工件)；12—工件烘烤加热器；
13—磁场线圈；14—工件旋转架；15—调节溅射距离手轮

3.5　磁控溅射

在静止的电磁场中,电子的运动轨迹是随机的,电子不断地与气体分子发生碰撞,损失能量并最终被气体分子俘获。由于电子的质量远小于气体分子,这种碰撞对电子的轨迹影响很小,因此电子在静止的电磁场中的运动轨迹是杂乱无章的。然而,在磁控溅射中,正交电磁场的存在使电子的运动轨迹发生了改变。这个电磁场由一个垂直于电子运动平面的磁场和一个垂直于这个磁场且垂直于电子运动方向的电场组成。这个电场对电子施加一个横向的力,使电子在垂直于其运动方向上发生振荡。随着时间的推移,这个振荡的幅度会越来越大,电子的轨迹也会越来越长。随着电子轨迹的增大,它们与气体分子发生碰撞并俘获气体分子的概率也大大增加。因此,磁控溅射镀膜技术的沉积速率要比普通的直流三极溅射镀膜技术高得多。此外,磁控溅射镀膜技术的另一个优点是它可以在较低的气体压力下工作。在直流三极溅射镀膜中,为了维持放电现象,必须保持较高的气体压力。然而,高气体压力会导致更多的气体分子与沉积的薄膜发生碰撞,从而增加了膜层污染的可能性。相比之下,磁控溅射镀膜可以在较低的气体压力下工作,因为它的高沉积速率可以提供足够的离子来维持放电现象。因此,磁控溅射镀膜技术可以更好地控制薄膜的质量。

3.5.1 磁控溅射镀膜的工作原理

图 3-15 和图 3-16 所示为平面磁控溅射靶基本结构及磁控溅射工作原理是由于正交电磁场对电子的约束作用以及其他与二极溅射过程相同的各种复杂过程和效应所产生的。与二极溅射过程相同,磁控溅射镀膜也会产生各种效应,但这些效应在此不再赘述。需要注意的是,这些效应可能包括但不限于电子与气体分子的碰撞、离子鞘层厚度的影响、电磁场的分布和变化等。

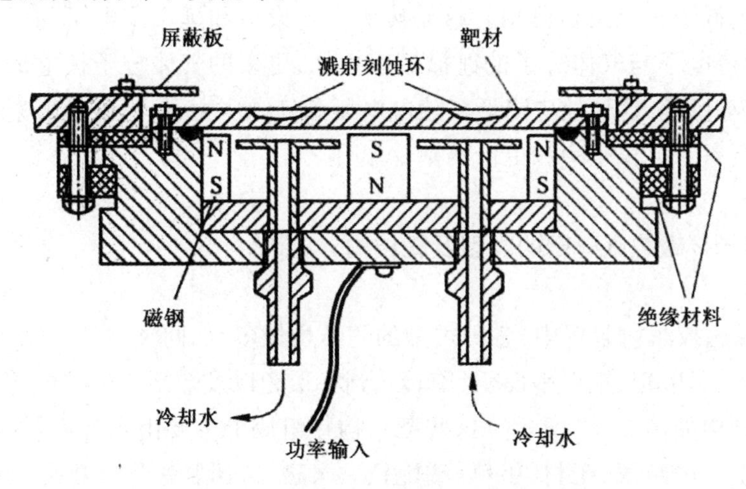

图 3-15　平面磁控溅射靶结构示意图

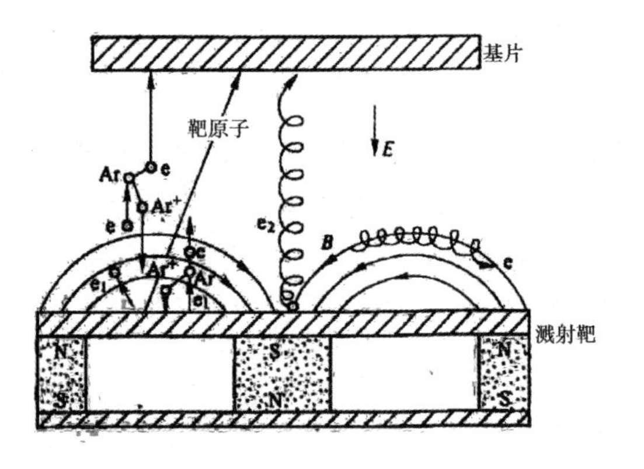

图 3-16　磁控溅射工作原理

电子在电磁场中的运动轨迹被束缚和延长，电子与气体分子的碰撞概率增加，从而提高了电离概率。这样，更多的气体分子被电离并参与成膜过程，导致沉积速率增加。

为了提高束缚效应，在磁控溅射装置中应尽可能满足电磁场正交和利用磁力线及阴极靶封闭等离子体的两个重要条件。这些条件能够提高电子的利用率和电离概率，并有效利用电子的能量，从而提高磁控溅射镀膜技术的沉积速率和沉积质量。磁控溅射的放电电压和气体压力也远远低于直流二极溅射。这是因为磁场束缚和延长了电子的运动轨迹，使得电子与气体分子的碰撞概率增加，更多的气体分子被电离并参与成膜过程。这种效应降低了放电电压和气体压力，使得磁控溅射技术具有更高的沉积速率和更低的基片温升。

3.5.2 磁控溅射靶的类型及靶结构

在磁控溅射装置中，各种类型的靶结构较多，如同轴圆柱形靶、圆形平面靶、孓権靶、矩形平面靶、旋转式圆柱形靶以及非平衡磁控靶等。它们的结构如图 3-17 所示。这些靶结构在组成上主要由水冷系统、阴极体、法兰、屏蔽罩、靶材、极靴（或轭铁）、永磁体、压紧螺母豉压环、密封、绝缘及螺栓等连接件组成。这些组成部分各有其特定的作用和功能，如水冷系统用于冷却靶材，极靴（或轭铁）用于固定靶材并与阴极体保持一定距离，压紧螺母豉压环用于将靶材压紧在极靴上，密封和绝缘部分则分别起到密封和绝缘的作用等。其中，孓枪靶中设置了用于引弧的辅助阳极；旋转式圆柱形靶的阴极体具有旋转和密封结构，在旋转机构的拖动下,阴极体可绕轴转动,所以该靶材可绕轴旋转。①

图 3-17（f）中的非平衡磁控溅射靶是一种特殊靶型,其将处于靶中心的磁体体积加大或减小,使得部分磁力线发散到距靶较远的基片上,从而对基片产生一定程度的离子轰击作用。这种靶结构可以增强靶材的溅射均匀性和薄膜性能的稳定性。为了防止非靶材零件发生溅射,溅射靶中设置了屏蔽罩。屏蔽罩与阴极体或靶体的间隙应小于此处电子的旋轮直径,从而防止在该处发生辉光放电。间隙的大小需要精确控制,以确保屏蔽罩能够有效地防止非靶材零件被溅射,同时也不会妨碍电子的运动轨迹。

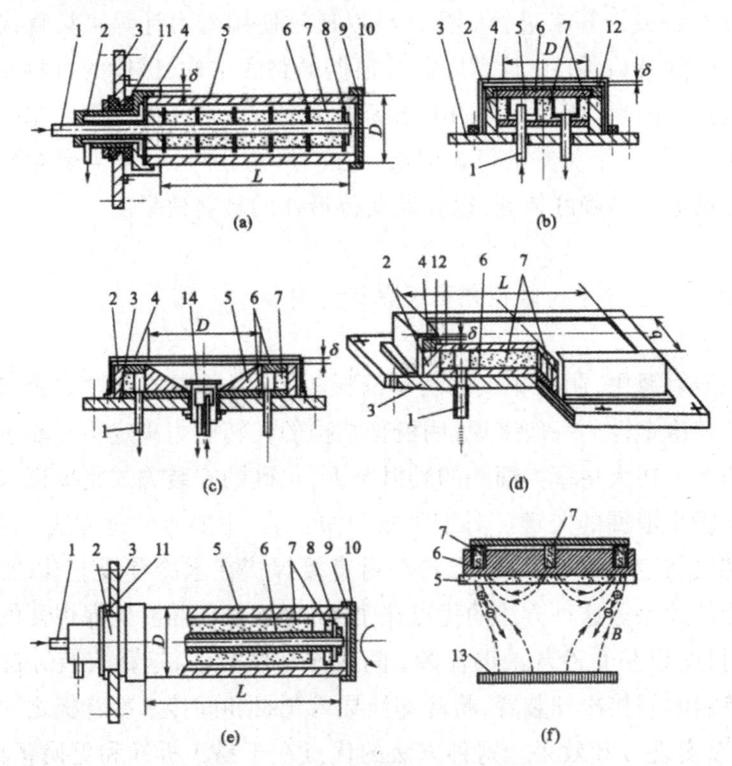

图 3-17　各种磁控溅射靶的结构

（a）同轴圆柱靶;（b）圆形平面靶;（c）S- 枪靶;（d）矩形平面靶;

（e）旋转式圆柱形靶;（f）非平衡磁控靶

1—冷却水管; 2—阴极体; 3—法兰; 4—屏蔽罩; 5—靶材; 6—极靴(轭铁);

7—永磁体; 8—螺母; 9—密封圈; 10—螺帽; 11—绝缘(密封); 12—压环;

13—基片; 14—辅助阳极

① 陆峰．真空镀膜技术与应用[M]．北京：化学工业出版社,2022.

3.5.3 平面磁控溅射镀膜

3.5.3.1 平面磁控溅射靶的磁路结构及永磁体的排列方法

对于圆形平面磁控溅射靶来说，其表面磁感应强度的平行分量 $B_{//}$ 一般在 0.02~0.5T 的范围内，而较好的值通常在 0.03T 左右。这个值是保证磁控溅射效果的重要参数，因此无论磁路如何布置，磁体如何选材，都必须保证这个 $B_{//}$ 的要求。为了掌握磁场的大小和分布规律，我们可以通过测试或计算来进行。测试可以通过使用磁力计等工具直接测量靶表面的磁感应强度；计算则需要根据磁路的结构、磁体的材料和大小以及电流等因素，使用相关的电磁场理论进行。对于磁控溅射靶的设计和优化，这是一个关键的考虑因素。在实际应用中，我们需要对靶材表面的磁场进行精确的控制，以确保获得最佳的溅射效果。

3.5.3.2 矩形平面磁控靶阴极靶材的安装

在溅射源中，阴极靶上的功率消耗较大，因此需要有效的冷却系统来保持其稳定性。一般来说，阴极靶结构的耗转能力决定了所能承受的最大功率。在大功率大面积的溅射靶上，正确的安装方式是保证水冷却效果和防止泄漏的关键。对于阴极靶的安装，主要有两种方法：直接冷却安装法，这种安装方法需要将靶材直接焊接在水冷背板上，以实现最佳的冷却效果。这种方法的优点在于简单易行，但需要确保焊接的质量和密封性，以防止冷却液的泄漏；间接冷却装置法，这种安装方法需要使用特制的间接冷却装置，将冷却液导入靶材和间接水冷背板之间的空隙中，以实现冷却效果。这种方法的优点在于易于拆卸和更换靶材，但需要保持压板与水冷却背板的间隙大于 0.05mm，以确保冷却效果（图 3-18）。

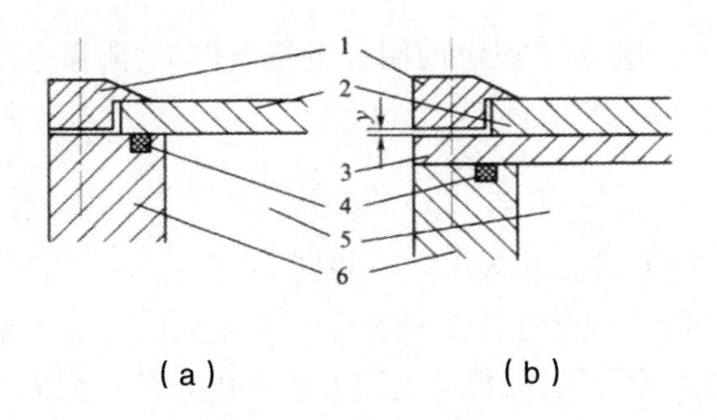

图 3-18 靶材冷却型式

(a)直接冷却;(b)间接冷却

1—压框;2—靶材;3—背板;4—密封圈;5—冷却水;6—阴极体

3.5.3.3 平面磁控溅射的工作特性

(1)电压、电流及气压的关系在各种气压下,矩形平面磁控溅射的电流 - 电压特性如图 3-19(a)所示。在最佳的磁场强度和磁力线分布条件下,该特性曲线服从:

$$I = KV^n \tag{3-3}$$

式中,I 为阴极电流,A;V 为阴极电位,V;n 为大于 3/2 的等离子体内电子束缚效应系数,平面靶,n=2~5.5;K 为常数。

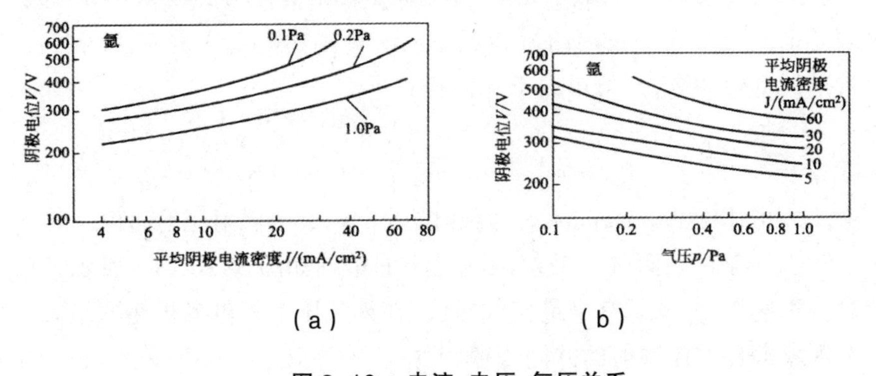

图 3-19 电流、电压、气压关系

(a)各种气压下,矩形平面磁控阴极的电流 - 电压特性;

(b)恒定的阴极平均电流密度数值下,阴极电压与气压的关系

图 3–19（b）显示了恒定的阴极电流条件下，阴极电压与气压的关系曲线。此时功率 P 为：

$$P=KV^{n+1} \tag{3-4}$$

式中，参数 V、n、K 意义与式(3–3)相同。

平面磁控溅射的放电特性确实优于直流放电。这主要是由于平面磁控溅射采用磁控管结构，能够通过磁场对电子的约束来提高电子的平均自由程，进而提高电离效率和溅射效率。在恒定的电流密度条件下，随着气压的增高，放电等离子体中氩离子密度增大，导致放电电压下降，如图 3–19（b）。随着气压的升高，气体分子的密度增加，导致电子在运动过程中与其他气体分子碰撞的频率增加，从而使电子的平均自由程缩短，电离效率降低，最终导致放电电压下降。

（2）沉积速率及功率效率。沉积速率是表征成膜速度的重要参数，通常定义为单位时间内沉积的平均膜厚。阴极靶的不均匀溅射和基片的运动，会导致薄膜沉积的不均匀性。因此，为了准确地表示沉积速率，我们通常会采用单位时间沉积的平均膜厚来表征。沉积速率的表达式为 q^+，其中 q 是沉积速率，+ 表示正比于时间。这个表达式表明，沉积速率与时间成正比，即单位时间内沉积的膜厚越多，沉积速率就越高。通常，q^+ 的单位是纳米每分钟(nm/min)

沉积速率与溅射靶功率密度(W/cm^2)的比值称为功率效率 η_p，其物理意义是溅射功率贡献给沉积速率的份额。功率效率是表征溅射装置效率的重要参数，其值可由下式计算：

$$\eta_p=\frac{q_r}{P/A} \tag{3-5}$$

式中，q_r 为沉积速率，nm/min；P 为溅射功率，W；A 为溅射靶的面积，cm^2。

气体压强对平面磁控溅射沉积速率的影响如图 3–20（a）所示，其相对沉积速率 q_r/η_{max} 有个最佳气压值，在该气压下相对沉积速率最大。这一现象也是磁控溅射的共同规律。

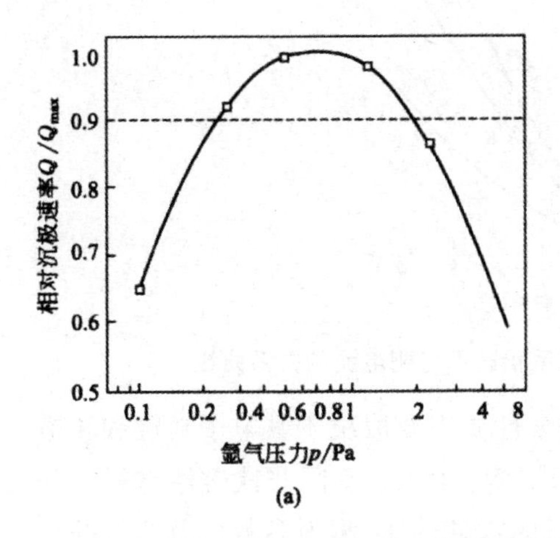

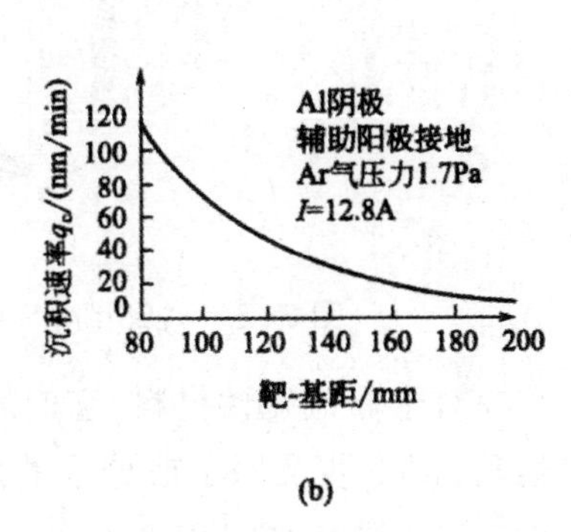

图 3-20　150mm S 枪的沉积速率与靶 – 基距的关系曲线

平面磁控溅射的工作条件为阴极电压 300~600V、电流密度 4~600mA/cm^2、氩气压力 0.13~1.3Pa、功率密度 1~36W/cm^2。

靶 – 基距对沉积速率的影响如图 3–20 所示，即随着靶 – 基距的增加，沉积速率会呈双曲线状下降。这是由于靶材粒子在迁移过程中会受到散射效应的影响。当靶 – 基距增大时，更多的粒子会在迁移过程中受到散射，导致到达基片的粒子数量减少，从而降低了沉积速率。在保证稳定放电的条件下，为了尽可能提高沉积速率，应尽量减小靶 – 基距。最小值为 5~7cm，这是因为在某些情况下，过大的靶 – 基距可能会导致放电不稳定。然而，靶 – 基距也会影响膜厚的均匀度。因此，在实际操作中，我们需要综合考虑沉积速率和膜厚均匀度的要求来确定靶 – 基距。①

磁控溅射的沉积速率与靶电流的关系如图 3–21 所示。

① 李云奇．真空镀膜 [M]．北京：化学工业出版社，2012.

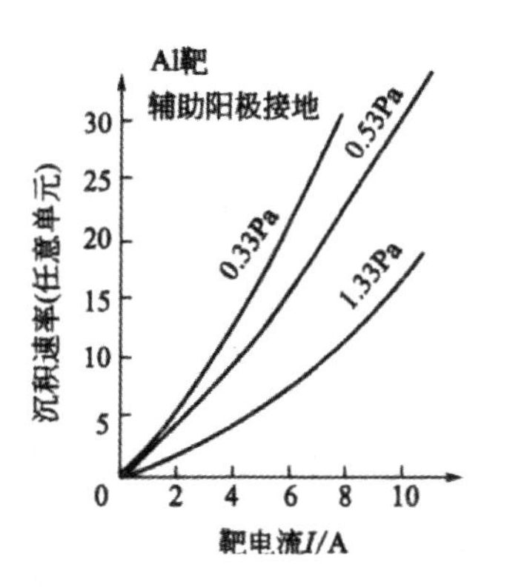

图 3-21　125mm S 枪的沉积速率与靶电流的关系曲线

对于非铁磁性材料，它们的磁学性质主要取决于其电子自旋和轨道运动，而不涉及原子或分子的内部结构。因此，不同非铁磁性材料的溅射速率差异主要是由溅射率和靶材的物理性质、溅射参数以及靶材的化学性质等因素共同作用的结果。且有如下比例式：

$$\frac{X_a}{X_b}=\frac{\eta_a}{\eta_b} \tag{3-6}$$

式中，η_a 、η_b 分别为两种材料的溅射率；X_a、X_b 分别为两种靶材的沉积速率或功率效率。

3.5.3.4 矩形平面磁控溅射靶的磁场计算

（1）等效磁路法是一种计算磁控溅射靶磁场分布的方法，该方法将靶磁场视为由一组磁偶极子产生的，每个磁偶极子都可以通过其位置、大小和方向来定义。在靶面上取一个点，该点的磁场方向与靶面平行，计算该点处的磁场强度，该磁场强度即为$(B_{//})_{max}$。如图 3-22 所示的矩形平面磁控靶表面上最大平行磁感应强度$(B_{//})_{max}$ 可由下式计算。

$$(B_{//})_{max}=\frac{FW_4}{2\left(W_4^2+Z^2\right)\ln\frac{W_4}{W_1}} \tag{3-7}$$

式中，Z 为靶材厚度，cm；W_1、W_4 为靶断面结构参数，cm。

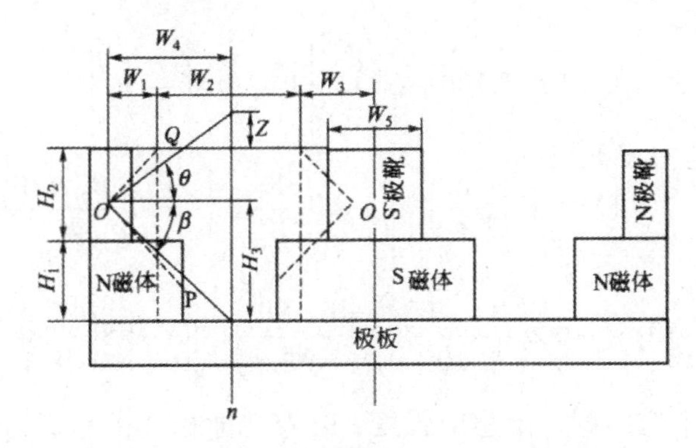

图 3-22　矩形平面磁控靶断面上的几何参数

由 N 磁体的中点 P 和平均宽度线（虚线）的顶点 Q 作 45° 的斜线交于 O 点。用同样的方法确定 O' 点。作 $O-O'$ 联线的垂直平分线 $m-n$，得：

$$F=\frac{B_r A_S H_1\left(2A_N+H_1P_2\right)}{\left(A_N+H_1+P_2\right)\left(A_S+H_1P_1\right)+A_S+H_1P_1} \tag{3-8}$$

式中，B_r 为磁体的剩余磁感应强度，T；A_S 为 S 磁体的断面积，cm^2；A_N 为 N 磁体的断面积，cm^2；H_1 为 N 磁体高度，cm。

$$P_1=\frac{1}{2}\left(L_S-W_S+\frac{\eth W_2}{\ln\frac{W_2+W_3}{W_3}}\right)\left[\frac{\frac{\pi}{4}-\beta}{\ln\frac{W_4}{W_1}}+\int_{-\beta}^{\frac{\pi}{4}}\frac{d\theta}{\ln\left(\frac{H_3}{W_1}\cot\theta\right)}+\int_{\frac{\pi}{4}}^{\frac{\pi}{2}}\frac{d\theta}{\ln\left(\frac{W_4}{W_1}\tan\theta\right)}\right] \tag{3-9}$$

$$P_2=\frac{L_N}{2\pi}\left(12+\ln\frac{H_1+2H_2}{H_1}\right) \tag{3-10}$$

式中，L_N 为 N 极靴外沿周长，cm；L_S 为极靴长度，cm；W_S 为极靴的宽度，cm；H_2 为极靴高度，cm；H_3 为 S 磁体高度，cm；W_1、W_2、W_3、W_4 及 θ、β 均为靶断面结构参数。

（2）不带极靴的矩形平面磁控靶的等效磁路法。不带极靴的矩形平面磁控靶的磁场计算采用如下的经验公式：

$$\left(B_{//}\right)_{max}=K\left(\frac{m}{Z+m-n}\right)^{2.6}(T) \tag{3-10}$$

式中，Z 为靶材厚度，mm。系数 K、m、n 的计算式如下：

$$K = 0.105 B_r H \left(100 + H^2\right)^{-0.5} \left[1.5 - 0.5\left(\frac{L}{W}\right)^{-4}\right] \tag{3-11}$$

$$m = \left(0.18W + 2.8\right)\left[1.5 - 0.5\left(\frac{L}{W}\right)^{-4}\right]\left[1 - 4\left(\frac{W_G}{W}\right)^{6}\right] + 720\left(\frac{W_N - W_S}{W^2}\right) \tag{3-12}$$

$$n = \left[3.7\left(W - 30\right)^{0.34} - 0.2\left(\frac{W_N - W_S^2}{10}\right)\left(\frac{\left|W - 90\right|}{10}\right)^{0.5}\right]\left[1 - 1.8\left(\frac{W_G}{W}\right)^{3}\right] \tag{3-13}$$

式中，B_r 为永磁体剩余磁感应强度，T；H 为永磁体的高度，mm；L 为靶的长度，mm；W 为靶的宽度，mm；W_N 为 N 磁体的宽度，mm；W_S 为 S 磁体的宽度，mm；W_G 为气隙的总宽度，mm。

图 3-23 示出了上述经验公式中的几何参数。该公式的适用范围：H=15~20mm，W=40~120mm；W_G/W=0~0.7；W_S/W_N=0.5~2；$Z=n$~(n+0.4m)。

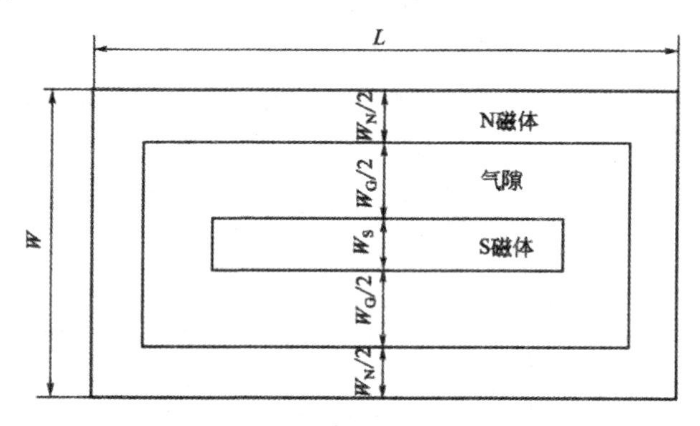

图 3-23　磁场经验公式中的几何参数

为了忽略端部效应，需要满足 $L/W \geqslant 3$ 的条件。等效磁路法的计算公式是根据锶铁氧体的永磁体得出的。因此，该方法适用于锶铁氧体、钡铁氧体、铈钴铜和钐钴等高磁阻的永磁体。对于铝镍钴合金等低磁阻的永磁体，这种方法不能用于计算。等效磁路法是一种计算矩形磁控靶最大平行磁场的有效方法，但需要注意长宽比和磁体的类型。对于高磁阻的永磁体，该方法可以给出准确的结果；而对于低磁阻的永磁体，则需要采用其他方法进行计算。

3.5.4 S 枪磁控溅射镀膜

S 枪是由倒锥形阴极靶、水冷套、辅助阳极永磁体、极靴、可拆卸屏蔽环和接地屏蔽罩等构件组成的。阴极靶是一个倒锥形的结构，它接收到几百伏的负电位。辅助阳极确实可以吸收低能电子，减少电子对基片的轰击。这有助于降低基片表面的电子能量，从而减少对基片的损伤，提高薄膜的质量。水冷套与靶材之间的间隙设计也是一种常见的散热设计。当靶工作时，由于靶材受热膨胀，这个间隙会被缩小，使得靶材能够紧密地与水冷套贴合，从而优化散热效果。而当靶不工作时，二者之间会保持一个间隙，这样就可以方便地更换靶材。可拆卸屏蔽环是一个很有用的部件，它的主要作用是防止靶材以外的部件被溅射。这可以保护这些部件不受靶材上飞溅的粒子影响，保持其原有的形状和性能。同时，如果这些部件上沉积了过多的膜层，还可以通过拆卸并清除这些膜层来维持系统的性能。其他磁控靶的构件也具有各自重要的作用。例如，阴极靶材是产生溅射粒子的源头，阳极则是用来收集这些粒子并维持放电稳定性的。屏蔽罩可以防止放电区域内的磁场和电场对外部产生影响，同时也可以保护外部的部件不被溅射粒子击中。极靴是用来引导磁场的，通过改变极靴的形状和位置，可以改变磁场分布，从而影响粒子的运动轨迹。

随着溅射的进行，刻蚀区会逐渐缩小，等离子体被压缩到一个很窄小的有限空间中，呈现出“V”字形状态。这种现象限制了溅射速率的提升，因为靶材上刻蚀区域的缩小意味着单位时间内靶材表面的粒子溅射数量有限。此外，靶材的利用率也降低了。由于刻蚀区域较小，只有部分靶材表面被用于溅射，导致靶材的整体利用率下降。这也就意味着在相同的时间内，需要使用更多的靶材才能达到所需的溅射效果，从而增加了成本。

S 枪磁控靶是一种改进型的磁控靶，其设计目的是克服传统磁控靶的缺点，提高靶材的利用率和溅射速率。图 3-24 展示了这种结构枪的靶面功率密度分布与靶溅射刻蚀情况。通过采用 S 枪技术，靶材利用率可达 50% 以上，靶表面上的平均功率密度可达 30~50W/cm^2，甚至更高。高功率密度的靶材表面需要充分通水冷却，以防止靶材过热而受到损坏。

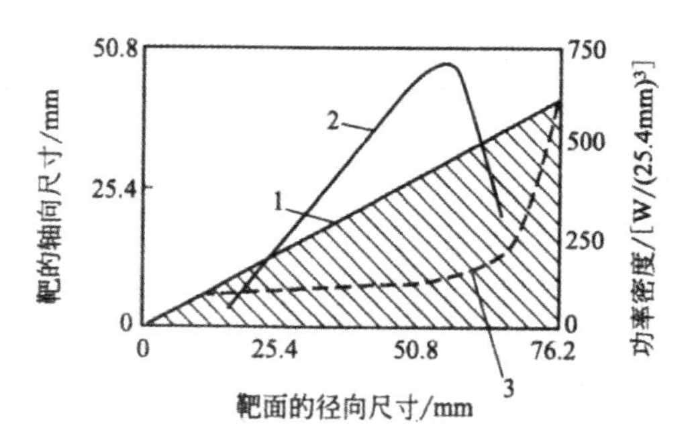

图 3-24　S 枪靶面功率密度和靶面溅射状况

1—溅射前的靶面形状；2—功率密度分布；3—溅射后的靶面形状

在磁控溅射过程中，随着靶表面的刻蚀，靶表面附近的磁场会发生变化。由于靶材表面的刻蚀，磁场会逐渐增强，这就提高了等离子体环对电子的束缚效应。这种增强对电子的束缚效应可以降低电子的热运动能量，使电子更难以逃离等离子体环。因此，等离子体环的电离率和粒子密度可以维持在一个相对较高的水平，使磁控溅射源在较低的气压下也能正常工作。

图 3-25 显示了沉积速率 R 随着氩气压力的增加而下降的特性。这主要是因为随着气压的增加，靶原子在向基片运动的过程中受到的散射几率增加，使得沉积到基片上的靶原子数目减少，从而导致沉积速率下降。在 S 枪磁控溅射中，通常应采用恒功率工艺来保证稳定的沉积速率。恒功率工艺是指靶材的功率保持恒定，而气体压力、气体流量等参数作为变量进行调整。通过恒定靶材功率，可以使得靶材表面的粒子溅射速率保持稳定，从而保证沉积速率的稳定性。

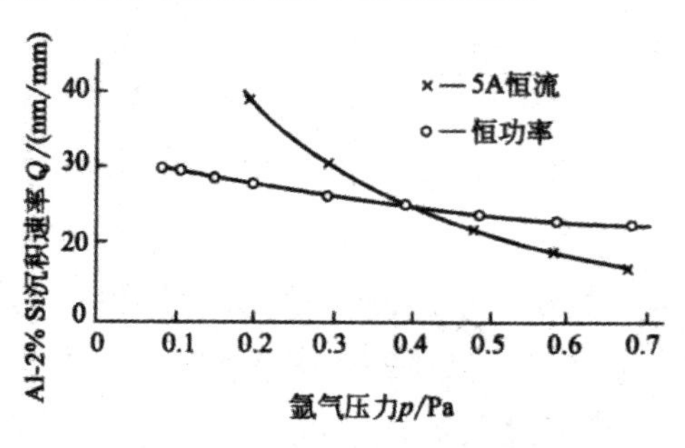

图 3-25　12.5cm S 枪的沉积速率与氩气压力的关系

图 3-26 显示了靶－基距对沉积速率的影响。随着靶－基距的增加，

沉积速率下降,且下降幅度逐渐减小。这是因为在增加靶－基距的情况下,更多的气体分子有更多的时间与靶材表面相互作用,导致更多的靶原子被溅射出来。然而,当靶－基距过大时,沉积速率下降的幅度会减小,这是因为在增加靶－基距的情况下,气体分子与靶材表面相互作用的机会增加,但与基片相互作用的机会却减少了。因此,对于具体的S枪磁控溅射镀膜装置及其工艺,应当选取相应的靶－基距,以便满足沉积速率的要求。

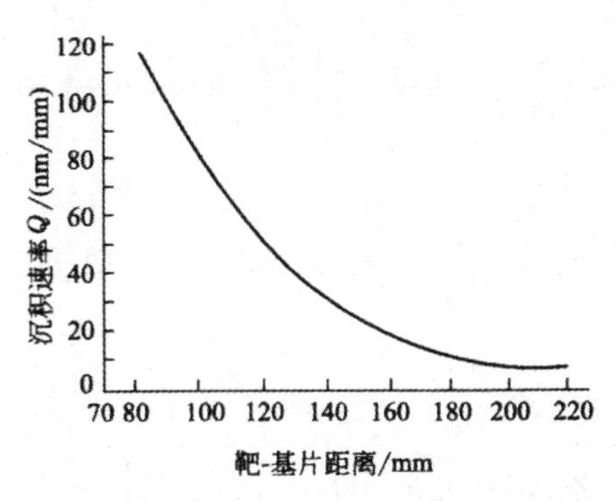

图 3-26　15cm S 枪的沉积速率与源－基距的关系

将S枪磁控靶的上、下极靴看作两个环状永磁体,如图 3-27 所示,那么空间任意点的磁场强度可以理解为由这两个极靴所产生的磁场强度的矢量和。在靶面平行的方向上,上、下极靴产生的磁场分量可以看作是代数和,因为它们在靶面上的投影是同向的。这个代数和的效果是增强了靶面上的磁场强度,提高了等离子体对电子的束缚效应,有利于实现较低气压下的溅射沉积。

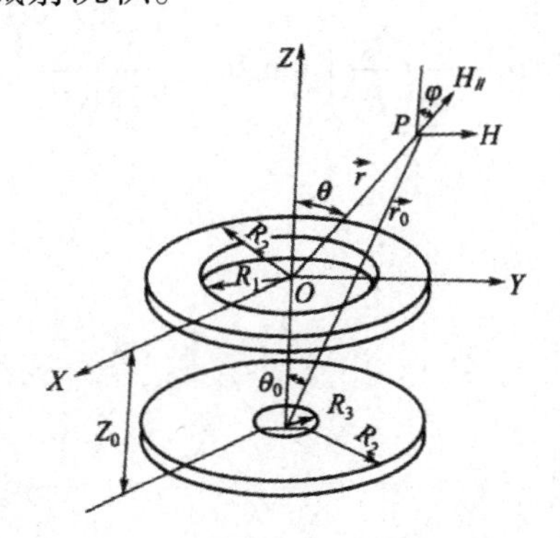

图 3-27　上下极靴的空间位置及尺寸

环状上极靴在空间任意点 P 所产生的平行磁场强度的计算式为：

$$
\begin{aligned}
H_{//上}=&\sin(\theta+\varphi)\frac{\mu_0\delta_{\mathrm{m}}}{2}\left\{\left[\left[\left(\frac{r}{R_2}\right)\cos\theta-\frac{1}{8}\left(\frac{r}{R_2}\right)^3(3\cos2\theta+1)+\frac{3}{64}\left(\frac{r}{R_2}\right)^5(5\cos3\theta+3\cos\theta)\right]\right.\right.\\
&\left.\left.-\left[\left(\frac{r}{R_1}\right)\cos\theta-\frac{1}{8}\left(\frac{r}{R_1}\right)^3(3\cos\theta+1)+\frac{3}{64}\left(\frac{r}{R_1}\right)^5(5\cos3\theta+3\cos\theta)\right]\right]\right\}+\sin(\theta+\varphi)\frac{\mu_0\delta_{\mathrm{m}}}{2r}\\
&\left\{R_2\left[-\frac{1}{2}\left(\frac{r}{R_2}\right)^2\sin\theta+\frac{3}{16}\left(\frac{r}{R_2}\right)^4\sin2\theta-\frac{3}{128}\left(\frac{r}{R_2}\right)^6(5\sin3\theta+\sin\theta)\right]\right.\\
&\left.R_1\left[-\frac{1}{2}\left(\frac{r}{R_1}\right)^2\sin\theta+\frac{3}{16}\left(\frac{r}{R_1}\right)^4\sin2\theta-\frac{3}{128}\left(\frac{r}{R_1}\right)^6(5\sin3\theta+\sin\theta)\right]\right\}
\end{aligned}
\tag{3-14}
$$

由于下极靴表面与上极靴表面距离为 Z_0，故下极靴所产生的平行磁场强度分别为：

$r_0<R_3$ 时

$$
\begin{aligned}
H'_{//下}=&\sin(\theta+\varphi)\frac{r+Z_0\cos\theta}{r_0}\cdot\frac{\mu_0\delta_{\mathrm{m}}}{2}\left\{\left[\left(\frac{r_0}{R_2}\right)-\left(\frac{r_0}{R_3}\right)\right]\cos\theta_0-\frac{1}{8}\left[\left(\frac{r_0}{R_2}\right)^3-\left(\frac{r_0}{R_3}\right)^3\right]\right.\\
&\left.(3\cos2\theta_0+1)+\frac{3}{64}\left[\left(\frac{r_0}{R_2}\right)^5-\left(\frac{r_0}{R_3}\right)^5\right](5\cos3\theta+3\cos\theta)\right\}-\sin(\theta-\varphi)\frac{Z_0\sin\theta}{r_0^2r}\cdot\\
&\frac{\mu_0\delta_{\mathrm{m}}}{2}\left\{R_2\left[-\frac{1}{2}\left(\frac{r_0}{R_2}\right)^2\sin\theta_0+\frac{3}{16}\left(\frac{r_0}{R_2}\right)^4\sin2\theta_0-\frac{3}{128}\left(\frac{r_0}{R_2}\right)^6(5\sin3\theta_0+\sin\theta_0)\right]\right.\\
&\left.R_3\left[-\frac{1}{2}\left(\frac{r_0}{R_3}\right)^2\sin\theta_0+\frac{3}{16}\left(\frac{r_0}{R_3}\right)^4\sin2\theta_0-\frac{3}{128}\left(\frac{r_0}{R_3}\right)^6(5\sin3\theta_0+\sin\theta_0)\right]\right\}
\end{aligned}
\tag{3-15}
$$

$R_3<r_0<R_2$ 时

$$
\begin{aligned}
H'_{//\text{下}}=&\sin(\theta+\varphi)\frac{r+Z_0\cos\theta}{r_0}\cdot\frac{\mu_0\delta_{\text{m}}}{2}\left\{\left[\left(\frac{r_0}{R_2}\right)\cos\theta_0-\frac{1}{8}\left(\frac{r_0}{R_2}\right)^3(3\cos2\theta+1)+\frac{3}{64}\left(\frac{r_0}{R_2}\right)^5(5\cos3\theta_0+3\cos3\theta_0)^5\right]\right.\\
&\left.-\left[1-\frac{1}{2}\left(\frac{R_3}{r_0}\right)^5\cos\theta_0+\frac{3}{32}\left(\frac{R_3}{r_0}\right)^4(3\cos2\theta_0+1)-\frac{5}{128}\left(\frac{R_3}{r_0}\right)^6(5\cos3\theta_0+\cos\theta_0)\right]\right\}+\sin(\theta-\varphi)\frac{Z_0\sin\theta}{r_0^2r}\cdot\\
&\frac{\mu_0\delta_{\text{m}}}{2}\left\{R_2\left[-\frac{1}{2}\left(\frac{r_0}{R_2}\right)^2\sin\theta_0+\frac{3}{16}\left(\frac{r_0}{R_2}\right)^4\sin2\theta_0-\frac{3}{128}\left(\frac{r_0}{R_2}\right)^6(5\sin3\theta_0+\sin\theta_0)\right]\right.\\
&\left.R_3\left[-\frac{1}{2}\left(\frac{R_3}{r_0}\right)^2\sin\theta_0+\frac{3}{16}\left(\frac{R_3}{r_0}\right)^4\sin2\theta_0-\frac{3}{128}\left(\frac{R_3}{r_0}\right)^6(5\sin3\theta_0+\sin\theta_0)\right]\right\}
\end{aligned}
\tag{3-16}
$$

式中，δ_m 为磁荷面密度；μ_0 为真空磁导率；其他符号如图 3-27 所示。

由于上述三个公式，即得空间任意点 P 平行于靶面的磁场强度：

当 $r_0 < R_3$ 时，$H_{//} = H_{//\text{上}} + H'_{//\text{下}}$；

当 $R_3 < r_0 < R_2$ 时，$H_{//} = H_{//\text{上}} + H''_{//\text{下}}$。

3.5.5 溅射镀膜设备中的水冷系统设计与计算

3.5.5.1 冷却水流速率的计算

各类型溅射靶，在辉光放电过程中，带电粒子（如离子、电子等）会与靶材表面发生碰撞，并将一部分能量传递给靶材，使其温度升高。为了控制靶材的温度，防止其过热，溅射靶都需要设置冷却系统。实践证明，水冷却是一种常用的且效果良好的冷却方法。水具有高比热容和优良的冷却效果，可以快速地吸收并带走靶材的热量，使其保持较低的温度。同时，水的成本低廉，易于获取和处理。为了保证冷却水在预定的范围内流动，要求溅射靶冷却水套应具有较小的流动阻力。这意味着水套的内部结构应该光滑，以减少水流受到的阻碍。此外，冷却水套应该设计为有利于水流分布和热交换的结构，以便更好地吸收和分散靶材的热量。溅射靶材和水冷背板（如果设置）的导热性能也是至关重要的。靶材和背板应该具有良好的导热性，以便将热量迅速传递到冷却水套和水冷系统中。这有助于保持靶材温度的稳定，并减少因过热导致的问题。溅射靶的进水压强一般在 2×10^5Pa 以上。这是为了保证冷却水能够顺利地进入冷却水套,并形成足够的压强,以推动冷却水在溅射靶内部循环。适当的进水压强可以增加冷却水的流量和分布,提高冷却效果。

3.5.5.2 冷却水管内径的计算

如果已知冷却水流速度为 Q,则冷却水管内径 d 可由下式求得:

$$d \geqslant 0.146(Q/v)^{1/2} \tag{3-17}$$

式中,Q 为冷却水流速率,m^3/min;v 为冷却水流速,一般取 v=1.5m/s。

若已知溅射靶功率,也可按下式计算冷却水管内径 d:

$$d \geqslant \left(\frac{4P}{\pi v \rho c \Delta T}\right)^{\frac{1}{2}} \tag{3-18}$$

式中,P 为溅射靶功率,W;v 为冷却水流速,一般取 v=1.5m/s;c 为水的比热容,$c=4.2\times10^3$J/(kg·K);ρ 为水的密度,$\rho=10^3kg/m^3$;ΔT 为进出口水温差,℃。

3.5.5.3 溅射镀膜设备中的冷却水管长度

为了防止漏电,冷却水的电导率确实应当尽量低。冷却水的电导率取决于水中离子或杂质的存在量。较纯净的水的电导率通常较低,约为10kΩ·cm。如果使用绝缘水管,如橡胶或聚四氟乙烯等材料,可以进一步降低冷却水的电导率。在一定的电压和电流条件下,如果冷却水的电阻率足够高,漏电流可以控制在1mA以下。对于溅射镀膜装置而言,这样的漏电损失是微不足道的,通常可以忽略不计。因此,在设计和选择冷却系统时,应尽量选择具有较低电导率的水,并使用绝缘材料的水管,以最大限度地降低漏电风险。所以,溅射镀膜装置冷却水管的长度 L 可由下式计算:

$$L \geqslant V/\text{I}000 \tag{3-19}$$

式中,V 为溅射靶电压,V。

3.6 高功率脉冲磁控溅射

高功率脉冲磁控溅射(HIPIMS)是一种在机械工程领域中广泛应用的科学仪器。作为目前较新的技术,这种技术的主要功能是实现高功率磁控溅射,可以自动和手动控制相结合,主要用于各种新型多功能涂层的研发及小批量试制。通过使用离子或尽量多的离子代替中性粒子来进行薄膜沉积,可以显著改善所得薄膜的性质。与传统的磁控溅射技术不同的是,HIPIMS 技术在磁控阴极上施加低占空比高功率密度的放电脉冲,利用产生的高密度高能量的等离子体进行薄膜制备。

该仪器在 2016 年 5 月 3 日已经启用,极限压强优于 5×10^{-4}Pa,抽速在大气压到 5×10^{-3}Pa 的范围内,抽气时间小于 25min,升压率小于等于 0.4Pa/hr,这些都是仪器的技术指标,显示出了其在真空环境处理方面的优秀性能。

在直流磁控溅射部分,有两个主要作用。首先,离子预离化可以使脉冲到来时脉冲起辉更为容易,从而缩短脉冲起辉的延迟时间。这有助于在更短的时间内达到稳定的溅射状态,从而提高工作效率。其次,直流磁控溅射提供了一个持续的直流溅射功率,这有助于提高磁控溅射的平均功率。通过持续的溅射功率,可以确保靶材表面的溅射速率保持在一个较高的水平,从而提高薄膜的沉积速率。

将 HIPIMS 和直流磁控溅射结合使用,可以有效地降低单一 HIPIMS 放电中的峰值电流,从而进一步降低对设备的负担,并提高沉积速率。通过这种结合方式,可以在相同的情况下,获得形态更为优良的薄膜。例如,薄膜形态可以从非常致密的结构逐渐变为由直流模式下的柱状结构,这有助于提高薄膜的整体性能。

通过增加外部磁场,可以约束电子的运动轨迹,使电子更多地参与到等离子体的离化和输运过程中,从而提高离化率和沉积速率。此外,外部磁场还可以通过控制电子的运动方向和速度，优化等离子体的分布和能量状态，进而改善薄膜的质量和沉积速率。

3.7 真空溅射镀膜技术的应用

真空溅射镀膜技术是一种在真空环境中，利用高能粒子或电磁波激发靶材表面，使其原子或分子离开靶材表面并沉积在基底表面形成薄膜的技术。真空溅射镀膜技术在各个领域都有广泛的应用，为现代工业和科技的发展提供了重要的技术支持。

3.7.1 真空溅射镀膜技术在装饰领域的应用

在装饰领域，真空溅射镀膜技术用于制作各种装饰品，如手表壳、表带、服饰、灯饰、眼镜架、箱包的五金、手机壳、手机视屏等，通过在表面沉积一层或多种金属薄膜，达到提高装饰品的美观度和耐腐蚀性的目的。例如，在手表壳和表带上应用真空溅射镀膜技术，可以使表壳和表带具有高耐磨性、高硬度和高抗腐蚀性，从而提高手表的品质。在灯饰领域，利用真空溅射镀膜技术可以制作出高效、环保、耐用的灯具，如LED灯具，其使用寿命更长，且不会因为灯具表面的污染而影响透光效果。

除此之外，真空溅射镀膜技术在手机视屏上的应用也很广泛。在手机上使用真空溅射镀膜技术可以使得屏幕更加清晰，视觉效果更佳。同时，真空溅射镀膜技术还可以用于制作各种标识和标签，如防伪标识和汽车挡风玻璃上的标签等。

3.7.2 真空溅射镀膜技术在光学领域的应用

在光学领域，真空溅射镀膜技术也广泛应用于各种光学仪器中，如望远镜、显微镜、照相机、测距仪等，通过镀膜技术可以制备出反射膜、增透膜和吸收膜等各种光学薄膜，提高光学仪器的性能和分辨率。例如，在望远镜中，利用真空溅射镀膜技术可以制备出高反射率的反射镜，提高望远镜的分辨率和观察效果。在显微镜中，利用真空溅射镀膜技术可以制备出高清晰度的透镜，提高显微镜的分辨率和观察效果。在照相机中，利用真空溅射镀膜技术可以制备出高透光率的滤光片和镜头膜，提高照相机的拍摄效果和清晰度。

除此之外，真空溅射镀膜技术在测距仪中也得到广泛应用。测距仪利用光学干涉原理测量距离，而真空溅射镀膜技术可以制备出高精度的光学薄膜，提高测距仪的测量精度和稳定性。

3.7.3 真空溅射镀膜技术在半导体领域的应用

在半导体领域，真空溅射镀膜技术是制备各种半导体器件的关键技术之一，如太阳能电池、集成电路、超导器件等。例如，在太阳能电池中，利用真空溅射镀膜技术可以制备出高光电转换效率的太阳能电池板。太阳能电池板是能将光能转化为电能的一种装置，利用真空溅射镀膜技术可以制备出高效的光电材料和电极，提高太阳能电池的光电转换效率和稳定性。

在集成电路中，利用真空溅射镀膜技术可以制造出高集成度、高可靠性的集成电路。在集成电路中，需要制备出高质量的薄膜材料和电极，以保证集成电路的可靠性和稳定性。真空溅射镀膜技术可以制备出高质量的金属薄膜和氧化物薄膜，满足集成电路制造的要求。

在超导器件中，利用真空溅射镀膜技术可以制备出高性能的超导材料和器件。超导材料是指在低温下具有零电阻和完全磁通排斥特性的材料。真空溅射镀膜技术可以制备出高质量的超导薄膜和电极，提高超导器件的性能和稳定性。

3.7.4 真空溅射镀膜技术工具领域的应用

在工具领域，真空溅射镀膜技术可以提高工具的硬度和耐磨性，延长工具的使用寿命。例如，在刀具表面沉积一层碳化物或氮化物薄膜，可以使刀具更加锋利耐用。在钻头表面沉积一层超硬材料薄膜,可以增强钻头的切削性能。通过真空溅射镀膜技术,可以在工具表面形成一层坚硬的薄膜,常用的涂层材料包括 TiC、TiN、TiCN、Al_2O_3 等,这些材料具有高硬度、高耐磨性、高耐腐蚀性等特点,可以大大提高刀具的切削性能。例如,在刀具表面沉积一层 TiCN 薄膜,可以使刀具更加锋利耐用,使用寿命更长。

此外,真空溅射镀膜技术也可以用于制造高精度的零件和工具。在一些高精度的零件和工具制造中,需要使用高精度的材料和高要求的工艺。真空溅射镀膜技术可以制备出高精度、高质量的材料和薄膜,满足制造高精度的零件和工具的要求。

4　真空离子镀膜

真空离子镀膜（简称离子镀）由美国 Somdia 公司的 D.M.Mattox 于 1963 年首次提出，并于 20 世纪 70 年代迅速发展起来。它是指在真空气氛中利用蒸发源或溅射靶使膜材蒸发或溅射，蒸发或溅射出来的一部分粒子在气体放电空间中电离成金属离子，这些粒子在电场的作用下沉积到基体上生成薄膜的一种过程。本章主要对真空离子镀膜的分类、离子镀技术的原理、空心阴极离子镀、离子束沉积技术、真空离子镀膜技术的应用等内容加以详述。

4.1　真空离子镀膜的分类

目前，真空离子镀膜的种类很多，根据膜层的离子来源可以分为两大类：蒸发源型离子镀和溅射靶型离子镀，具体分类方法见图 4-1。

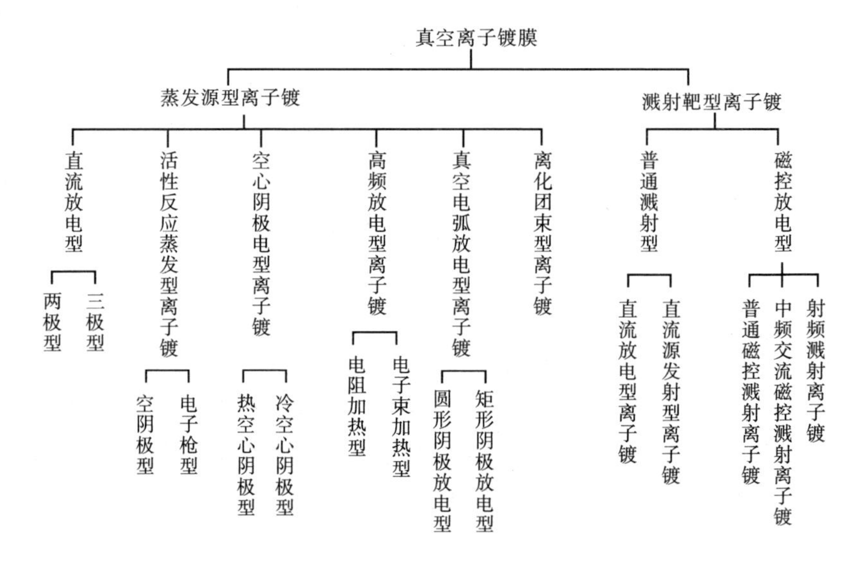

图 4-1　真空离子镀膜的分类

4.2　离子镀技术的原理

离子电镀技术也是真空离子沉积、物理气相沉积法中的表面镀覆技术。实际上蒸发源和被镀工件间存在低压等离子区，在蒸发分子、原子通过的时候，会形成部分电离，使离子至工件方面的速度、碰撞概率以及能量，沉积成效，膜层和工件之间的结合力增大，确保膜层的质量。可以进行诸多耐磨、腐蚀的装饰性膜层制备，制备光学、微电子、超导以及磁性等诸多功能的薄膜。

离子电镀技术实际应用过程当中，主要依靠的技术为磁控溅射离子镀技术和阴极电弧离子镀技术，同时可针对阴极、阳极实施有效整合与处理，基于空心阴极离子镀相关技术与活性反映离子镀技术达成电镀作业，确保离子间可以进行合理转换。在这个过程中要特别注意的是，离子镀技术实际运行与实施的时候，主要基于的金属有很多，如 Cu、Ti、A1、Au、Ag、Zn 等，同时能够对氧化钛、氧化硅以及碳化钛等诸多物质实施有效处理,此外基于离子电镀相关技术的实际应用,可以对塑料表面实施电镀处理。在属化操作和镀超硬膜的处理过程中,离子镀相关技术具有极强的项目优势与技术特征,尤其是在技术工艺的实际操作中,形成的物质并不会危害到人体健康,同时也能够确保离子镀膜的良好致密性,同时其中并不会产生孔隙结构,整体具有良好的耐腐蚀性,比以往的电镀结构要强很多,能够保证电镀铬膜结构方面的稳定性、可靠性。

真空离子电镀包含真空蒸镀、离子镀以及溅射镀等,其于真空状态之下,金属与非金属基于蒸馏、溅射等诸多方式,在塑件的表面进行沉积,并且在表面形成较薄的镀层,此种方式最为突出的优点就是速度快,且具有良好的附着力,可是价格偏高,能够进行实际操作的金属种类并不多,通常都是当成高档产品的属性进行镀层。其中比较常见的当属水电镀以及真空离子镀。这是因为真空离子镀本身的亮度更高,与其他集中镀膜方式相比,成本更低,且不会对环境产生严重的污染。真空离子镀技术的应用比较广泛,其中包含 PC 料、ABS 料以及 ABS+PC 料的产品,但由于其技术操作流程比较复杂,对环境与设备的要求比较高,造价会偏高。

离子电镀技术可以分为镀铬与镀锌两种。

(1)镀铬。铬属于微微蓝的一种银白色金属,虽然说电极电位是负数,可是其有良好的钝化属性,能够在大气中快速钝化,显示出贵金属的属性,因此铁零件镀铬层属于阴极镀层。大气环境中铬层较为稳定,可以长时间保持光泽,且于碱、硫化物、硝酸以及碳酸盐等诸多腐蚀介质当中具有良好稳定性,但能够在盐酸等诸多氢卤酸、热浓硫酸中融合。

(2)镀锌。锌容易在酸性、碱性溶液中溶入,也是通常所说的两性金属,干燥空气中其几乎不会出现变化,潮湿空气中锌表面会出现碱式碳酸锌膜,在海洋性、硫化氢以及二氧化硫中,耐腐蚀性不佳。

图 4-2 所示为真空离子镀膜的原理示意图。首先,降低镀膜室内的压强($<10^{-3}$ Pa),接着用氩作为工作气体,将其通过工作气体入口充入镀膜内,使压强升高(10^{0}~10^{-1} Pa),接入高压。由于基体阴极接地,基体接入可调节的负偏压,因此,在蒸发源和基体之间,电源可以形成一个低气压放电的等离子区。电阻加热式蒸发源对离子镀膜层材料进行加热时,离子镀膜层材料表面逃逸出的中性原子,在向基体迁移经过等

离子体时,会因与电子发生碰撞,产生正离子;而另外一部分,由于与工作气中的离子发生碰撞,进行了电荷交换,也能产生离子。在外加电场的作用下,将其加速射向接入负电位的基体后,会形成薄膜。而且,在电场的加速下,那些被电离的离子,会以更快的速度飞向基体。当离子束进入基体前,它会再次与工作气体中的其他原子发生碰撞,或者是与蒸发源中逃逸的其他原子再次发生碰撞,从而生成具有更高能量的中性原子,然后再沉积在基体表面成膜。计算结果显示:在一般离子镀条件下,传导到基体上的能量,仅有 10% 是通过离子传导到基体上的;剩余的 90% 的能量来自于高能的中性粒子。在可见离子渡中,蒸气流主要是由少量的高能离子和大量的高能中性粒子构成。而这些离子与高能中性粒子的能量则是由基体上施加的负偏压的大小所决定的。例如,在 3kV 电压下,应用负偏压,达到基体的粒子能量的平均值约为 10^2eV。与蒸镀法和溅射法相比,离子镀法的粒子能量明显高得多。因此,离子镀膜的附着力远远高于蒸镀、溅射镀。

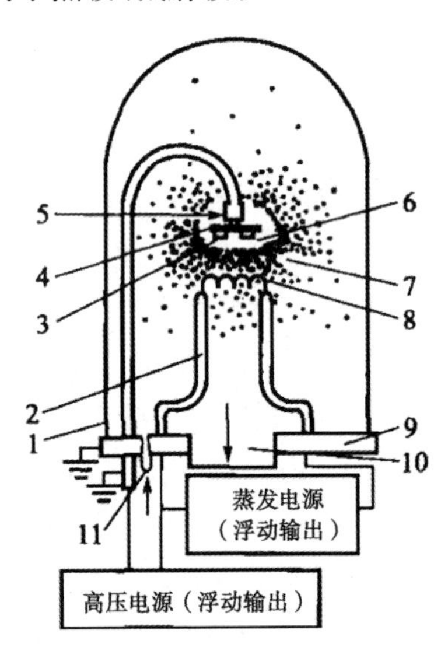

图 4-2 真空离子镀膜原理

1—真空室;2—绝缘引线;3—基体阴极;4—基本架;5—离压引线屏蔽;6—阴极暗区;7—辉光放电区;8—蒸发源;9—底座;10—真空系统抽气口;11—工作气体入口

在上述真空离子镀的薄膜生成过程中,由于原子和离子的沉积作用与离子轰击基体表面产生的反溅射所引起的剥离作用是同时存在的。所以,如果沉积比反溅射的剥离效果更大,则膜的生成才能得以持续。

4.3 空心阴极离子镀

空心阴极放电(Hollow Cathode Discharge, HCD)离子镀是基于空心热阴极弧光放电技术和离子镀技术而发展起来的一种沉积薄膜技术,被广泛用于装饰性涂层、刀具涂层等领域。

空心阴极放电可分为两类:一是冷阴极放电;二是热阴极放电(离子镀中常采用此法)。

4.3.1 空心阴极离子镀工作原理及设备

图 4-3 所示为 HCD 镀膜设备的整体结构和工作原理。具有聚焦线圈的水冷式 HCD 枪中的中空钽管作为电子发射源(负极),其中装有蒸发材料的水冷坩埚作为蒸发源(正极),将被镀件放置于坩埚之上的工件旋转架上(施加负偏压)。等离子体产生的电子束,在阳极坩埚炉内的镀料聚集,使镀层熔化、蒸发。在此过程中,电子会持续地将氩与镀层中的原子电离,在基体上施加数十到数百伏的负偏压,就会有大量的离子与中性粒子轰击基体并沉积成膜。在 HCD 离子镀过程中通入反应气体也可以获得各种化合物镀层,如 CrN、TiN、AlN、CrC、TiC 等。

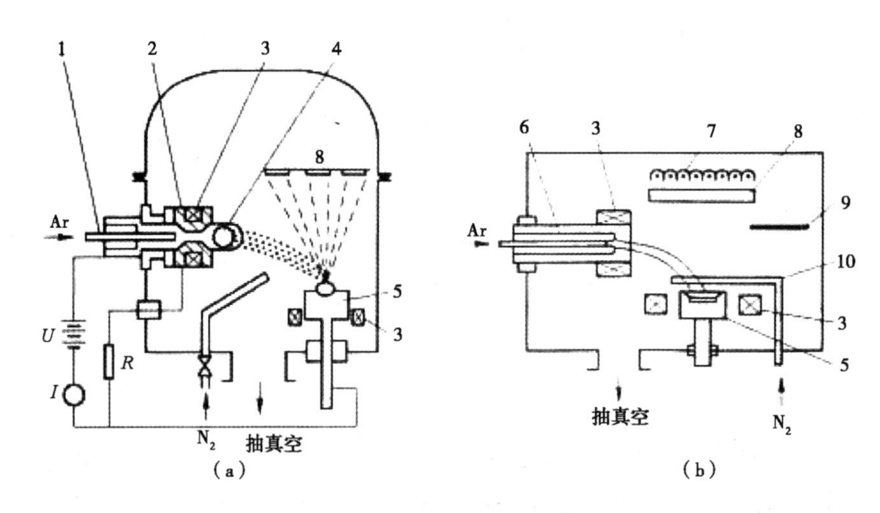

图 4-3　空心阴极离子镀膜设备

(a)磁场与电场垂直；(b)磁场与电场平行

1—钽管；2—辅助阳极；3—聚焦；4—偏转；5—坩埚；6—HCD 枪；

7—加热器；8—工件；9—轰击极；10—充气环

HCD 枪的点火方式分为两种，分别为采用高频引弧法和高压引弧法。在镀膜工艺开始前，将镀膜室抽空至 10^{-3}Pa，再将工作气体氩通入钽管，这取决于引弧方式，在 1~10Pa（或 10^{-1}Pa）下，接通引弧电源，这时，钽管与坩埚会发生异常辉光放电，其电压下降到 100~150V，电流高达数十安培。通过对钽管进行连续的氩气的正离子轰击，获得 2300~2400K 的高温，由异常的辉光放电转化为弧放电，在电场与聚焦磁场的共同作用下，将等离子束引出，经 90° 偏转，电子束打到聚焦的靶上。在高密度电子束作用下，钛等靶的金属材料被快速融化，并在腔内充入反应气体氮气，在工件表面形成氮化钛薄膜。在此基础上，通过对被镀工件施加负偏压，使钛蒸气在等离子体中被电离，在负偏压下，以较大的能量在工件表面沉积牢固的 TiN 镀层。HCD 法的电离效率高，根据对称共振型碰撞电荷交换原理，可在工件表面形成高能量的中性金属粒子，其对工件表面的热量贡献可达 30%，有利于膜的成核与生长。

HCD 离子镀设备分为两种类型：90° 偏转（图 4-4）和 45° 偏转（图 4-5）。90° 偏转可以减少金属蒸气管对铜管的污染，加大沉积面积。

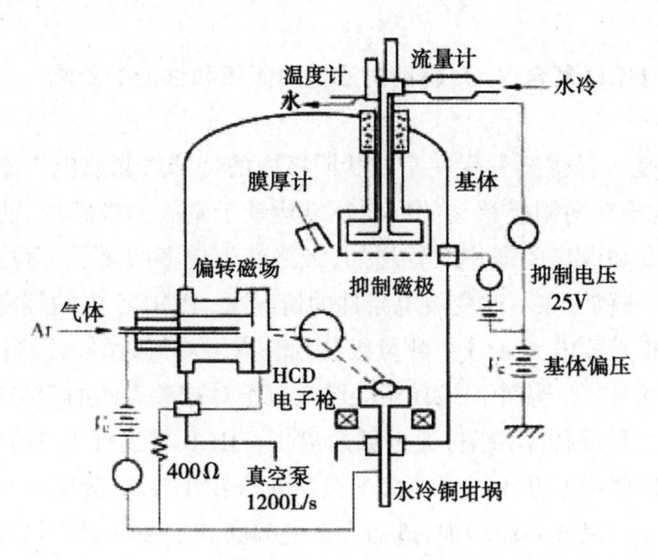

图 4-4　90° 偏转型 HCD 电子枪离子镀装置示意图

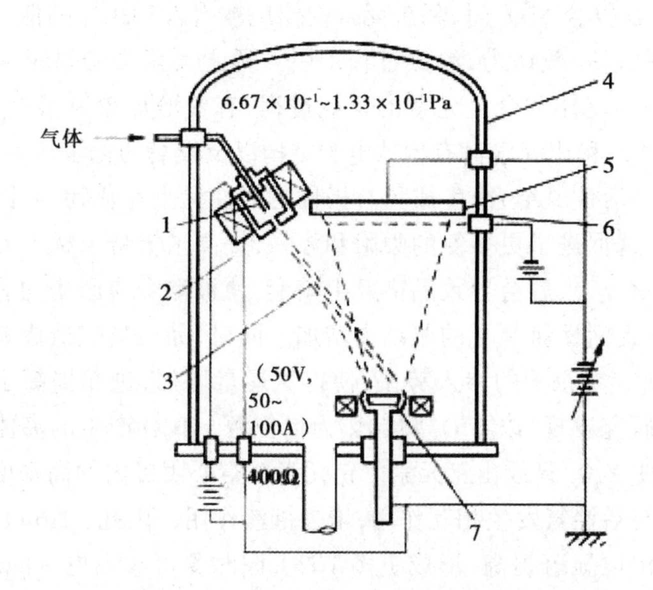

图 4-5　45° 偏转型 HCD 电子枪离子镀装置示意图

1—空心圆筒阳极；2—空心阴极等离子体电子枪；3—等离子体电子束；
4—真空罩；5—基体架；6—基体；7—蒸发材料

4.3.2 HCD 复合 Y_2O_3 辅助对渗氮层组织和性能的影响

HCD 是一种主要发生在空腔状阴极内的特殊辉光放电现象。放电过程中,电子在向阳极移动的同时往复运动于空心阴极腔内,使得气体分子被激发和电离的概率大幅增加,最终产生更多的离子、活性分子和活性原子。通常,在不改变放电条件的情况下,HCD 产生的等离子体密度较常规辉光放电大 2~3 个数量级,因此,离子渗氮时引入适当的 HCD 可提高气氛氮势。另外,HCD 还会增强粒子对被渗表面的轰击效应,使表面产生大量晶体学缺陷,促进氮的渗入。HCD 辅助促使 Ti6A14V 合金的化合物层增厚并生成了更多的高氮化合物 TiN,扩散层的厚度和硬度也因渗入的氮增多而增加,进而合金的耐磨和耐蚀性能均较常规离子渗氮试样有所提高。

当 HCD 复合 Y_2O_3 时,稀土元素的作用被引入,HCD 的催渗效果被进一步增强。一般认为,渗氮过程中引入稀土元素会明显影响氮的吸附、扩散及与基体和合金元素的反应过程,有效增加渗氮层厚度,改善渗氮层性能。稀土元素具有特殊电子结构以及较高的化学活性,因此极易与气氛中活性氮结合,生成具有极性的活性稀土氮化物,并同时渗入金属表面,这促进了更多氮的吸附和渗入,提高了氮势。稀土元素的原子半径较大,渗入后会导致晶格发生畸变,使被渗金属原子的表面能急剧上升,捕捉活性氮原子的驱动力增加。同时,晶格畸变造成缺陷密度增殖,降低了氮原子的渗入势垒,使得氮通量增加,进而提高了氮的渗入速度。研究发现,以 Y_2O_3 颗粒作为稀土源,HCD 产生的高能粒子轰击效应可使 Y_2O_3 释放出钇元素。钇元素在空心阴极内的高密度等离子体区更易与活性氮发生相互作用,增强催渗作用。因此,Ti6A14V 合金表面的氮浓度显著提高(形成更多 TiN),同时氮可渗入更深的区域(达到约 120μm),最终形成厚且硬的渗氮层,合金的耐磨和耐蚀性能进一步改善。

4.4 电弧离子镀膜

4.4.1 多弧离子镀原理

多弧离子镀是基于冷阴极弧光放电的方法发展起来的，它是一种利用阴极、线圈、引弧针等组成的电弧离子镀蒸发源（图 4-6）实现涂层沉积的一种镀膜技术。阴极靶也就是涂层材料。在 $10\sim10^{-1}$Pa 的压强下，接通电源，使引弧针与阴极靶瞬间接触，当引弧针脱离靶板的一刹那，传导区域急剧收缩，电阻增大，靶材局部温度急剧上升，致使靶材熔化，形成液桥导电，最后，大量金属蒸发，在靶板上形成高温区，产生等离子体，引燃电弧，阴极弧电源维持弧光放电的持续进行。阴极表面会出现很多亮且迅速移动的小点，这就是阴弧斑。阴极斑是指在有限的空间内，电流密度很大且变化很快的现象。阴极斑大小为 1~100mm；电流密度为 $10^5\sim10^7$A/cm^2。单个弧斑寿命很短，当等离子体爆炸式地释放出等离子体，蒸发目标后，阴极表面会出现空间电荷，从而重新生成新的弧斑，维持电弧的稳定性。阴极靶材的蒸发率为 60%~90%，并在工件上沉积成膜。在此基础上，通过合理的磁场分布，可以使弧斑细化均匀，达到均匀刻蚀的目的，提高靶材的利用率。电弧离子镀是以金属靶为阴极，利用其与阳极外壳的电弧作用，离化蒸发的靶材材料，并形成空间等离子体，从而实现涂层的目的。

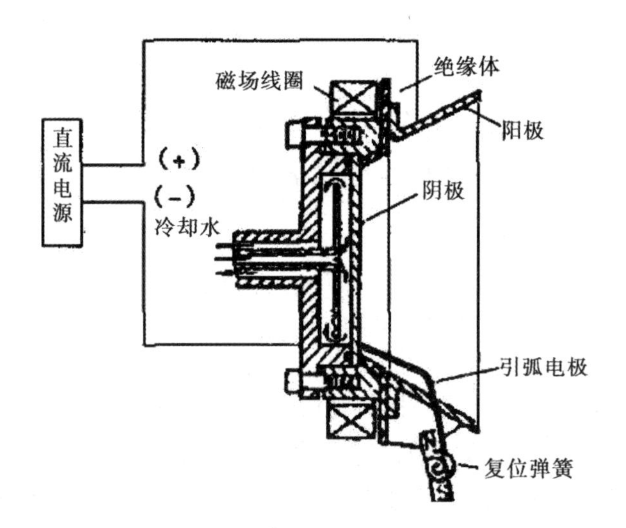

图 4-6　电弧离子镀蒸发源结构示意图

4.4.2 多弧离子镀的特点

多弧离子镀作为一种新兴的物理气相沉积技术，具有下述特点。

（1）可阴极电弧靶在镀膜室内的位置可以根据设计需要调整，可以单个电弧靶使用，也可以多个一起使用，以提高成膜速度和均匀性。

（2）靶材的离化率大于 80%，涂覆速度快，对改善薄膜与基底的结合力及薄膜的综合性能有很大帮助。

（3）一弧多用，既是蒸发源，也是电离源，同时也是加热源和离子源。

（4）具有良好的绕镀性能和较高的沉积速率。

（5）高的入射能，沉积的涂层致密，具有高的强度和良好的耐磨性。薄膜与工件之间存在原子扩散，涂层附着力高。

4.5 离子束沉积技术

4.5.1 离子束沉积原理及特点

离子束沉积是一种基于离子束的新型成膜制备技术。其基本原理是,将被离子源离化的粒子作为镀膜材料,在较低的基片温度和较低的能量下,在基片表面生成薄膜。

离子束辐照在基片或沉积到基片上的薄膜表面,会因入射离子能量的差异而产生沉积、溅射和注入等现象。所以,在离子沉积工艺中,需要使入射到基片上的离子能不低于自溅射产额 $\mu=1$ 的能量。

图 4-7 给出了 Al、Cr、Cu、Au、Ag 的自溅射产额 μ 与入射粒子能量的关系曲线。

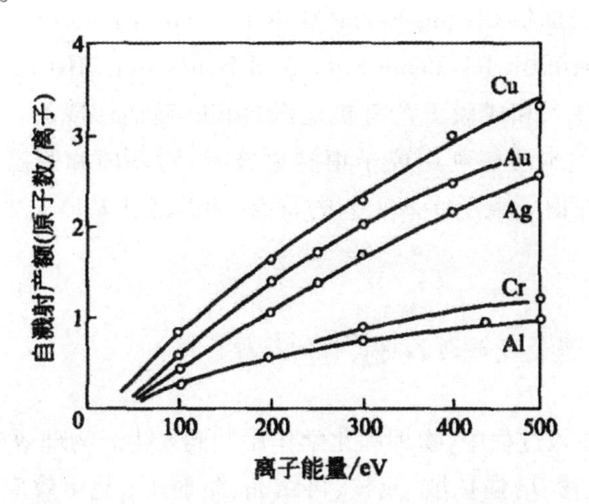

图 4-7 几种材料的自溅射产额与离子能量的关系

从图 4-7 中可以看出,当 $\mu=1$ 时,射离子能量越低,溅射效应就越小,薄膜的生长速度就越快。然而,当离子能量小于某一阈值时,沉积速率会随着离子能的增加而降低。从几个电子伏到数十个电子伏,这是因为该能量依赖于入射离子的类型和基片材料的特性。所以,在离子束沉积中，所选择的离子束能量一般在数至数百伏之间。然而，要使离子源在如此低的能量下获得高的束流密度，进而获得较快的薄膜沉积速率，是一个难点。为了实现这一目的，一般都是在较高的电位下，将离子源中的离子束引出来，然后，所述引出的离子束被聚焦；再经过离子的质量分离和偏转以后，进一步降低离子的速率，把离子束减速为低能离子，并在基片表面生成薄膜。

在离子束中，离子的能量相对于离子镀膜而言更高，因此会导致基片原子的溅射和离位。这些缺陷对晶体的生长起到了至关重要的作用。此外，在离子轰击作用下，表面原子也会发生迁移和扩散。与传统薄膜相比，在同一基片温度下，离子束沉积更易获得高质量的单晶，尤其是在同一种离子束沉积条件下，离子更易迁移到基片表面。而离子束沉积法存在束流直径小、大面积制备困难等缺点。此外，离子束的直进性，难以在具有复杂形状的基片表面形成薄膜。

4.5.2 离子束辅助沉积技术

离子束辅助沉积（Ion Beam Assisted Deposition，IAD）技术，也称为离子束增强沉积（Ion Beam Enhanced Deposition，IBED）技术。该技术是将离子注入和成膜工艺有机地融合在一起而形成的一种新的材料改性技术。其本质是利用离子束溅射技术，对基体和膜层同时施加轰击。该技术保留了离子注入工艺的特点，而且能在基体上生成与基体完全不同的膜。

4.5.2.1 离子束辅助沉积过程的机理

在离子注入过程中，物理和化学作用共同发生。物理效应包括碰撞、能量沉积、迁移、增强扩散、成核、再结晶、溅射等；化学效应包括化学激活、新的化学键的形成等。由于其沉积过程处于高真空环境（10^{-4}~10^{-2}Pa），所以粒子的平均自由程比离子源（蒸发源）到基片的距离要大。该过程期间基本没有气相反应。当沉积原子（0.15 或 1~20eV）和高能量离子（10~10^{5}eV）同时作用于基片表面后，将通过电荷交换实现中和。在此基础上，通过对沉积原子的轰击，可使其具有更高的迁移率，形成不同的晶体结构。离子轰击的另外一个表面效应是释放能量,也就是与一个电子进行非弹性的撞击,但当它与一个原子发生弹性的撞击时,它就会把原子从原来的晶格中撞出来。材料的迁移主要是沿入射离子束和其他方向进行的,分别是离子注入、反冲注入和溅射过程。其中某些能量较高的撞击原子又会产生二次碰撞,即级联碰撞。

这样的碰撞必然会引起原子在离子入射方向上的剧烈运动,并在薄膜中形成一个过渡区域。过渡区内的膜原子与基体原子的浓度是逐渐过渡的,级联碰撞的结果,从而实现对膜层原子间的能量传递,提高膜中原子的迁移能和化学活化能,实现对两相界面原子点阵排列的调控。同样,这种级联碰撞也会在与离子入射方向相反的方向进行。在较高的碰撞能下,薄膜中的原子会被驱逐出原子区,而反溅射不仅会影响薄膜的生长速率,还会影响薄膜的组分。另外,高能量的离子束也会产生辐射损伤,如点缺陷、间隙缺陷以及缺陷集团束等。此外,采用点阵注入的方式,也将产生沟道效应。通过激发电子来释放能量,不会出现因原子碰撞而产生辐射损伤的情况。由此可以看出,膜生成的最后面貌,是由诸多矛盾之间互相制约的主要方面所决定的。

4.5.2.2 离子束辅助沉积技术的特点

离子束辅助沉积技术具有下列特点:

(1)IBAD 最显著的优点就是薄膜与基体之间具有良好的附着力、膜层牢固程度强。研究发现,与热蒸镀技术相比,IBAD 的附着力是其数倍到数百倍,这是因为离子轰击在薄膜基体上的清洁效应,在膜基界面上形成了一种梯度的界面结构,并降低了薄膜的应力。

(2)IBAD 可以提高薄膜的力学性能,延长薄膜的疲劳寿命,特别适用于制备氧化物、碳化物、立方氮化硼、TiB_2 和类金刚石涂层等。以 1Cr18Ni9Ti 耐热钢为例,利用离子束淀积技术在 1Cr18Ni9Ti 上制备 200nm 厚度的 Si_3N_4 膜,既能有效地抑制疲劳裂纹的产生,又能显著减缓疲劳裂纹的扩散速率,从而延长其使用寿命。

(3)IBAD 技术可以改变膜的力学性能和晶体结构。比如,通过 11.5keV 的 Xe^+、Ar^+ 轰击 Cr 膜,调整基体温度、轰击离子能量、离子－原子抵达比例等参数,可以将膜的拉伸应力转变为压应力,进而改变膜的晶体结构。比如,在某一离子－原子到达比范围内,离子束助积沉积的膜层择优取向要优于热蒸镀沉积技术。

(4)采用 IBAD 技术,可以有效地提高膜的耐蚀性和抗氧化性。利用 IBAD 技术制备的膜表面致密,还可改善膜基的界面结构,或因其非晶形而导致颗粒之间的晶界消失,提高膜的耐蚀性,抵抗高温氧化。

(5)IBAD 技术能够改善膜的电磁学特性和光学薄膜性能。

(6)IBAD 技术由于可以精确和独立地调节原子沉积和离子注入的相关参数,并且可以在较低的轰击能量下连续生成几微米且组分相一致的涂层,从而解决了在室温下制备多种膜时,传统方法制备过程中对材料及精密部件造成的不良影响。

4.6 真空离子镀膜技术的应用

4.6.1 真空离子镀膜技术在刀具上的应用

涂层刀具是多弧离子镀的成功应用之一,TiN 是涂层刀具中使用最多的一种镀层。与未镀层相比,TiN 涂层刀具的硬度提高了 2~3 倍,且减少了摩擦系数,改善耐磨性能。此外,经过 TiN 涂层的刀具使用寿命可以提高 2 ~ 5 倍。目前,多弧离子镀膜技术在插齿刀、滚齿刀、钻头、铣刀等大多数刀具中都有广泛的应用。

4.6.2 真空离子镀膜技术在装饰行业的应用

根据其应用范围,可以将离子镀硬质膜划分为工具保护膜和装饰性保护膜。工具镀硬质膜具有膜层硬度高、耐磨、耐腐蚀、抗氧化、自润滑的特性,将其用于工模具和各种机械零件中,可以延长产品的使用寿命,具有广阔的应用前景,并且取得了很好的效果。装饰涂层是一种较薄的硬质薄膜,其厚度通常为 0.2~2.0μm,它的作用是提高产品的光泽、亮度等,使外观更受用户青睐,并且还可以降低表面的磨损,耐腐蚀,延长产品的使用年限,提升产品的附加值。装饰镀硬质膜的应用范围越来越广,从一开始的手表装饰品,后来发展到高尔夫球头、手机外壳、卫浴洁具、眼镜架、门锁、首饰、建筑饰板、金属家具、汽车内饰等。

离子镀装饰膜常见的膜系如下所述。

4.6.2.1 仿金膜系

仿金膜系包括 TiN、ZrN 等, TiN 薄膜是一种色泽与黄金非常相近、耐久性却远胜于仿金铜、黄金等的优良装饰涂层,也是第一个商业化的装饰膜层。起初,黄金 TiN 膜层引起了手表制造商的极大关注,该行业于 1973 年获得了第一个专利,但直到 20 世纪 80 年代早期,在 Balzers 和 Leybold 等公司的共同努力下,才使该产品得以产业化。国内的仿金色 TiN 装饰膜起步与国外同步。ZrN 膜是目前最常用的一种仿金膜,通常为金黄色,微带绿,其耐磨性、耐蚀性均较好。利用真空离子镀的方法,在金属表面上制备仿金(TiN、ZrN)和 ZrN (TiN、ZrN)装饰膜层,可以提高生产效率,降低加工成本,且膜层性能稳定。

4.6.2.2 金色膜系

由于仿金膜如 TiN、ZrN 等在色泽、光泽等方面与黄金有所区别,所以人们开始研究掺金离子镀技术。

TiN 掺金是一种常用的装饰膜,它对膜层的品质有很高的要求,既要耐磨,又要耐腐蚀,要有高的结合强度,要有光亮的表面,还要有黄金的色泽。目前,在利用真空离子镀技术制备 TiN 掺金装饰膜时,通常是在真空室中设置多组弧 Ti 源,中间放置 Au 靶材,通过电弧离子镀在膜表面形成 TiN 膜,然后通过磁控溅射沉积所需要含金量的(TiAu)N 膜层,形成 TiN+(TiAu)N 复合膜层。在 Ti 弧源关闭后,采用磁控溅射法在膜层表面沉积 Au,制备出 TiN+(TiAu)N+Au 复合膜层。利用电弧离子镀方法在涂层表面制备 TiN 涂层,可提高涂层的附着性和耐磨性,同时利用磁控溅射方法在涂层表面制备 Au 涂层,可使涂层不仅具有 18~24K 的黄金色光泽,还能显著提高涂层的耐磨、耐蚀性能。这种合成工艺被广泛地运用于钟表装饰中,又称 IPG(Ion Plating Gold)。

利用 TiN 与 Au 共溅技术可以改善 TiN 的光亮强度,并使其具有更接近于黄金的色泽，具有较好的抗磨性能。目前 IPG 的颜色有十多种，都是通过一种特殊的方法用金的合金化获得的，由某些合金元素与氮反应变色，所以它的顶层就是溅射金合金。

4.6.2.3 玫瑰金色膜系

玫瑰色以其华美、高雅的气质，在国内外流行起来，玫瑰金镀层的钟表、首饰很受顾客的欢迎。传统的水溶液镀金工艺由于其对环境的污染而逐步被离子镀金技术所替代。利用此技术得到的电镀层具有纯度高、厚度均一、致密度高、与基体结合好等优点。其工艺与镀金色膜层类似：首先在基体表面镀一层具有玫瑰色光泽且耐磨的仿玫瑰金（TiCN）或 TiAlN（TiAlN）硬膜，然后在其上沉积真玫瑰金（Au-Cu）（通常为 Au-Cu 合金），制备出 TiCN/Au-Cu 或 TiAlN/Au-Cu 复合膜。采用具有较高耐磨性的 TiCN 或 TiAIN 硬膜作为中间层，不仅节约了金的用量，而且还能改善镀层的耐磨性和耐蚀性。在钟表和首饰行业中，玫瑰金镀的厚度为 0.10~0.20μm，TiCN 镀层的厚度为 0.80~1.00μm。

4.6.2.4 黑色膜系

20 世纪 80 年代末，中国黑色膜系首次在深圳由中国科学院沈阳属研究所的科技人员商品化，其后广州有色金属研究所又开发出枪黑色 TiC 装饰膜。20 世纪 90 年代，各大厂商相继研制出由枪黑到深黑、乌黑色的 TiC 膜，并相继研制出 TiAlN、类金刚石等黑色膜系。近几年来，采用离子镀法生产的黑色装饰膜已逐渐成熟，黑色装饰膜也逐渐成为一种主要的装饰膜系，并得到了快速的发展。目前常用的黑色膜有 TiC、TiC+iC、TiAlN、DLC 等。

（1）TiC。TiC 为银灰色，可以在 Ti 靶电弧蒸发或溅射过程中与甲烷、乙炔等气体发生化学反应而形成，硬度高，还可用作刀具涂层。20 世纪 80 年代后期和 20 世纪 90 年代早期，人们开始使用半透明的灰黑色 TiC 膜来制作手表的装饰性膜层，这种膜层的颜色会随着镀层中碳烷气体的分压强而改变，因此也被称为“枪黑”膜。

（2）TiC+iC。一般的 TiC+ iC 膜层是通过纯 Ti 靶和氩气与碳烷的气体进行离子沉积，通过逐步添加碳烷来实现 TiC+ iC 膜的供给的，而在此过程中，首先形成 Ti-C 膜，然后在随后的时间内使 C 浓度过度饱和，形成富 C 的 TiC 或 TiC+ iC 膜。

（3）TiAlN 基膜层。TiAl 基膜是一种非常坚硬的膜，常被用来切割刀具的硬膜，也可以用来做装饰膜。以原子比为 5：5 的 TiAl 合金作为靶材料，采用多弧离子沉积技术，可获得暗紫色的 TiAlN 膜，而通过增加 Al 的比例，用 Ti/Al 原子比 3：7 的合金靶材制备的氮化物膜层为黑色。

（4）类金刚石膜。类金刚石膜（Diamond-likeCarbon，DLC）是一种以 sp^3 杂化的金刚石结构碳原子与以石墨为骨架的 sp^2 杂化的碳原子混合而成的三维网状结构，多为非晶态或非晶－纳米晶。20 世纪 70 年代，Aisenberg（艾森伯格）和 Chabot（查伯特）利用 IBAD 技术在室温下制备 DLC 膜，因其工艺简单、性能优异等优点，引起了国内外学者对 DLC 膜的广泛关注。DLC 膜通常是利用固体高纯度石墨或甲烷或乙炔等气体作为碳源，然后采用离子束沉积、溅射沉积、阴极弧沉积、等离子体增强化学沉积（PECVD）、脉冲激光沉积（Pulsed Laser Deposition）等方法。类金刚石膜具有高硬度、低摩擦磨损、高热导率、低介电常数、宽带隙、高光学透过性、化学稳定性及生物相容性等特点，在航空航天、机械、电子、光学、装饰与防护、生物医学等方面具有显著优势，其硬度、耐磨性能显著高于常用的装饰性 TiN、TiC 膜。相对于黑膜如 TiC、DLC 膜是亮黑的，给人一种科技、冷酷、专业、凝重的感觉。目前，DLC 膜已应用于手机、高档手表、厨卫五金等领域。全球知名的手表品牌（劳力士、波尔、豪爵、欧米茄、日本西铁城、精工），几乎都推出过 DLC 膜，让手表的档次得到了很大的提升。

（5）其他色系。除了上述四大经典颜色之外，离子镀装饰膜还有银白色、咖啡色、棕褐色、紫红色、蓝色（TiO_2 干涉膜）、梦幻（TiO_2/SiO_2 多层干涉膜）等颜色，由于篇幅所限，就不一一介绍了。

5 等离子体增强化学气相沉积

等离子体增强化学气相沉积(Plasma Enhanced Chemical Vapor Deposition, PECVD 或 PCVD),也称为等离子体化学气相沉积,是利用等离子体激发反应气体,使其在基体表面或近表面空间发生化学反应,从而获得固体薄膜的技术。等离子体能量高,可为化合过程提供能量,降低成膜的温度,还可实现利用常用方法不能实现的反应,得到传统工艺难以制备的薄膜材料。在过去的十多年里,等离子体化学气相沉积技术被广泛地用于能源、半导体、机械、冶金、化工、纺织、光学、医学、环境保护等领域。

自从 20 世纪 60 年代由等离子体增强化学气相沉积法成功制备出氮化硅薄膜以来,该方法先后用于各种介电、金属、半导体薄膜方面的制备,并在微电子、光电子等方面得到了广泛的应用,为这些方面的发展提供了动力。利用等离子体增强化学气相沉积技术,已成功地制备出了一系列在电子信息领域具有广泛应用前景的功能薄膜,如 Si、SiO_2、GaAs、GaSb (锑化镓)等。

与常规化学气相沉积法相比,等离子体增强化学气相沉积法能在更低的温度下制备上述单质及化合物的薄膜。目前已知的大部分薄膜制备工艺,大多利用射频电场产生等离子体,只有少部分利用直流和微波电场产生等离子体。

5.1 化学气相沉积技术

当今社会对薄膜材料的需求越来越大，需要各种性能优异的薄膜材料，单一的组分已经难以满足有关需求，这就需要新型化合物薄膜材料的开发，如硬质涂层 TiN、半导体膜 GaAs、介质膜 SiO_2、$SigN_4$ 等。化合物薄膜材料的制备要求两种元素合成一个化合物，必须要有相应的激活能。最早的制备化合物薄膜的工艺是采用加热的方式，通过对气态物质源进行加热，在基材表面形成金属或化合物薄膜，然后通过热能来提供化合物所需的能量（大部分都是在 500 ~ 1000℃的高温下），以达到抗氧化、抗腐蚀以及特定的电学、光学和摩擦学等特殊性能要求，该技术叫作化学气相沉积技术（Chemical Vapor Deposition，CVD）。

化学气相沉积是一种通过气相前驱体化学反应在基材表面沉积薄膜的技术，在微电子、光电子、表面改性和生物医学等领域都有广泛应用。CVD 反应温度低、薄膜均匀性较高、覆盖性良好，并可通过调整反应时间控制薄膜生长厚度。传统 CVD 技术常被用于制备各种氧化物、硫化物、氮化物、碳化物等无机薄膜材料，但近年来也报道了许多化学气相沉积有机聚合物的研究。

常用化学气相沉积技术包括热化学气相沉积技术、金属有机化合物化学气相沉积技术、原子层沉积技术等，其共同特征是没有在气体放电条件下制备薄膜。

5.1.1 热化学气相沉积技术

热化学气相沉积（Hot Chemical Vapor Deposition，HCVD）是一种以气体为原料，通过加热来制备固体薄膜的方法。该方法是在较高温度下，通过加热使反应气发生裂解，生成反应性原子和官能团，从而在较高温度的工件表面形成固态薄膜。本质上它是一种用热能把气体原料转化成固态物质的技术。HCVD 具有广阔的应用前景,为其他气态物质源沉积技术奠定了基础。下面以 TiN 的沉积为例,对 HCVD 的特性进行说明。

5.1.1.1 HCVD 的沉积装置

图 5-1 所示为 HCVD 沉积 TiN 等硬质涂层的装置。

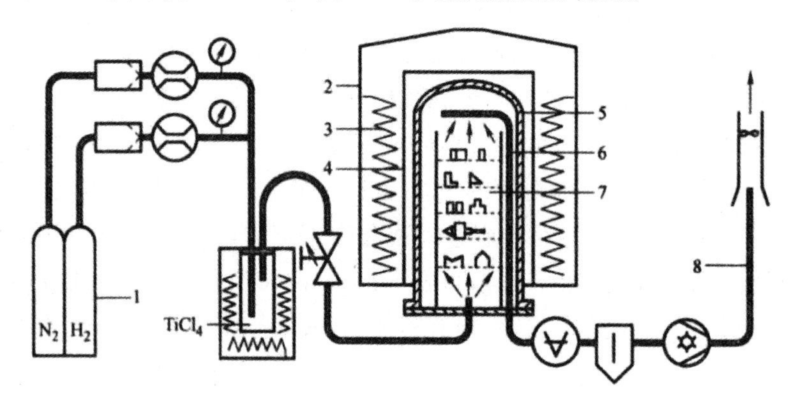

图 5-1 HCVD 沉积 TiN 等硬质涂层的装置

1—气瓶;2—加热炉;3—加热器;4—加热炉内壳

5—加热炉膛;6—加热炉内衬;7—工件;8—排气系统

5.1.1.2 HCVD 的工艺过程

HCVD 是一种通过加热使气体转变成固体的技术。整体上来看,其工艺过程为热能激发气体源开展热分解和热化合的热平衡过程。

例如,沉积 TiN 的反应条件为:反应气体包括 $TiCl_4$、H_2、N_2,沉积温度为 1000℃,真空度为 200Pa。

反应原理表示为:

$$2TiCl_4 + 4H_2 + N_2 \rightarrow 2TiN + 8HCl$$

利用 $TiCl_4$、H_2、N_2 等气体在 1000℃的温度下经高温分解后得到 Ti、H、N 活性原子,获得合成 TiN 化合物所需的能量,再经化学作用形成固态薄膜，也就是 TiN 涂层，排放尾气（HCl 气体）。

由于 $TiCl_4$ 气体及废气 HCl 均为腐蚀性气体，因此其气路系统必须受到严格防护，对进气系统和尾气处理系统都严格把控。在此过程中，所产生的废气不能直接排入空气，而必须经过一个净化系统，再由净化系统送入抽真空系统。

5.1.1.3 HCVD 反应类型

HCVD 有很多不同的反应，利用下列不同的反应可以制备不同的固态薄膜。

（1）热分解反应。在高温条件下，甲烷等氢化物受热裂解，产生单晶硅薄膜或非晶硅膜。

$$SiH_4 \rightarrow Si + 2H_2$$

（2）还原反应。以氢气或卤化物作还原剂，可制得纯材料薄膜，如纯 Cr 膜。

$$2CrCl_3 + 3H_2 \rightarrow 2Cr + 6HCl$$

（3）氧化反应。利用氧气制备氧化物薄膜，如 SiO_2 膜。

$$SiH_4 + O_2 \rightarrow SiO_2 + 2H_2$$

（4）化合反应。该方法以含化合物薄膜组分的气体为原料，在反应室内经热分解获得反应性原子，再通过化合反应获得固态薄膜。这种反应通常被用来制备碳化物薄膜、氮化物薄膜、硼化物薄膜。部分化合物薄膜的合成反应方程式如下：

$$2AlCl_3 + 3CO_2 + 3H_2 \rightarrow Al_2O_3 + 3CO + 6HCl$$

$$TiCl_4 + CH_4 \rightarrow TiC + 4HCl$$

$$SiCl_4 + CH_4 \rightarrow SiC + 4HCl$$

$$2TiCl_4 + 4H_2 + N_2 \rightarrow 2TiN + 8HCl$$

$$3SiCl_4 + 4NH_3 \rightarrow Si_3N_4 + 12HCl$$

$$As_4 + As_2 + 6GaCl + 3H_2 \rightarrow 6GaAs + 6HCl$$

一般情况下，反应室内都是气态源物质，但部分气态源物质在常温下是液态的，也有一些是固态的，需要对其进行加热，使其汽化，再通过氢气等载气进入反应室内。

5.1.1.4 HCVD的应用领域

（1）沉积碳化物、氮化物、氧化物，如AlO、TiC、SiC、BN等超硬涂层。

（2）沉积GaAs等薄膜。GaAs薄膜作为一种重要的半导体材料，已经发展了数十年。

（3）沉积碳纳米管和石墨烯等具有特殊性质的高科技产品。

（4）利用常压化学气相沉积技术在线制备节能玻璃。韩高荣教授将常压化学气相沉积技术与浮法玻璃技术相结合，提出了一种在玻璃生产线上进行镀膜的新方法。浮法玻璃制作完成后，立刻在高温玻璃的表面进行化合反应镀膜。该技术叫作在线镀膜，可用于生产日光玻璃、LOW-E玻璃、氮掺杂TiO_2薄膜的亲水性玻璃、非晶硅薄膜等。

图5-2显示了一种常压下用化学气相沉积法制备纳米多层膜的装置。用SiH_4与CH_4反应，可以在660℃合成Si/SiC纳米复合薄膜。

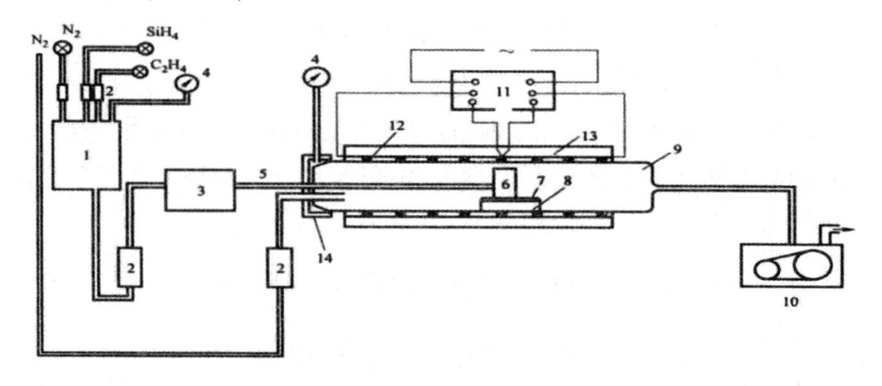

图5-2 常压化学气相沉积法制备纳米多层膜的装置

1—混气室；2—转子流量计；3—步进电动机控制仪；4—真空压力表
5—不锈钢管喷杆；6—喷头；7—基板；8—石墨基座
9—石英管反应室；10—机械泵；11—WZK温控仪
12—电阻丝加热源；13—保温层陶瓷管；14—密封铜套

纳米复合膜材料的组成有很多,如金属/半导体、金属/绝缘体、半导体/金属、半导体/绝缘体、半导体/高分子材料等,而每一种组成又能制造出更多的复合薄膜。Si基纳米复合薄膜材料作为一种新型的光电材料,在大型光电集成电路光电器件、太阳能电池、传感器、光计算机、机器人等方面具有重要的应用和研究价值。

5.1.1.5 HCVD的特点

HCVD具有以下特点:

(1)容易形成多层膜。HCVD技术易于改变通入气体,可形成多种类型的多层膜和多层纳米膜。

(2)HCVD的反应沉积工艺温度较高,膜层与基材结合良好。

(3)采用HCVD工艺制备的工件完全处于反应气体中,得到的薄膜比PVD工艺制取的薄膜更均匀。

(4)相对于PVD,HCVD装置具有结构简单的优点。

(5)HCVD的不足之处在于,所用的原料气及所生成的废气(尾气)大多含腐蚀性及爆炸性的气体,需要对其加以防护处理。

5.1.2 金属有机化合物气相沉积技术

金属有机化合物气相沉积技术(Metal Organic Chemical Vapor Deposition, MOCVD)以金属有机化合物气体作为气体源,其反应机理类似于CVD。

5.1.2.1 MOCVD的气体源

表5-1列出了MOCVD常用的金属有机化合物及其特性。

表5-1 常用的金属有机化合物及其特性

化合物	简称	分子式	状态	熔点/℃	沸点/℃
三甲基铝	TMAl	$Al(CH_3)_3$	液体	15	126
三乙基铝	TEAl	$Al(C_2H_5)_3$	液体	-58	194
三甲基镓	TMGa	$Ga(CH_3)_3$	液体	-15	5

续表

化合物	简称	分子式	状态	熔点 /℃	沸点 /℃
三甲基砷	DEAs	$As(CH_3)_3$	液体	-87	53
二乙基锌	DEZn	$Zn(C_2H_5)_2$	液体	-28	118

金属有机化合物是指由有机物质和金属结合而成的相对稳定的化合物。其中,有机物包括烷基、芳香基等。烷基有甲基、乙基、丙基、丁基。芳香基有苯基的同系物。LED 灯比日光灯节能 60%,比普通的钨丝白炽灯节能 90%。目前,各类街灯、照明灯、车灯等均使用 MOCVD 技术制备 LED 发光薄膜。

5.1.2.2 MOCVD 的沉积温度

有机金属化合物的分解温度较低,沉积温度低于 HCVD。采用 MOCVD 法沉积 TiN,可以使沉积温度降低至约 500℃。

MOCVD 工艺中,为确保制备率,对温度及气体分布的均匀度有较高的要求,直径 500mm 的工件旋转台需钻入 1000 个气孔。

MOCVD 技术在半导体方面有着更为广阔的应用前景,如在 GaAs 的(111)面上生长 GaAs 纳米线、在 InP 的(100)面上生长 InP 纳米线等。

尽管金属有机化合物无毒,但由于它是有机化合物,其中包含碳,因此具有较强的可燃性,对其防燃防爆的要求非常高,通常情况下借助手套箱操或机械手封闭操作。

5.1.3 原子层沉积技术

作为一种独特的化学气相沉积工艺,原子层沉积技术(Atomic Layer Deposition, ALD)有着日益广泛的应用。

5.1.3.1 原子层沉积过程

在原子层淀积过程中,一次只能得到一个原子层厚的膜。直到第一层膜完全覆盖了基体,才会长出第二层膜。通常采用这种方法将氧化物、氮化物、硫化物等薄膜沉积在有机薄膜上。

在 ALD 沉积过程中，以 Al（CH_3）$_3$ 为原料气，以 O_3、H_2O 等为反应气，来沉积 Al_2O_3 薄膜。该工艺涵盖了两个半反应过程、四个基元步骤。图 5-3 显示了其四个基元步骤。

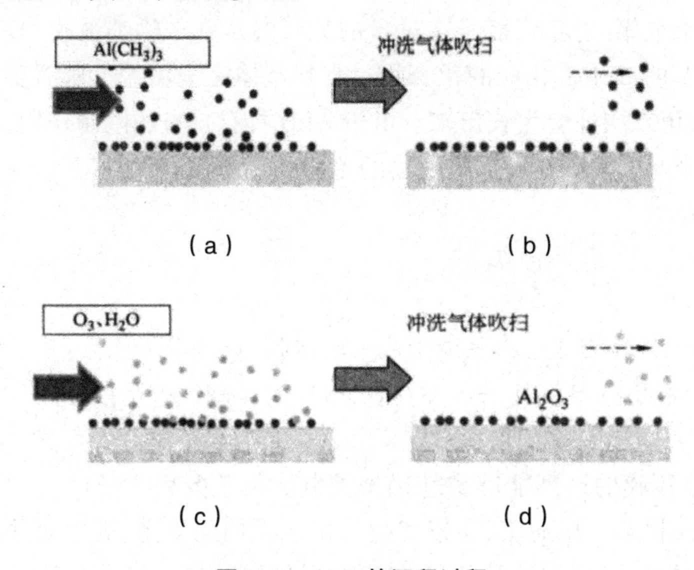

图 5-3 ALD 的沉积过程

（a）步骤 1：通入前驱体 A 金属有机化合物；（b）步骤 2：充气吹扫

（c）步骤 3：通入前驱体 B 氧化成 Al_2O_3；（d）步骤 4：充气吹扫

步骤 1：通入前驱体 A，一般为金属有机气体 Al（CH_3）$_3$ 等，前驱体 A 在反应室与基体进行吸附反应，在基体表面生长出一层致密的原子层薄膜，见图 5-3（a）。

步骤 2：通入冲洗气体，吹扫多余的 A 单体气源及副产物，见图 5-3（b）。

步骤 3：通入前驱体 B（如 O_3 或 H_2O 等氧化性气体），前驱体 B 与前驱体 A 发生氧化反应，得到 Al_2O_3 高阻隔膜，见图 5-3（c）。

步骤 4：通入冲洗气体吹扫多余的单体 B 及副产物，形成单原子层薄膜，然后将 A、B 两种前驱体脉冲交替通入反应室，进行两次冲洗清扫，制得单原子层膜 Al_2O_3，见图 5-3（d）。

以上四步称为一个周期。在每个周期中，只制备一个单原子层膜。

5.1.3.2 原子层沉积有自限制性

ALD 的自我限制是指前驱体 A 在基体表面形成一层薄膜之前，都不可能形成第二层 A，而是在过量的原料气及副产物都被吹扫后，与进入反应室的 B 生成相应的化合物。直到基体完全覆盖了所需要的化合物薄膜，第二层才会生长出来。由于 ALD 具有自身的限制作用，从而保证了整个基体表面是一层高密度的单原子层薄膜。

5.1.3.3 ALD 的优点

采用 ALD 方法一次只能生成一层薄膜，具有以下优点：

（1）膜层的厚度均一。不存在 PVD 镀膜过程中遮挡导致的不均匀现象，因此具有良好的保形性能。

（2）薄膜的厚度能够被精确地控制。由于要完全长出一层薄膜才会开始沉积第二层薄膜，所以通过对沉积周期的控制，可以对薄膜的厚度加以控制；薄膜层生长的层数可以用计数器来记录；可以形成数层到上千层膜。

（3）薄膜非常光滑。一次仅生长一层原子层，实现了原子尺度的平滑。

（4）能在大面积的有机膜上镀出高质量的薄膜，具有较高的生产效率。

（5）易于制备出大面积的绝缘薄膜，且不存在“靶中毒”“阳极消失”等问题。

5.1.3.4 原子层沉积技术的应用领域

原子层沉积技术可制备阻隔膜、量子阱系统的电致发光器件和显示器件等。封装阻隔薄膜是一种用于增强材料对空气、水蒸气的阻挡能力的薄膜，其主要用途有：

（1）在食品贮藏、运输中起到保鲜作用。

（2）生产有机发光二极管的薄膜 OLED，以有机材料为基材。在沉积发光二极管的薄膜 OLED 之后，由于二极管极易被水蒸气、氧气侵蚀，因此需要采用 ALD 工艺在其表面镀上一层 Al_2O_3、SiO_2 的阻隔膜。

（3）柔性太阳能电池、锂电池、有机电子器件、柔性电路板的基础材料均为有机薄膜，因此对高阻隔膜的制备提出了更高的要求，特别是在集成电路中，铜的互连线中具有大的深宽比，沟槽中的铜膜更不能受到水蒸气的侵蚀，从而延长其使用寿命。图 5-4 为部分 ALD 技术的应用产品。

（a）

（b）

图 5-4　部分 ALD 技术的应用产品

（a）柔性太阳能电池；（b）柔性可穿戴产品

近年来,在原子层沉积工艺中,等离子体也被用于进一步改善原子层沉积薄膜的质量。

5.2 等离子体增强化学气相沉积原理

等离子体增强化学气相沉积(PECVD)技术是一种在辉光放电等离子体作用下,含薄膜成分的气体进行化学反应,以获得高质量薄膜的制备技术。PECVD 法采用反应气体放电制备薄膜,充分发挥了非平衡等离子体的反应特性,从本质上改变了反应系统的供能模式。

PECVD 制备聚合物薄膜时,反应物前驱体以气相方式进入腔体,在基材表面吸附扩散完成薄膜生长。等离子体的引入降低了反应温度,但高能粒子的轰击将导致官能团结构破坏,刻蚀和沉积的竞争作用使得薄膜沉积速率降低。聚合反应过程中,也会伴随着一些副反应的产生。

通常利用 PECVD 法制备薄膜时,其生长过程包括以下步骤:

(1)反应物的分解反应(一次反应)。在辉光放电得到的等离子体中,由于外电场的作用,电子的动能增大,从而使反应气体分子中的化学键断裂。之后,高能电子会与反应气体分子进行非弹性碰撞,从而发生电离或分解,形成中性的原子和分子。

(2)空间气相反应(二次反应)。一次反应产生的不同的活性官能团,在薄膜生长面上发生扩散,不同的粒子与分子或粒子间进行散射、气相反应等。

(3)基片的表面吸附多种一次反应、二次反应的产物。

(4)基片上被吸附的活性物质(主要是官能团)具有非常活跃的化学性质,这些官能团在表面上会发生相互作用;同时,薄膜中的不稳定基团也会在晶体中弛豫,从而产生互扩散。

(5)在此基础上,形成了气相的副产物和不稳定的官能团,这些官能团离开了基片,返回到了气相,只留下了基片表面上的薄膜。

PECVD(图 5-5)是一种常用镀膜方法,可以用来制备 DLC 涂层。

PECVD 设备反应室内由两个电极组成，阴极和一个交流电源连接，阳极为地电位，并与真空室连通，样品放置在阴极处。接通电源后，在工件和腔体间产生等离子体，鉴于电子质量较小，易运动，因此电极附近的离子比电子多，并形成了一个具有正电势的壳层，同时在等离子体和两极之间将会形成直流自偏压。因工件（阴极）面积较小，其电容量也就相对较小，阴极相对于阳极形成负电势，离子在阴、阳极形成的电势作用下，向放置在阴极上的工件运动，当离子通过壳层时，在直流自偏压的作用下，获得了动能，轰击工件表面，有利于形成 sp^3 键。

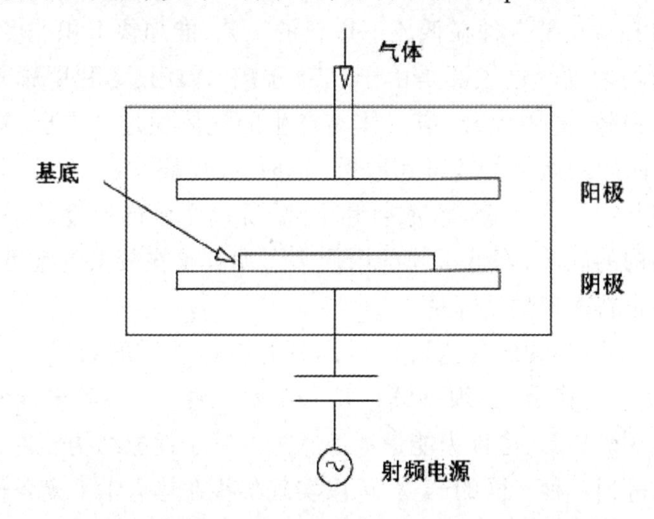

图 5-5 等离子体增强化学气相沉积技术示意图

5.3 等离子体增强化学气相沉积技术特点及发展趋势

5.3.1 PECVD 技术特点

与传统的 CVD 相比，PECVD 具有以下优点：

（1）PECVD 技术在更低的温度下进行。PECVD 技术具有制备单质或化合物薄膜材料所需温度远低于常规 CVD 的优点。该方法利用气体辉光放电产生的低温等离子体的能量，在保持气体温度不变的情况下，来启动化学气相沉积反应，从而生成反应活性物质和荷电粒子。事实上，这是一种借助辉光放电形成的非平衡的等离子体，本来处于热力学平衡状态时要在非常高的温度下发生反应，但对于非平衡等离子体而言，可以在较低的温度下发生反应。常规 CVD 技术是通过外部加热的方法来进行后续反应，而 PECVD 技术是通过等离子体中电子的动能来进行后续反应，因此，实现了在较低的温度下（通常不超过 600℃）镀膜的目的。采用 PECVD 技术，可以实现很多在 CVD 过程中反应速率很慢或者根本不可能发生的反应。

（2）PECVD 是一种在低压下进行的工艺，能加快沉积速度，提高薄膜厚度的均匀度。这主要是由于大部分 PECVD 技术利用辉光放电时需要的压强较小，因此，反应气体与产生的气体通过边界层，在平流层与衬底表面间的质量传输得到加强；同时，在反应体系中，分子、原子等离子粒团与电子发生碰撞、散射和电离，提高了膜的厚度均匀性，减少了微观结构的缺陷，降低了膜的内应力。尤其是在较低的温度下，更有利于得到非晶态和微晶薄膜。

（3）采用 PECVD 工艺可以得到具有特殊性质的薄膜。为了保持 PECVD 体系的稳定，必须持续地从外部输入能量，这意味着该体系其实处在非平衡状态，也称为能量耗散状态。基于耗散结构理论，PECVD 体系可以得到多种不同的产物，可以实现某些在热力学平衡条件下无法实现的反应，也可以形成某些特殊的物质结构。比如，1% 体积分数的甲烷—氢气混合物发生热解，采用热平衡的 CVD 技术可获得石墨薄膜，采用非平衡的 PECVD 技术则可获得金刚石薄膜。

（4）PECVD 技术可以用来制备生长界面陡峭的多层薄膜。在较低温度下利用 PECVD 技术时，若无等离子体，那么很难进行沉积反应。只有在等离子体的作用下，才能以合适的速率进行沉积。因此，可以利用等离子体起到启动和终止沉积反应的作用。等离子体控制反应的过程中气体分子也在发生碰撞，那么，利用该技术便能获得生长界面陡峭的多层薄膜。

（5）拓展了 CVD 的应用领域，为在不同衬底上制备多种金属薄膜、非晶态无机物膜、有机聚合物薄膜等提供新的思路。

PECVD 具有以下缺点：

（1）PECVD 技术不具备选择性。在等离子体中，由于电子的能量分布具有较大的空间，除了电子之间的相互碰撞，还可以通过等离子体中离子之间的碰撞以及放电过程中的射线效应来生成新粒子。由此可以看出，PECVD 技术并不一定具有选择性，很可能同时发生多个化学反应，导致反应产物的可控性较差。其中一些反应机理也是很难解释的。因此，用 PECVD 技术很难得到单一组分的薄膜。

（2）在较低的温度下，对反应生成的副产物气体及其他气体的脱附不完全，常有过量的物质沉积在薄膜上。因此，在氨化物、碳化物、氧化物、硅化物等的沉积过程中，要保证这些元素的化学配比是非常困难的。例如，在采用该方法制备类金刚石薄膜时，由于氢气的加入，薄膜的力学、电学和光学等性能将受到极大的影响。

（3）在等离子体作用下，一些不稳定的基体材料及薄膜极易受到离子轰击破坏。在 PECVD 工艺中，基体与等离子体的电位相比为负值，这必然会引起等离子体中的正离子被电场加速，进而冲击基体，从而造成基体的破坏及薄膜的缺陷。

（4）PECVD 容易在薄膜内产生压应力。至于用于半导体工艺的超薄膜，压应力还不至于引起很大问题。对于冶金涂层来说，压应力却可能发挥正向作用，但是当涂层厚度过大时，就会引起涂层的龟裂和脱落。

（5）与普通的 CVD 相比，PECVD 的装置比较复杂，成本也比较高。

比较各种方法的优劣，其中 PECVD 的优势更加突出，目前正得到日益广泛的应用，且应用最广泛的要数电子行业。

5.3.2 PECVD 技术的发展趋势

虽然 PECVD 具有诸多优势，但是也存在着一些问题，如投资大、工艺不够成熟等。从技术上看，该方法在设备、过程等方面均需进一步完善。比如，我们熟悉的直流等离子体，电极的烧蚀会导致其不能长时间地持续运行，运行状态非常不稳定，还有高温反应炉的封接和反应壁的结疤问题，这些都是有待解决的问题。此外，针对高频等离子体，其原料气体的进料手段也是亟须克服的难题，轴向进料手段易造成电弧熄灭，而径向进料手段又会因为受热不均匀或温度不均匀而影响到反应的充分进行,导致等离子体的高温优势不能有效发挥。另外,对于高熔点块状材料,尤其是某些新型材料,其形成的微观过程需要进一步研究。相信随着研究的进行,这一技术也会越来越成熟。

5.4 等离子体增强化学气相沉积技术类型

PECVD 技术采用了气体放电来强化 CVD 技术,为真空镀膜技术开辟了一条新的道路。通过使用等离子体的能量,可以影响化合物薄膜沉积温度、制备新的薄膜材料,从而凸显出气体放电技术在增强化学反应中的优势,开发出许多新的等离子体增强气态物质源沉积薄膜的技术。

近些年来,基于低气压辉光放电,人们发展了一系列激发气体放电的技术,包括直流脉冲 PECVD、射频 PECVD、微波 PECVD、大气压下辉光放电 PECVD、弧光 PECVD 等多种 PECVD 技术,并通过不同的电磁场调控电子的移动,增加了电子的移动路径,加大了与反应气体的碰撞电离几率,进而增加了沉积室中的等离子体密度。在此基础上,在较低温度下制备多种性能优异的无机薄膜和高分子有机薄膜得以实现。表 5-2 为常见的 PECVD 技术。

表 5-2 常见的 PECVD 技术

等离子体引入及产生方法	工艺参数	特点	可涂层材料
直流辉光放电 PECVD	沉积温度:300 ~ 600℃ 直流电压:0 ~ 4000V 直流电流:16 ~ 49A/m^2 真空度:1×10^{-2} ~ 200Pa 沉积速率:2 ~ 3μm/h	涂层均匀,一致性好;设备相对简单,造价低	TiN、TiCN 等

续表

等离子体引入及产生方法	工艺参数	特点	可涂层材料
直流脉冲 PECVD	沉积温度：300 ~ 600℃ 等离子电压：0 ~ 1000V 脉冲持续时间： 4 ~ 1000μs 脉冲断续时间： 10 ~ 1000μs	涂层均匀，一致性好；热、电工艺参数能独立控制。设备相对简单，适于工业化生产	TiN、TiCN、纳米膜、nc-TiN/$\alpha-Si_3N_4$、金刚石等
射频 PECVD（电容耦合）	沉积温度：300 ~ 500℃ 沉积速率：1 ~ 3μm/h 频率：13.56MHz 射频功率：500W	涂层质量和重复性好，设备复杂	TiN、TiC、TiCN、$\beta-C_3N_4$ 等
微波 PECVD	微波频率：2.45GHz 沉积速率：2 ~ 3μm/h	微波等离子体密度高，反应气体活化程度高；无电极放电，涂层质量好，设备复杂，造价高	Si_3N_4、$\beta-C_3N_4$ 等
大气压辉光放电 PECVD	介质阻挡放电 大气压次辉光放电	大气压下辉光放电，表面改性、化合、聚合	有机膜改性 纺织品等
弧光 PECVD	热丝弧弧光放电，等离子体弧柱电离气体	等离子体密度大，磁场搅拌	金刚石、类金刚石等

5.5 各种新型等离子体增强化学气相沉积技术

为了最大限度地利用气态物质源等离子体的能量，人们开发了各种 PECVD 技术。添加了高频率的交变电源，包括电磁场、射频、微波等，并使用了常压辉光放电工艺以及弧光放电镀膜工艺。本节对近年来出现的一些新型等离子体增强化学气相沉积技术进行了简要论述。

5.5.1 直流磁控电子回旋 PECVD 技术

在直流辉光放电 PECVD 沉积室外的上部和下部均安装两个电磁线圈。利用电磁线圈中的电磁电流来调节沉积室的电磁场,实现对沉积室中电子运动半径的调控,提高电子与气体分子的碰撞概率,进而调节沉积室中等离子体的密度,增加工件的电流密度。利用直流磁控电子回旋 PECVD 技术可以制备出 TiN 薄膜。图 5-6 显示了当氮气压强为 40Pa 时,随着所施加电压的增加,工件电流密度的改变情况。图 5-6 中最低的曲线表示当无外加磁场时,随着对工件施加电压的上升,放电电流略有上升。根据图 5-6 中的其他曲线可知,当电磁线圈电流增大时,工件的电流也随之增大。这表明,采用更多的电磁线圈可使沉积过程中的电子与氮气的碰撞电离概率更大。TiN 的沉积速率比传统方式要快 4 ~ 8 倍,电磁线圈在辉光放电中起到了重要作用。

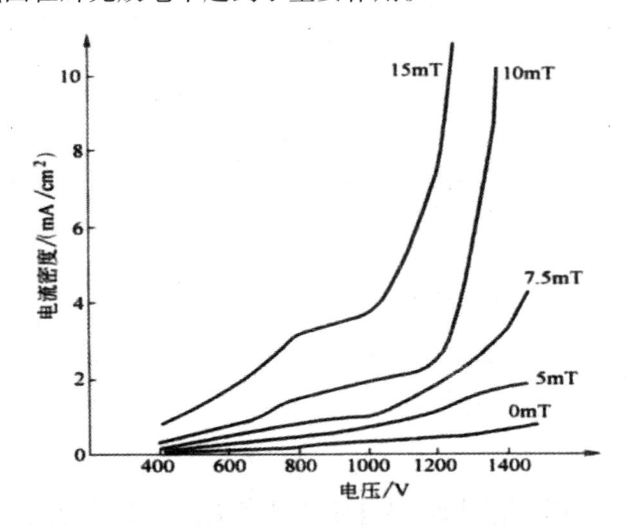

图 5-6　电压对工件电流密度的影响曲线

5.5.2 网笼等离子体浸没离子沉积技术

网笼等离子体浸没离子沉积技术(Meshed Plasma Immersion Ion Deposition, MPIID)是由美国西南研究院研发的一种新技术。把工件置于由不锈钢丝制成的网笼内,网笼与直流脉冲电源的负极相连,真空室与正极相连。向其中注入 Ar、H_2、C_2H_2 等反应性气体,在 1Pa 以上的真空环境中进行辉光放电,可使整个网笼被辉光填满,并使工件处于等离子体中。

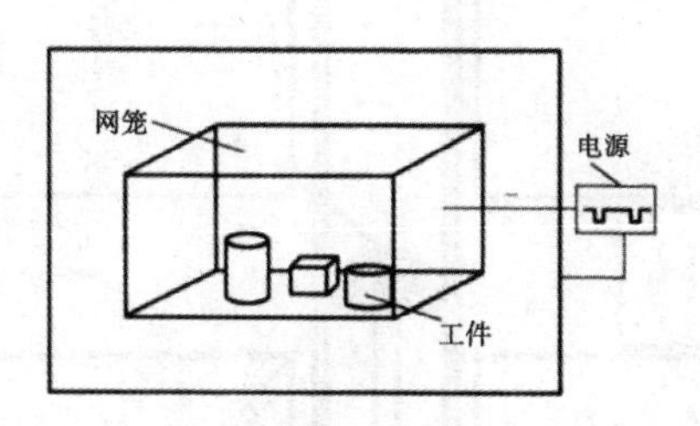

图 5-7 网笼等离子体浸没离子沉积装置

如图 5-7 所示,网笼放电等离子体密度很高,工件完全处于等离子体中,工件的各个表面都会被反应气体离子束冲击,因此工件的表面具有较高的活性。在高密度等离子体中,被激发的气体具有很高的离化率,可以获得大量的气体离子、原子和多种活泼基团。由于气体反应活性高,因此容易成膜。

5.5.3 微波增强等离子体化学气相沉积技术

在常规的等离子体增强化学气相沉积设备中,基体往往处于放电区,等离子体会接触到大量荷能粒子(电子、离子等),这不仅会对基体和薄膜造成辐射损伤,同时电极也会对薄膜造成一定污染。采用微波增强等离子体化学气相沉积技术(Microwave Plasma Enhanced Chemical Vapor Deposition, MPECVD,或称微波 PECVD),可以有效地防止荷能粒子对基体的破坏。

制备金刚石薄膜的设备最初是由石英管构成的,石英管式微波装置见图 5-8。采用方形波导管,再加上与其配套的工件架、活塞、抽真空系统、进气系统等装置,实现了微波的横向导入。C_2H_2 或 CH_4 和 H_2 等气体用于制备金刚石薄膜。导入微波后,在石英管中出现放电,并在工件表面形成了一层金刚石薄膜。该装置的输出功率仅为 2 ~ 3kW。如果在更高的功率下,则出现 H_2 刻蚀石英管的现象,之后研发出了一系列更高功率的微波沉积装置。

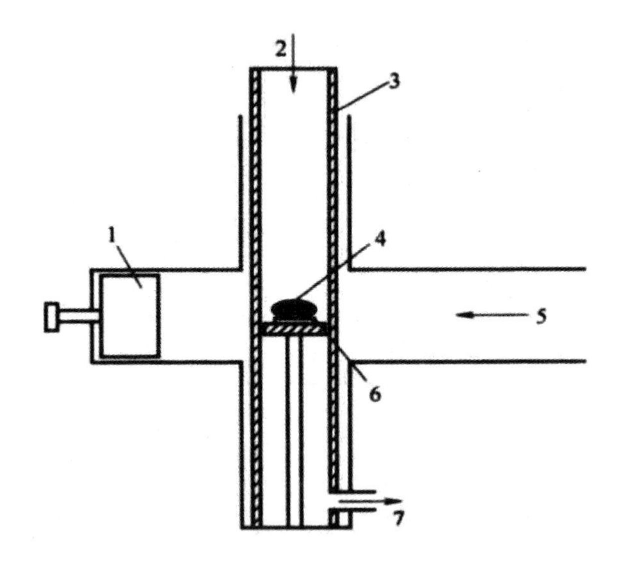

图 5-8　石英管式微波装置

1—活塞；2—进气口；3—石英管；4—等离子体
5—微波导入；6—工件架；7—排气

圆柱多模谐振腔式微波装置［图 5-9（a）］中，谐振腔的底部设置环形的石英窗口，从底部引入微波，从而避免了氢气刻蚀石英窗口，将微波功率提升至 6kW。

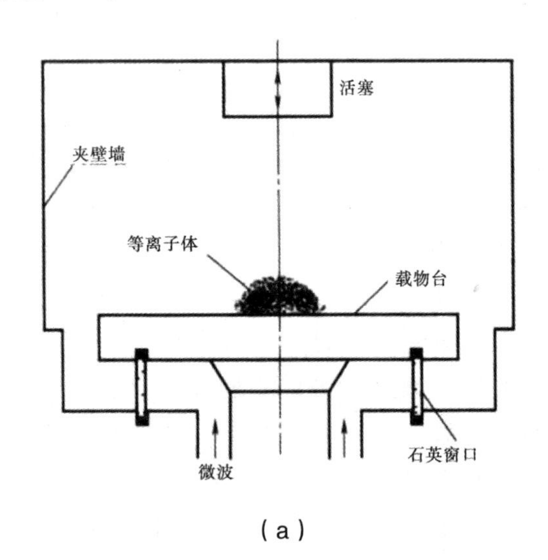

（a）

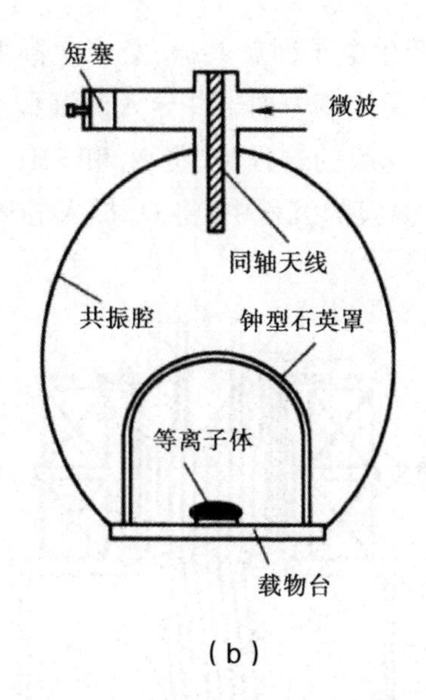

(b)

图 5-9 圆柱多模谐振腔式和椭球谐振腔式微波装置

(a)圆柱多模谐振腔式;(b)椭球谐振腔式

椭球谐振腔式微波装置[图 5-9(b)]中,由于椭球的上、下焦点能够将微波聚集在一起,所以采用了同轴天线作为激发方式,将微波耦合到谐振腔中,微波从位于谐振腔上焦点位置的天线开始,使得金刚石薄膜位于椭球的下焦点。该装置将微波功率提升至 8kW。

5.5.4 电子回旋共振等离子体增强化学气相沉积技术

相对于常规的等离子体增强化学气相沉积,基于电子回旋共振效应产生的特殊等离子体环境有着显著的优势。自从 1983 年第一次被报道之后,近几年来,电子回旋共振等离子体增强化学气相沉积技术(Electron Cyclotron Resonance Plasma Enhanced Chemical Vapor Deposition, ECRPECVD 或称 ECR)在薄膜上的应用越来越多,尤其是在半导体器件领域。

图 5-10 为一种典型的 ECRPECVD 装置,该体系包括两个腔室,上部为等离子体室,下部为沉积室。该等离子体室接收到 2.45GHz 频率的微波,是由微波源经波导及石英窗口进入该装置。等离子体室的外部设置两个同轴的磁场线圈,起到激励电子回旋等离子体的作用。在

8.75×10^{-2}T 的磁场中产生电子回旋共振，会产生高度激活的等离子体。该装置是将离子从等离子体室中抽出并导入到沉积室中，然后在基体上形成薄膜。在沉积 SiN 薄膜的过程中，将 N_2 和 SiH_4 分别加入等离子体室、沉积室。而在 SiO_2 薄膜的沉积中，将 O_2 加入等离子体室。

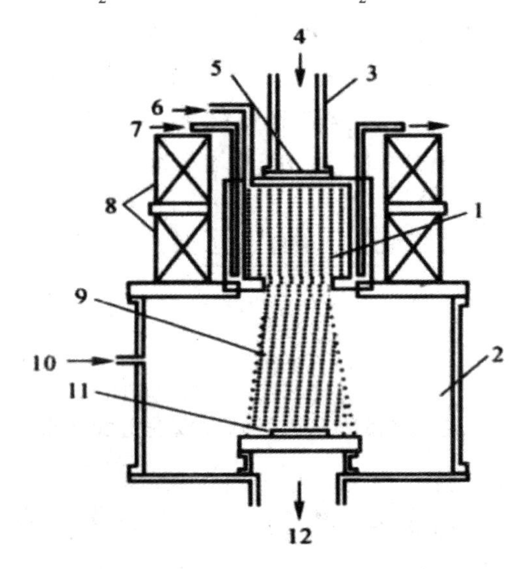

图 5-10　ECRPECVD 装置的结构

1—等离子体室；2—沉积室；3—长方形波导；4—2.45GHz 微波源
5—石英窗；6—气体入口；7—冷却水；8—磁线圈；9—等离子体流
10—气体入口；11—基体；12—气体出口

采用 ECRPECVD 法，可以在不加热基体的情况下获得高纯度、高质量薄膜。另外，在等离子体电位较低的条件下，仍能进行微波放电，这一点优于射频放电，微波放电不会对薄膜造成任何破坏。然而，在这一装置中，还有其他的损伤可能，如高能电子和离子、微波辐射、紫外线和其他等离子体等。

采用 ECRPECVD 法，以 SiH_4 和被激发的 Ar（或 H_2）为反应气体，在不超过 150℃的条件下，可得到高质量的 a-Si：H 膜。具体的沉积条件为：

基体	玻璃、Si
基体温度	<60℃（未加热）
背底压强	2.7×10^{-4}Pa

SiH_4 流量	4 ~ 30sccm
气体压强	1.3×10^{-2} ~ 0.27Pa
微波频率	2.45GHz
微波功率	50 ~ 350W
磁场强度	8.75×10^{-2}T

5.5.5 热丝弧弧光增强等离子体化学气相沉积技术

热丝弧弧光增强等离子体化学气相沉积技术利用热丝弧枪射出的弧光等离子体，又称为热丝弧弧光 PECVD 技术。利用热丝弧枪产生的高密度弧光放电，与反应气体进行电离和激发，可得到气体、原子和活性基团等不同类型的活性粒子。

热丝弧 PECVD 装置也在镀膜室外的上、下设置两个电磁线圈，令电子流朝着阳极运动并旋转起来，提高了其与反应气体的碰撞电离几率。此外，该电磁线圈也将其聚集为弧柱，从而增加了沉积腔内的等离子体密度。弧光等离子体中的反应性微粒具有较高的密度，有利于在工件表面形成金刚石薄膜等。

5.5.6 交错立式电极等离子体增强化学气相沉积

利用交错立式电极等离子体增强化学气相沉积法，可在玻璃或金属表面制备 a-Si：H 膜。所用的沉积装置包括加热室、沉积室及冷却室，使用的基体垂直放置于该沉积室内。图 5-11 显示了一种交错立式电极沉积设备的构造，因为该设备具有四个等离子体区域，所以可以在四个基体上同时沉积薄膜。研究人员按照以下的沉积条件进行试验：

气体混合比 $SiH_4/(SiH_4+H_2)$	10% ~ 100%
射频功率密度	10 ~ 20mW/cm^2
总气压	13 ~ 267Pa
SiH_4 气体流量	60sccm
基体温度	200 ~ 300℃

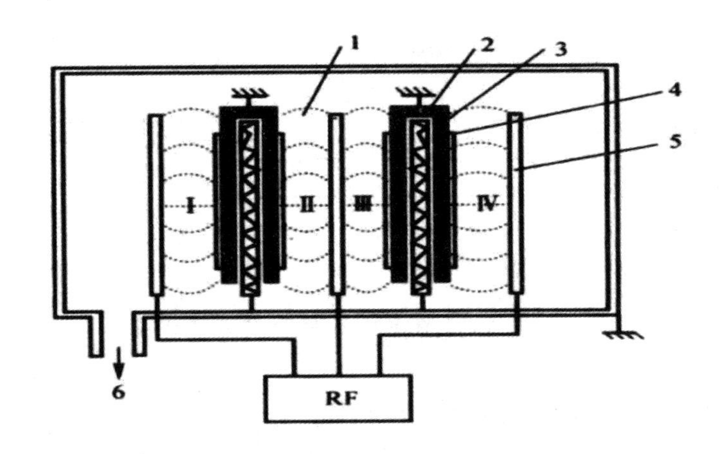

图 5-11　交错立式电极沉积装置的结构示意图

1—等离子体；2—接地电极；3—基体架

4—基体；5—电极；6—接真空泵

该设备还可以在基体温度较低的情况下，以 SiH_4 和 O_2（或 N_2）作为混合气体，进行 SiO_2 与 Si_3N_4 薄膜的制备。该装置采用平板型反应器、电容耦合型的射频电源，令混合气体进行辉光放电。在此沉积设备所制备的薄膜中，始终包含着氢，氢以氧化物或氮化物中 SiH^- 和 OH^- 的形式进入薄膜。

5.5.7 远等离子体增强化学气相沉积

有研究人员在较低的温度下（基体温度为 350 ~ 500℃），采用远等离子体增强的化学气相沉积法，沉积了 SiO_2 和 Si_3N_4 薄膜。

图 5-12 为该上述过程使用的薄膜沉积设备。沉积室有两个单独的进气口，一个在真空室的上方，另一个与中间的气环相连。将 $NH_3/N_2/O_2$（或者与 He、Ar 的混合物）引入该真空室上方的石英管，并在该真空室中受到感应激发。按照如下步骤在等离子体区域外进行薄膜的沉积。

（1）采用射频等离子体对一种或混合气体进行激发。

（2）在等离子体区被激发后，N_2 或 O_2 脱离该区域。

（3）被激发的 N_2 或 O_2 在等离子体区之外与 SiH_4 或 Si_2H_6 反应。

（4）在被加热的基体上，进行了最终的化学气相沉积。

在上述工艺中，前三步都是为了生成气体先导物，而这些先导物可以是分子或团簇。最后一步，便是用这些先导物制备SiO_2、Si_3N_4等薄膜。

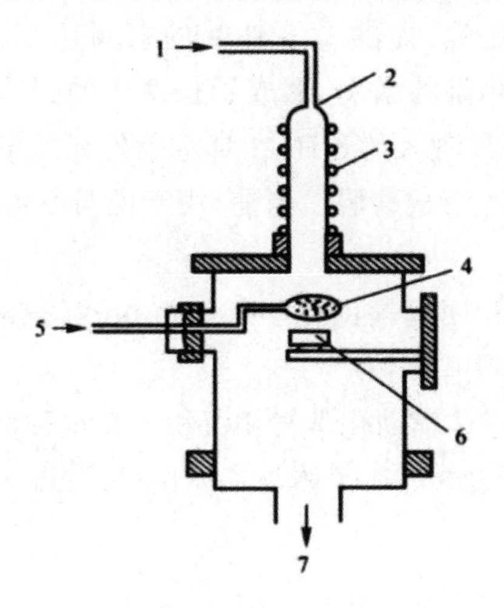

图 5-12 远等离子体增强化学气相沉积装置的示意图

1—进气口；2—石英管；3—射频线圈；4—气环

5—硅烷入口；6—基体加热块；7—接真空泵

5.5.8 感应加热等离子体增强化学气相沉积

利用感应加热等离子体增强化学气相沉积法，可在硅基底上制备氮化硅薄膜，如图 5-13 所示。

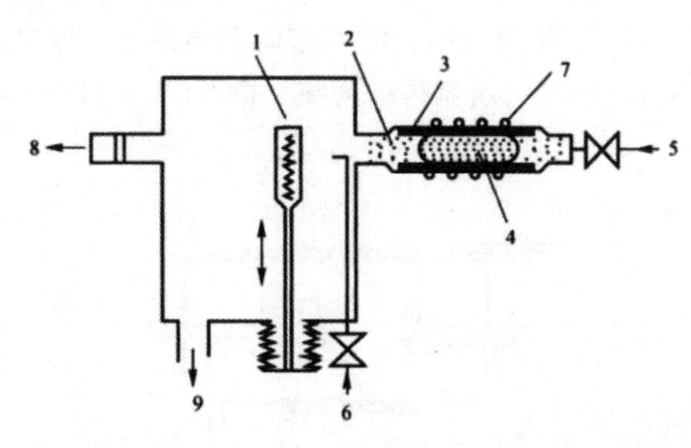

图 5-13 感应加热等离子体制备氮化硅薄膜装置的示意图

1—基体架；2—辉光放电等离子体；3—石英管

4—感应加热等离子体；5—N_2入口；6—SiH_4入口

7—射频线圈；8—真空紫外光谱仪；9—接真空泵

在感应耦合石英管内生成感应加热等离子体,将氮气导入该放电管内,维持 133Pa 的压强,提供 3 ~ 4kW 的射频功率。在感应加热等离子体中,气体受到热量的激发,形成了长寿命的团簇,产生了强烈的紫外光。由沉积室下部进入的 SiH_4 在真空紫外光的辐射下裂解(非离子碰撞),接着在基体上形成薄膜。当前,用于说明设备中的沉积过程的模型有:

模型一:光照和团簇辅助化学气相沉积,沉积速率为 6nm/min,并且等离子体和基体没有接触。

模型二:等离子体辅助化学气相沉积。在这种情况下,感应加热等离子体周围的辉光放电等离子体与基体接触,并以 50nm/min 的速率进行沉积。

5.5.9 脉冲感应放电等离子体增强化学气相沉积

以 SiH_4 为气体原料,采用脉冲感应放电法制备 a-Si 薄膜。将 70kA 的电流通入螺线管激发得到脉冲等离子体,在该螺线管中注入 SiH_4/Ar(20%SiH_4+80%Ar)的混合气体。在此基础上,研究人员提出了一种新型的非晶硅薄膜的制备方法,所用装置见图 5-14。将纯 SiH_4 以 $10cm^3/min$ 的速率导入反应室内。将薄膜沉积在与管轴线垂直的玻璃和 Si(001)基体上。对制备出的非晶硅薄膜的光学禁带及导电性能加以测试,结果表明,这种薄膜的光学禁带随基体温度及放电电压的升高而降低。另外,在红外区,所制得的薄膜是透明的,并且与基体有很好的结合。

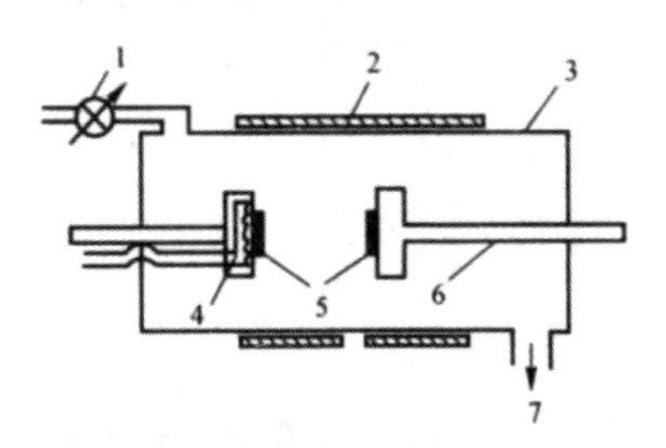

图 5-14　用于沉积非晶硅薄膜的脉冲感应放电 PECVD 装置的示意图

1—气阀;2—线圈;3—放电管;4—加热器

5—基体;6—底座;7—接真空泵

5.5.10 射频等离子体增强化学气相沉积

下面介绍一种新型射频等离子体增强化学气相沉积装置,用于a-SiC:H薄膜的制备。在此装置中,在感应耦合射频场外,增加了一个纵向的与射频电场相互独立的直流电场(图5-15)。将一个频率为13.56MHz的射频电源以感应耦合的方式与该反应器进行连接。在石英反应器中,采用两个平行排列的金属板构成电极。在此基础上,选择一个金属片作为基体架,采用石英和p型单晶Si(111)作为基体。以SiH_4和CH_4为原料气,并用H_2进行稀释。利用质量流量控制将CH_4/(SiH_4+H_2)流量比设定在0% ~ 75%之间,反应器内压强为67Pa,基体温度为200 ~ 500℃,射频功率处于50W,直流电压为-300 ~ 250V。研究表明,在不同的直流电场作用下,a-SiC:H膜的生长速率、光学带隙及光导率都会发生显著变化。

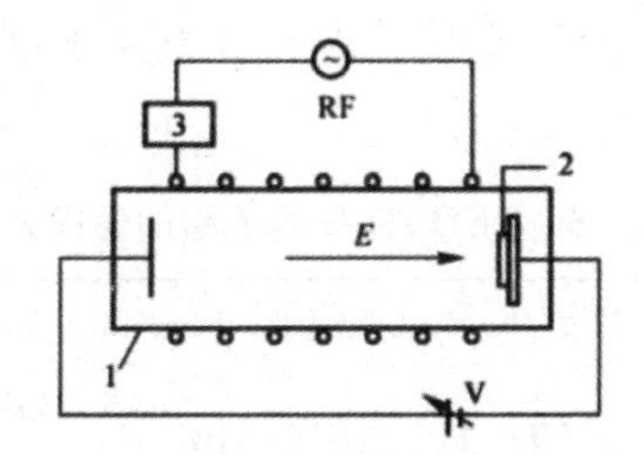

图5-15 用于制备a-SiC:H薄膜的电场增强PECVD装置的示意图

1—石英管;2—基体;3—可调电容电路

5.6 等离子体增强化学气相沉积技术的应用

5.6.1 PECVD用于沉积氮化硅薄膜

PECVD技术最主要的应用之一是在较低温度下制备氮化硅、氧化硅或硅的氮氧化物类绝缘薄膜,这些材料的制备是实现超大规模集成芯片制造的关键因素。氮化硅具有优异的阻隔性能(隔绝碱金属离子和水分)，在集成电路中被广泛地用于制作钝化膜。然而，用于多层布线及器件表面防护的氮化硅薄膜，通常需要600nm以上的厚度，且高温Si_3N_4薄膜会出现选择性腐蚀问题，因此其应用受到了极大的限制。低压CVD法需要的沉积温度高，得到的薄膜应力大。例如，Si_3N_4膜沉积时，其厚度不能超过20μm，否则就会出现裂纹。与传统的热化学气相沉积相比，等离子体增强化学气相沉积具有较大的优势。PECVD技术是一种在250 ~ 4000℃可沉积氮化硅薄膜的低温制备方法，该方法可以实现在铝基片上的低温沉积，且制备过程中所需温度不得高于500℃。

利用PECVD法沉积二氧化硅绝缘层已被广泛用于半导体元件的加工过程，最近也被用于光学纤维及一些装饰性涂层。

近年来，等离子体增强化学气相沉积技术在材料的摩擦磨损、腐蚀防护以及刀具涂层等领域的应用取得了长足的进步。当前，利用等离子体增强化学气相沉积(CVD)法，可以制备出W、SiO_2、Si、GaAs、Si_3N_4、Si: H、多晶Si、SiC等多种薄膜。表5-3是用PECVD方法沉积的部分薄膜材料的列表。

表5-3　PECVD技术沉积的薄膜材料

材料	沉积温度/K	沉积速度/(cm/s)	反应物
非晶硅	523 ~ 573	10^{-8} ~ 10^{-7}	SiH_4, SiF_4—H_2, Si(s)—H_2
多晶硅	523 ~ 673	10^{-8} ~ 10^{-7}	SiH_4—H_2, SiF_4—H_2, Si(s)—H_2
非晶锗	523 ~ 673	10^{-8} ~ 10^{-7}	GeH_4
多晶锗	523 ~ 673	10^{-8} ~ 10^{-7}	GeH_4—H_2, Ge(s)—H_2
非晶硼	673	10^{-8} ~ 10^{-7}	B_2H_6, BCl_3—H_2, BBr_3
非晶磷	293 ~ 473	≤ 10^{-3}	P(s)—H_2
As	<373	≤ 10^{-8}	AsH_3, As(s)—H_2
Se, Te, Sb, Bi	≤ 373	10^{-7} ~ 10^{-6}	Me—H_2
Mo, Ni	—	—	$Me(CO)_4$
类金刚石	≤ 523	10^{-8} ~ 10^{-5}	C_nH_m
石墨	1073 ~ 1273	≤ 10^{-5}	C(s)—H_2, C(s)—N_2
CdS	373 ~ 573	≤ 10^{-6}	Cd—H_2S

续表

材料	沉积温度 /K	沉积速度 /（cm/s）	反应物
GaP	473 ~ 573	≤ 10^{-8}	Ga（CH_3）—PH_3
SiO_2	≥ 523	10^{-8} ~ 10^{-6}	Si（OC_2H_5）$_4$, SiH_4—O_2, N_2O
GeO_2	2523	10^{-8} ~ 10^{-6}	Ge（OC_2H_5）$_4$, GeH_4—O_2, N_2O
SiO_2/GeO_2	1273	约 3×10^{-4}	$SiCl_4$—$GeCl_4$—O_2
Al_2O_3	523 ~ 773	10^{-8} ~ 10^{-7}	$AlCl_3$—O_2
TiO_2	473 ~ 673	10^{-8}	$TiCl_4$—O_2,金属有机化合物
TiC	673 ~ 873	10^{-8} ~ 10^{-6}	$TiCl_4$—CH_4（C_2H_2）+H_2
SiC	473 ~ 773	10^{-8}	SiH_4—C_nH_m
TiN	523 ~ 1273	10^{-8} ~ 10^{-6}	$TiCl_4$—H_2+N_2
Si_3N_4	573 ~ 773	10^{-8} ~ 10^{-7}	SiH_4—H_2, NH_3
AlN	51273	≤ 10^{-6}	$AlCl_3$—N_2
GaN	≤ 873	10^{-8} ~ 10^{-7}	$GaCl_4$—N_2

5.6.2 PECVD 用于沉积类金刚石（DLC）薄膜

5.6.2.1 DLC 薄膜的性能及应用

DLC 薄膜是由金刚石相的 sp^3 杂化键与石墨相的 sp^2 杂化键形成的三维交联网状结构，并包含一定数量的氢，被认为是一类非晶或非晶 – 纳米晶的复合薄膜。其中，金刚石的 sp^3 杂化键是 4 个能态相同、空间分布均匀、空间夹角为 109.5° 的杂化轨道，与其他原子相结合，会形成 σ 键，这对提高 DLC 薄膜的硬度是有利的，从而使它拥有与金刚石同样的高强度和硬度；而石墨中的 sp^2 杂化键，是 3 个价电子构成平面 σ 键，另外 1 个价电子构成键合稍弱的 π 键，这就赋予了薄膜低摩擦系数和优良的润滑性能。一般而言，DLC 薄膜的性能与其氢含量和 sp^2/sp^3 的比值有关，根据其氢含量的差异，可将 DLC 薄膜分为含氢非晶碳（α-C：H）和无氢非晶碳（α-C）。含氢 DLC 膜的含氢量在 20at.% ~ 50at.% 范围内波动很大，且 sp^3 的含量较低，通常小于 70%。无氢非晶碳中，四面体非晶碳（α-C）是一种含有大量 sp^3 杂化键的非晶碳，其性质类似于金刚石，因其电阻高、化学稳定性好、抗腐蚀能力强和良好的生物性能，在机械、电子和光学等方面有着广泛的应用。

在机械方面，DLC 薄膜由于其硬度高、耐磨性好、自润滑等特点，广泛应用于各类易损工件表面，如轴承、刀具等，以提高其硬度、减少磨损、延长其使用寿命。另外，类金刚石膜还具有良好的化学稳定性，可以用来做金属表面的防锈涂料。在电子方面，DLC 膜广泛应用于薄膜晶体管及真空微电子元件的阴极保护膜。在光学方面，DLC 薄膜由于其较宽的禁带宽度、较高的发光率和电致发光率，得到了广泛的应用。同时，良好的红外透过率使其成为红外探测窗口的增透膜及防护材料。

5.6.2.2 DLC 薄膜的制备方法

自从 1971 年，Aisenberg、Chabot 等人用离子束沉积（IBD）法在常温下成功制备出 DLC 薄膜后，人们对 DLC 薄膜的研究开始兴起。在之后的几十年里，物理气相沉积（PVD）、化学气相沉积（CVD）被逐步用于 DLC 薄膜的制备。

结果表明，用化学气相沉积法制备的 DLC 薄膜厚度均匀、易于绕镀。其中，20 世纪 70 年代出现的等离子体增强化学气相沉积技术，是利用辉光放电等离子体作为能量源，通过与气体分子的碰撞，将其分解、离子化，生成活泼的离子，活性等离子体与基底发生化学反应，生成 DLC 薄膜。因为高能电子的碰撞提供了稳定的能量，降低了反应温度，不需要再另外添加外部热源，所以减小了制备难度。

利用 PECVD 技术，可以依靠设置不同的电源功率调控等离子体浓度，实现对 DLC 薄膜的生长速度和质量的有效调控，达到提高 DLC 薄膜结构性能的目的。PECVD 技术在放电过程中某些等离子体不能充分反应，一些 C—H 键不能被切断，形成了不饱和的碳链，会影响 DLC 薄膜的质量。

PECVD 法制备的 DLC 薄膜，其成分包括氢，所以摩擦系数不高，但其硬度也不高。氢元素的存在，使得 DLC 涂层在不同的环境下，其表面的摩擦系数差异很大，所以 DLC 涂层对工作环境的依赖性很大。

（1）直流等离子体喷射化学气相沉积法。

日本的研究人员 Kurihara 等人首先研究出了直流等离子喷射化学气相沉积法。该方法是将反应气体通入圆柱形的阳极和其内的杆状的阴极之间，然后通过直流电弧放电所产生的高温等离子体对其进行解离，从而沉积该气体。在该过程中，采用的等离子体能量密度较高，从而实现了快速生长，薄膜的沉积速率达 80μm/h。目前，该技术的不足之处在于，设备投资大，过程难控制，且所制备的 DLC 薄膜面积小，厚度不均，易对基体造成严重的热损伤。

（2）直流弧光等离子体化学气相沉积法。

直流弧光等离子体化学气相沉积（DC-PCVD）是在直流弧光放电的激励下生成碳氢等离子体，在基体表面沉积 DLC 薄膜，其原理如图 5-16 所示。已有研究人员利用自行研制的直流等离子体技术，在硬质合金上获得了八面体纳米金刚石颗粒。直流弧光放电与直流等离子体都能显著提高薄膜的沉积速率，生长速率可达 130μm/h，并能获得较大尺寸的颗粒，其不足之处也是基体温度不易控制。

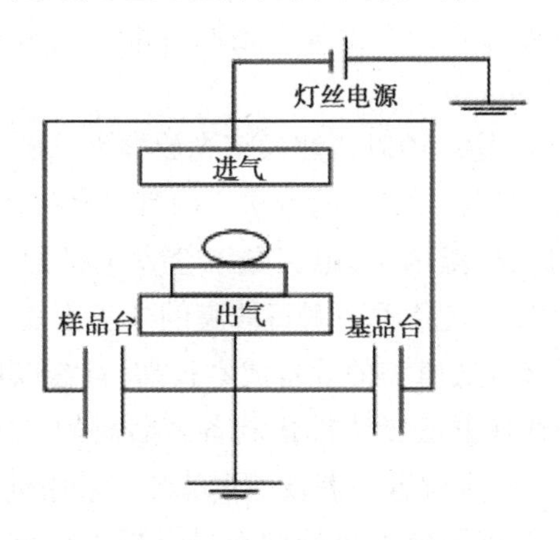

图 5-16 DC-PCVD 示意图

（3）射频等离子体化学气相沉积法。

射频等离子体化学气相沉积法（RF-PCVD）（图 5-17）采用高频高压产生的碳氢等离子体，在基底上沉积 DLC 薄膜。RF-PCVD 技术具有反应温度低、生长速率高、装置简单等特点，可实现在复杂、大面积基底的镀膜,有望得到高质量的 DLC 薄膜。然而,射频等离子体沉积技术目前还不能对等离子体的浓度和能量进行单一的调控,在后期发展中产生了多种双功率源等离子体增强化学气相沉积技术。

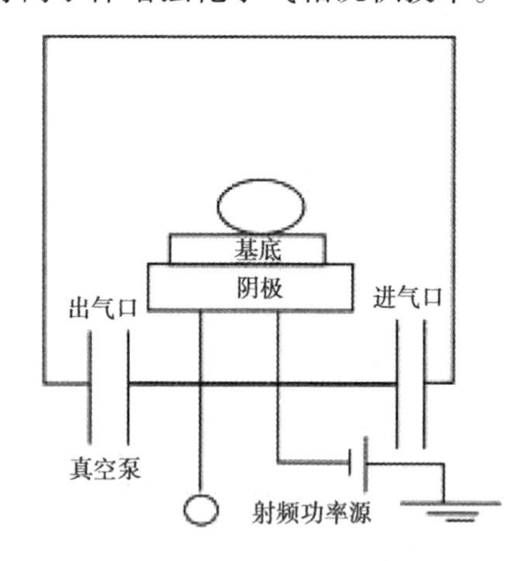

图 5-17 RF-PCVD 示意图

(4)微波等离子体化学气相沉积法。

1983 年, Mutsukazu Kamo 等人采用微波等离子体化学气相沉积(MWPCVD)成功地制备了 DLC 薄膜。1994 年,美国阿贡实验室 Gruen 等采用 MWPCVD 方法在硅片上成功地制备出了纳米级的金刚石薄膜,其生长速率可达 0.6μm/h。

微波等离子体法是一种以微波的辉光放电为基础,得到碳氢等离子体,在基底上沉积出金刚石薄膜的方法。因其可产生均一的等离子体状态;且具有较低的沉积温度,放电区域不会发生扩散,且不会产生气体与电极的污染,所以在高品质金刚石薄膜的生长上表现出很大的优势。其不足之处在于,该方法所需的设备成本较高,且难以规模化制备。

传统的微波 CVD 方法无法批量制备高品质的薄膜,其所需的输出功率较大,成本较高,面对这一状况,研究出了采用低功率微波输入组合产出高功率,达到控制成本目的的多模谐振腔微波 CVD。中国科学院 J.Weng 等人利用新型多模 MPCVD 装置,实现了大面积高质量金刚石薄膜的制备,并利用双模式互补原理,实现了对等离子体放电区的强化,获得了直径为 80mm 的大尺寸等离子体颗粒。

6 工模具真空镀膜生产线

PVD 涂层技术作为工模具表面改性技术,在过去几十年得到了突飞猛进的发展,已成为工业化生产中不可缺少的表面改性技术之一。结合国内外 PVD 涂层工业化生产现状和多年的工作经验,以自行设计的离子源辅助电弧离子镀设备为基础,我国建立了一条工模具 PVD 涂层生产线,并对相关涂层工件产品及涂层制备工艺进行了研究。

6.1 PVD 工模具涂层生产线

6.1.1 PVD 涂层技术的分类和特点

根据不同的涂覆材料生成方式,PVD 技术可分为不同的类别,工业生产中应用较广泛的有蒸发镀、磁控溅射和电弧离子镀。

6.1.1.1 真空蒸发镀膜

蒸发镀膜是 PVD 涂层技术中应用最早的表面沉积技术,用电阻加热、电子束或激光轰击等方法把要涂覆的材料蒸发或升华变成气态原子或分子,沉积在工件表面,具有成膜速度快、膜层纯度高等优点,但同时蒸发镀也存在膜层附着力差、工艺重复性低等缺点。其原理如图 6-1 所示。

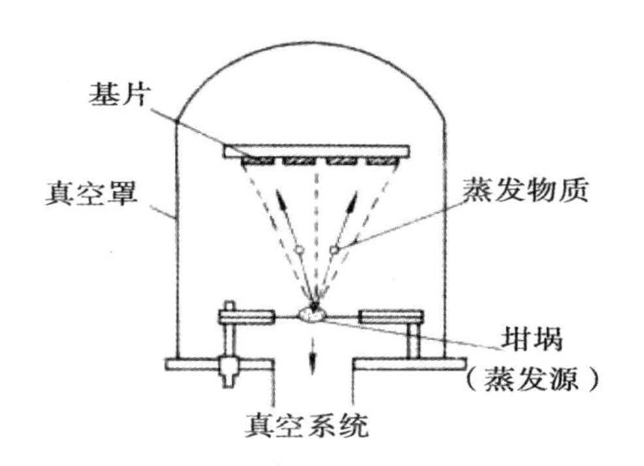

图 6-1　蒸发镀膜设备示意图

目前，真空蒸发镀膜普遍采用的是电阻式加热，这种方法具有加热源结构简单、成本低、使用简便等优点；其不足之处在于不能应用于难熔金属及耐高温的介质材料。而采用电子束加热、激光加热等方法，可以很好地解决电阻加热的这一问题。

电子束加热利用聚焦电子束直接对被轰击材料加热，其动能转变为热能，材料被蒸发。激光加热法采用大功率激光作热源，成本高昂，仅有几个科研实验室采用。

6.1.1.2 磁控溅射

磁控溅射是应用最为成熟的 PVD 涂层技术之一。溅射过程中，在电磁场共同作用下，被离化的氩气原子在靶阴极电压作用下轰击靶材表面，将靶材原子溅射出来并沉积在工件表面而形成涂层。图 6-2 所示为磁控溅射原理图。

由于磁控溅射的离化率较低，为了提高涂层性能及膜基结合力，需要在磁控溅射设备上增加离子源，以提高原子离化率，并为此开发了基于磁控溅射原理的阳极层离子源。

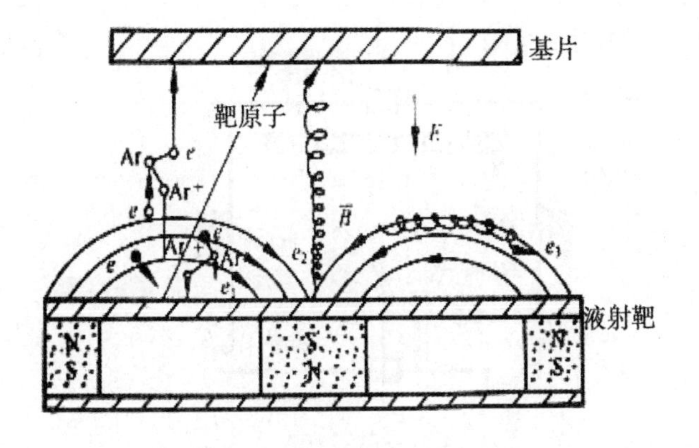

图 6-2 磁控溅射原理图

磁控溅射技术与蒸镀技术相比较,能够制备出熔点高、蒸气压低的膜,从而有利于制备化合物或合金的薄膜。该溅射膜与基板的附着力更好,薄膜密度更高,膜厚度可控,重复性好。

6.1.1.3 电弧离子镀

电弧离子镀膜技术是在蒸镀材料制成的阴极靶材与真空室形成的阳极之间引发弧光放电,把靶材物质离化并沉积到基体表面的技术。电弧离子镀膜技术具有膜附着力高、薄膜致密、能沉积化合物薄膜等优点。电弧离子镀技术是近年来发展迅速的一项新技术,在工模具涂层行业获得了成功的工业化应用。

电弧离子镀技术也有自身的缺点:阴极靶材必须具备一定的导电性,涂层中含有靶材金属大颗粒,涂层表面粗糙度高,涂层应力大等。如图 6-3 所示为电弧离子镀示意图。

6.1.2 PVD 涂层生产线搭建

对于涂层加工中心来说,只依靠涂层设备本身是远远不够的,更不用说生产立足于市场的高质量涂层产品。从客户来料到涂层产品的发货,除了涂层工艺本身外,还需要来料检验、预处理、清洗、装夹、涂层、后处理、质量检验、包装发货等处理工序,对于二次涂层的工件,还需要脱膜、去毛刺、喷砂、抛光等前处理工序。

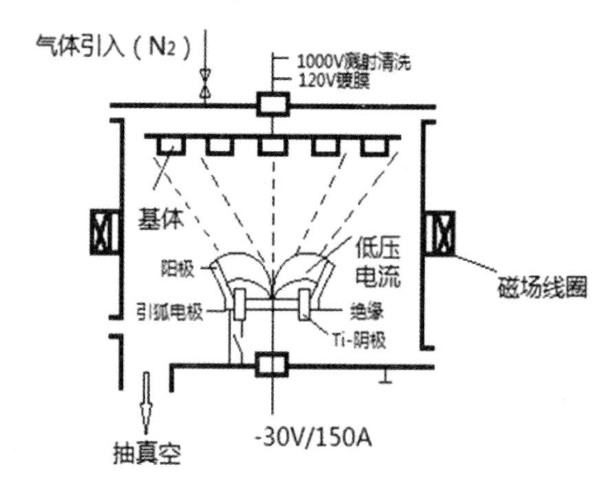

图 6-3　电弧离子镀示意图

前、后处理过程是影响涂层性能的重要因素，甚至是决定涂层质量的关键因素。我们讨论涂层的性能，目的是探究如何进行改善，当然涂层工艺和涂层设备本身的改进更为重要，但难度更大。首先完善涂层的前后处理工序，再在现有涂层设备基础对设备进行升级，将会快速提高涂层的性能。

图 6-4 所示为 PVD 涂层的基本工艺流程。

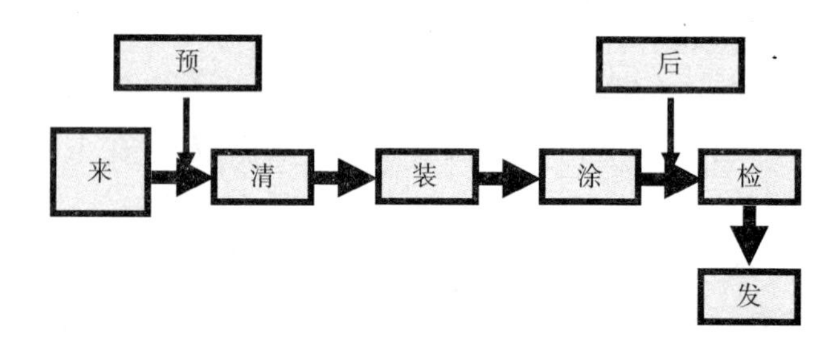

图 6-4　PVD 涂层加工基本工艺流程

下面将以此工艺流程来进行生产线建设的探讨。

6.1.2.1 来料检验

长期以来，人们对涂层技术存在误区，认为只要客户来料，清点数量，检查图纸与实物是否相符，就可以直接清洗、涂层。这样做的后果就是涂层品质无法保证，更会引起客户的误会，要么否定 PVD 涂层技术，要么否定这个涂层企业。这给技术进步和涂层企业发展带来了困扰，更有甚者开始自我怀疑。

PVD涂层技术沉积温度低,可涂覆产品材质广泛,这就造成了来料千变万化,来料材质各种各样。这要求我们有一个基本的来料检测,首先是裸眼检验来料运输有无损伤、工件表面有无油污等来料表面基本状况。其次是借助体式显微镜观察来料有无较小尺寸的缺损,锋利的边角有无毛刺、卷曲,有无塑胶、低熔点焊料及黏附牢固的污渍等。

6.1.2.2 预处理

对工件进行预处理,可以达到对工件表面进行净化的目的。净化的目的就是要把表面上的各种污垢清除掉,得到清洁的表面。一般采用多种净化剂,辅之以机械、物理、化学等手段来净化。目前,对其进行前处理的方法有高温蒸洗、喷砂、打磨、抛光和超声等。

(1)高温蒸洗。在PVD车间中,蒸汽枪是一种常见的高温蒸洗设备。其最高工作温度为140℃,工作压强为3~5个大气压。由于冲模上常有一些小孔和螺纹孔,这些孔往往含有油污和残余冷却液,用普通的清洗方法很难去除。在这种情况下,蒸汽枪的优势就体现出来了。

(2)喷砂处理。喷砂处理是利用压缩空气将砂粒吸进喷枪,再从喷嘴喷出,射向工件表面,撞击并清除工件表面锈迹、积碳、焊渣、氧化皮、残盐、旧漆层等表面缺陷。它比手工和动力工具除锈效率高,劳动强度低,质量好。喷砂按磨料使用条件分为干喷砂和湿喷砂。

大多数的干式喷砂机都配备了自动喷砂和手工喷砂两种功能。自动喷砂用来处理数量大、形状规则的标准工件,如滚刀、钻头、插刀、刀片等;手动喷砂用来处理特殊工件,如模具、紧固件等。通常,自动喷砂机用喷枪为2~4支,而手动喷砂机用喷枪为1支。每支喷枪的后入口处有两个接口,一个接压缩空气,一个接砂子,两者在喷枪内相遇,压缩空气将砂吸进枪内,使其与枪内的砂粒相互混合,在压缩空气的作用下,由喷枪的喷嘴高速喷出,喷在被加工工件的表面,从而获得理想的加工效果。图6-5为喷枪的结构示意图;图6-6为干式喷砂机图片;图6-7为湿式喷砂机照片。

喷砂工艺参数:枪距:30~70mm;倾角30~70°;装夹台旋转速度10~30rpm;往返次数3~9次;喷砂气压:2~4.5bar等。在实际操作中,要依据被加工对象的表面脏污情况、被加工材料的硬度、被加工材料的表面的几何尺寸等，选择适当的工艺参数。

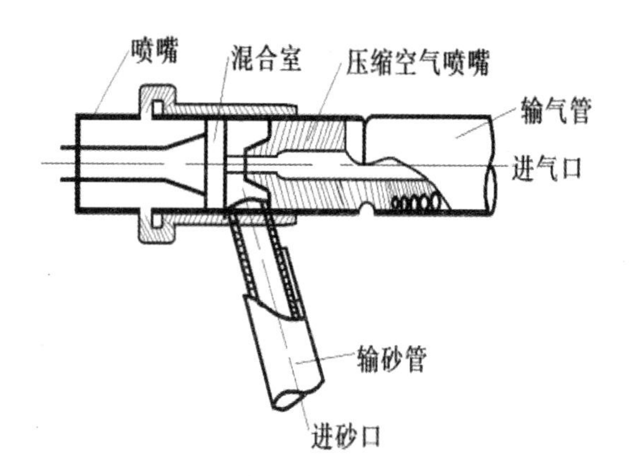

图 6-5　引射型喷枪示意图

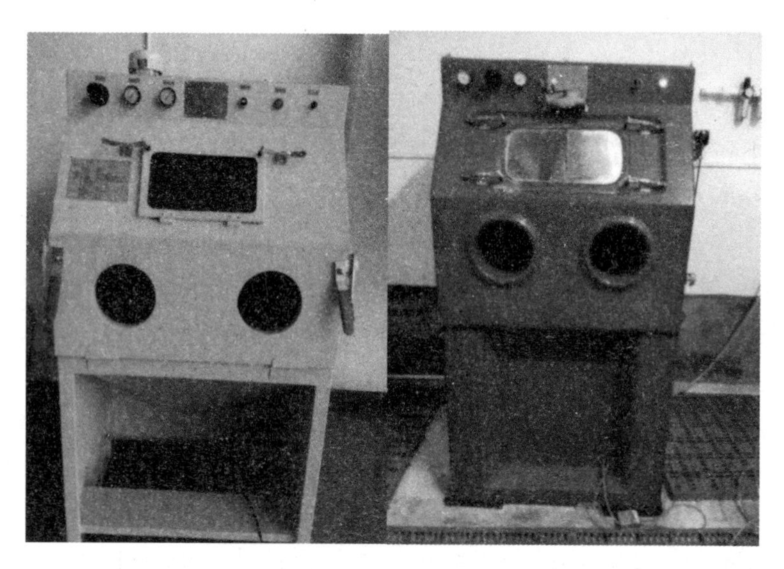

图 6-6　干式喷砂机　　　　图 6-7 湿式喷砂机

PVD 涂层用干式喷砂机使用的砂子主要是金刚砂(Al_2O_3)和玻璃珠(SiO_2)。喷砂是一种涂层前处理方法，它能有效地改善工件表面的附着力，如有氧化层的表面，被腐蚀的表面，研磨或抛光不佳的表面等等。喷砂在清洁工件表面的同时还可以去除工件棱角位置的毛刺，若是没有去除毛刺，在涂层工件使用过程中，毛刺位置由于涂层结合力差，涂层会最先从毛刺位置失效，造成涂层工件的过早失效，甚至无法发挥涂层效果。喷砂还可以对比较锋利的刃、尖起到钝化作用,使这些位置的涂层不至于因过厚、应力过高的原因造成涂层效果不佳。在一些硬质合金刀具的表面还会经常发生钴流失现象,通过喷砂可以有效去除表面脱钴层,有利于提高涂层附着力。图 6-8 所示为工件喷砂前后对比照片,喷砂后工件表面更细腻、洁净。

图 6-8 工件喷砂前后对比照片

湿喷砂和干喷砂原理类似,相对于干喷砂的工作环境空气,湿喷砂工作环境为水,根据不同材质、不同形状工件采取不同的喷砂方式。对于高速钢类工件,如高速钢丝锥,钻头可以采用湿喷砂,湿喷砂相对干喷砂,对工件表面破坏作用较小,对工件表面粗糙度影响不大。特别是刃口比较尖锐的高速钢刀具,更适合采用实湿喷砂处理。

(3)抛光处理。抛光是除喷砂之外,对 PVD 涂层工件进行前处理的方法。对于模具和紧固件类工件,表面光洁度越高,涂层附着力越好,涂层后使用效果越佳。如图 6-9 所示为一台小功率抛光机,适合少量紧固件抛光前处理,左边黄色抛光盘为粗抛,右边白色抛光盘为精抛。图 6-10 所示为抛光前后模具对比照。

(4)脱气处理。脱气是比较深层次的一种预处理方法,适合形状复杂、有盲孔、细孔、缝隙的工件,这些位置在超声清洗中无法彻底的清洗干净,残留有少量的水分、油脂及杂质气体等,在镀膜过程中容易释放出来,污染工件表面,影响涂层附着力,涂层易于剥落。同时这些残留物还有可能污染真空室,造成更大的涂层品质影响。对于一些焊接件,有孔模具尤其需要脱气处理。脱气一般在真空脱脂炉中进行,把待脱气工件放进真空室进行抽真空,当真空度达到要求时,开始加热,在规定时间加到某一温度值,并在此温度保温一定时间,保温时间结束后,在真空室内冷却到适合温度或向真空室通入氮气等气体加速冷却到合适温度,从脱脂炉中取出然后进行适当处理,然后进行 PVD 涂层。

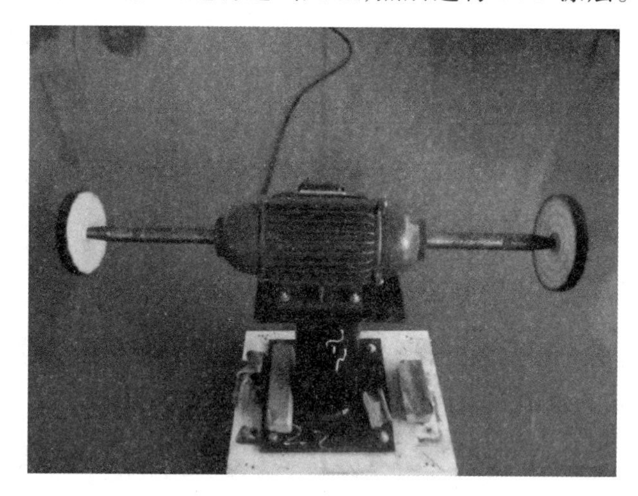

图 6-9　小型抛光机

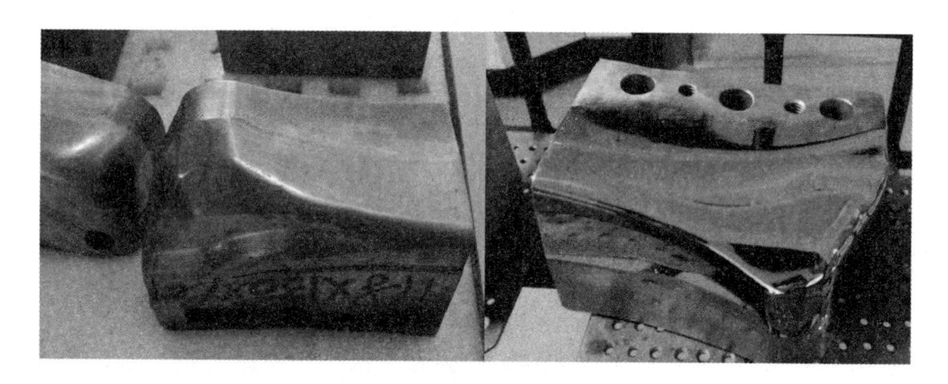

图 6-10　抛光前后模具对比照

6.1.2.3 清洗

在 PVD 涂层生产过程中,清洗是一个必不可少的过程,工件清洗不干净或清洗出了问题,涂层结合力会出现问题,造成涂层产品无法满足需求,客户投诉和要求赔偿的问题。清洗效果受清洗时间、化学药剂、清洗设备和清洗液的温度等因素的影响,并且这四个因素是互相作用的。在最短的时间内达到最好的清洗效果,进而提高生产效率是企业所追求的。

清洗分为人工清洗和超声清洗两种，以下是关于超声清洗的简要说明。

当超声压强高达100kPa时，会在液体中形成巨大的外力，使液体分子拉裂成真空或接近真空的空洞（气泡），在外界压力的影响下，空洞破裂，形成强烈的冲击，使被清洗物表面的污垢向下冲刷，形成冲击波，即空化作用，此过程极易在固液界面处形成，因此，它对浸没在超声波影响下的液体中的物体，具有超常的清洗效果。另外，超声波的强大穿透力，能渗透到被清洗物体的另一面，并能渗透到被清洗物体的内腔盲孔狭缝，去除被清洗物体上的污垢，从而实现清洁。图6-11所示为超声清洗示意图。

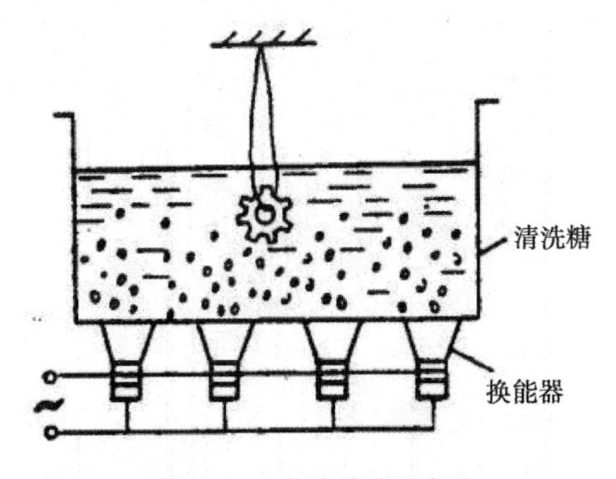

图6-11　超声清洗示意图

清洗的工艺流程一般按被清洗工件的工况作调整，主要清洗流程如下所述。

（1）喷洗。在2～3个大气压下，将一定浓度的清洗液喷洒到工件表面，其主要作用是对被洗工件表面的污物、油脂等进行软化、分离和溶解，以减少下一道清洗工序的工作量。如图6-12所示为喷洗示意图，高压清洗液经喷嘴，喷洒到工件表面，清除表面油污。

（2）超声波漂洗。通过超声产生的强空化效应和振动，配合清洗液，去除被清洗工件表面的污物，并对油污类物质进行分解、乳化。

（3）纯水冲洗。用干净、流动的水清洗被清洗物表面的污垢。

（4）超声漂洗。通过超声波对被清洗工件各个边角和孔隙中漂浮的污垢进行清洗。

（5）纯水漂洗。除去附着于工件表面的污物颗粒和清洗液。

（6）纯水超声漂洗。可将工件材料表面的污物颗粒和清洗液体进一步除去。

（7）防锈。一定浓度的防锈溶液对工件进行浸润，特别是高速钢类产品，防止生锈。

（8）压力空气快速吹水。用室温冷风快速吹掉工件表面水滴，避免在烘干步骤中因水分过多，不能快速干燥而氧化、生锈。

（9）烘干。一般在烘箱中利用 105 ~ 120℃热风对工件进行吹扫，在略高于 100℃的温度下零件表面水分会快速蒸发，工件温度不至于因过高而影响下一道工序。

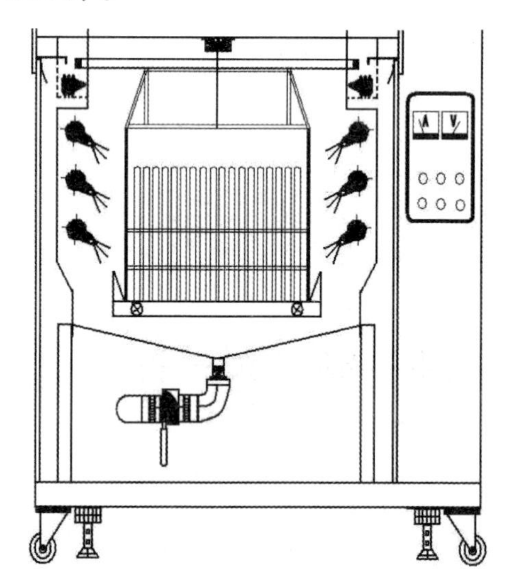

图 6-12　喷洗机示意图

根据以上清洗工艺，搭建清洗流程线如图 6-13 所示，根据不同的材质、不同的工件状况，选择不同的清洗工艺，但所有的清洗工艺都离不开上面陈述的 9 个工艺步骤。

图 6-13　手动清洗线

6.1.2.4 工件的装夹

工件的装夹是 PVD 涂层生产重要的一环，它决定装炉量的大小，决定涂层特别是复杂形状外形工件表面涂层的均匀性，多维旋转工件架是设备设计人员关注的重点。工件的装夹很多时候要靠经验，但是也有一些基本的规则可以遵循。以下对涂层工件装夹作基本的阐述。

膜厚是影响工具涂层耐磨性的一个重要参数，在同一腔体里对不同的工件来说，装夹方式不同，装夹位置不同，装炉量的不同，都会影响涂层膜厚范围，膜厚太薄涂层的耐磨性不足，膜厚太厚涂层的内应力增加，导致膜基附着力下降或涂层脱落失效。膜厚的精确控制和膜厚的均匀对于涂层品质至关重要。

在转盘上装有 1 个旋转测试片和 3 个固定测试片，分别正对、背对和侧对靶表面。表 6-1 显示了 4 个测试片的膜厚。最厚是最薄涂层厚度的 2 倍。

表 6-1　不同装卡方式下涂层的厚度

装夹方式	正面靶面	侧对靶面	反对靶面	旋转
膜厚 /μm	2.3	1.7	1.1	1.7

在腔体中不同位置分别放置试片，腔体内部高度为 800mm，图 6-14 显示了涂层厚度随高度变化曲线。

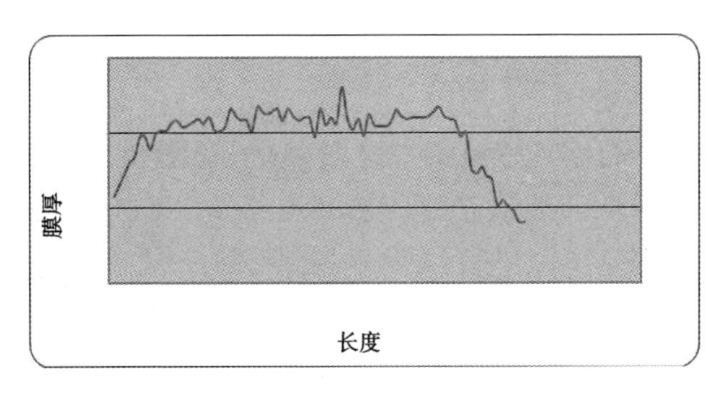

图 6–14 膜厚在高度方向上的分布

表 6–2 显示不同装炉量时，相同工艺条件下膜厚变化情况。

表 6–2 不同装载量下涂层的厚度

装载百分比 /%	膜厚平均值 /μm
20	5.5
40	4.9
60	3.8
80	3.7
100	3

鉴于以上问题，PVD 涂层转架，首先要有转动，其次根据不同的工件状况、涂层位置需求，采用不同的旋转方式，如一维转动、二维转动、三维转动。图 6–15 所示为三维旋转转架示意图。

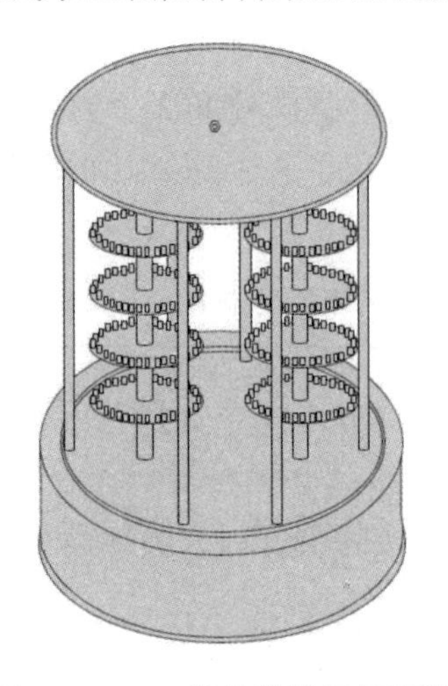

图 6–15 三维旋转转架示意图

6.1.2.5 涂层沉积

电弧离子镀具有离化率高、沉积速度快、膜基结合强度大、良好的工艺和质量稳定性等特点,成为工具镀行业的主要镀膜技术之一。尽管电弧离子镀拥有诸多其他涂层技术不可比的优点,但电弧离子镀技术也存在一些问题。首先是电弧离子镀的“大颗粒”污染问题。过多的大颗粒严重影响涂层的性能,随着技术的进步,人们采用过滤阴极弧技术大大改善了大颗粒问题,但涂层的沉积速率却明显下降。

第二个问题在于其沉积的温度。虽然与常规 CVD 方法相比,电弧离子镀技术的沉积温度有所下降,但仍需在 400~500℃范围内才能达到良好的涂层效果。传统的电弧离子镀技术是基于直流负偏压,在基体上外加一个直流偏压,利用直流电场对基底进行轰击,从而提高基体的温度。较高的基体温度会导致膜内应力的增加,且随膜厚的增加而逐渐增大,当膜厚较大时,由于内应力过大,会导致膜的破裂;当然,较高的沉积温度也会引起基材的回火或软化,从而降低材料的综合性能,不能达到良好的镀膜效果。

较高的基底温度与负偏压直接相关,简单的降低偏压又无法解决问题,降低偏压将伴随离子轰击作用的减小,无法实现改善涂层性能的目的。脉冲偏压引入电弧离子镀技术,可以利用高能粒子的轰击效应,同时又减小平均能量输入,降低沉积温度。

6.1.2.6 质量控制

PVD 涂层加工服务质量控制的内容主要包括外观检验、厚度检验、附着力检验、耐磨性检验、抗蚀性检验、模拟使用等方法。涂层技术成熟后,在生产时,只需要进行外观、厚度和附着力的检验即可。因为我们接触到的大部分产品都不能进行破坏性检验,所以我们每次镀膜时,都会对每批样品进行一次抽样。在进行厚度检验和附着力检验时,实际上都是对随批试样的检查。由于试样和产品在原材料、热处理状况、装夹位置等方面很难完全相同,因此检测结果与产品的真实值可能存在偏差。有时也会有较大的偏差,仅供参考之用。当然,在需要的情况下,也可以制作模拟件,来实现精确的测量。

（1）膜层厚度测试。PVD 涂层厚度测试，常用球痕法：用一个半径为 R 的钢球，研磨沉积了膜层的工件表面，获得球痕，其断口为一凹坑。根据公式可以计算出膜层的厚度。

$$s=\sqrt{R^2-\frac{d^2}{4}}-\sqrt{R^2-\frac{D^2}{4}}$$

当 $R>d$ 和 $R>D$ 时，

$$s=\frac{xy}{2R}$$

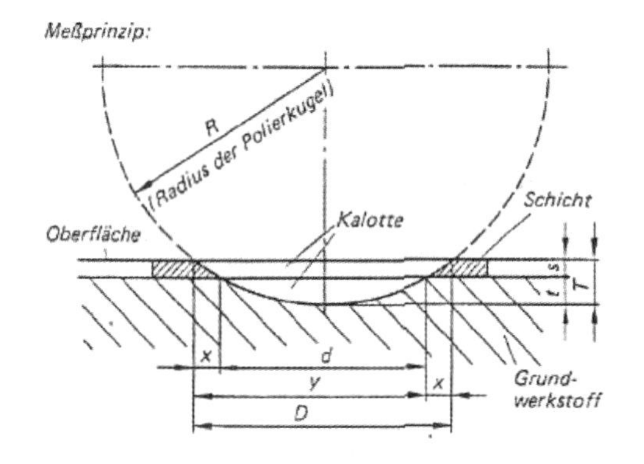

图 6-16　球痕法测试膜厚原理

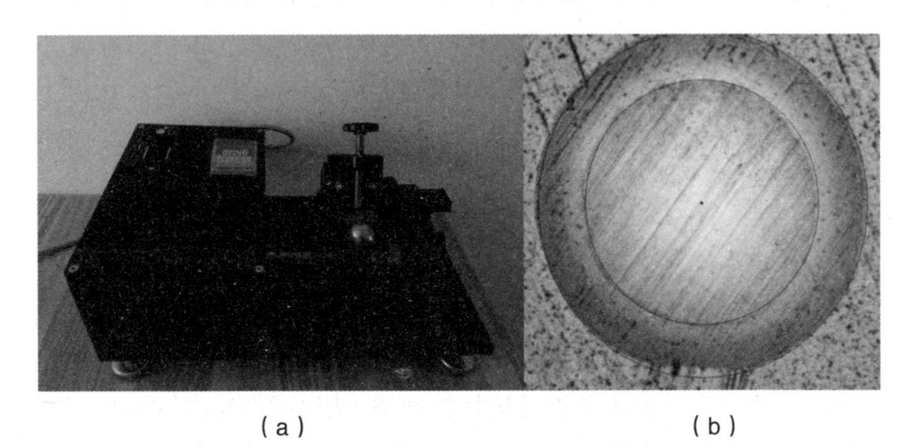

（a）　　（b）

图 6-17　球磨仪与球痕法制备样品放大图

（2）膜基结合力测试。结合强度是任何膜层发挥其性能的前提。PVD 沉积所获得的涂层是一种与工件（基片）完全不同的材料。所以附着力与薄膜材料的应用关系相当密切，膜与基片分离时所需的力和能量的强弱代表膜与基底附着力程度的高低。一般称膜基结合力或结合强度，也称附着力。图 6-18 所示为压痕法则测试膜基附着力原理图；图 6-19 所示为压痕法膜基附着力对比卡。

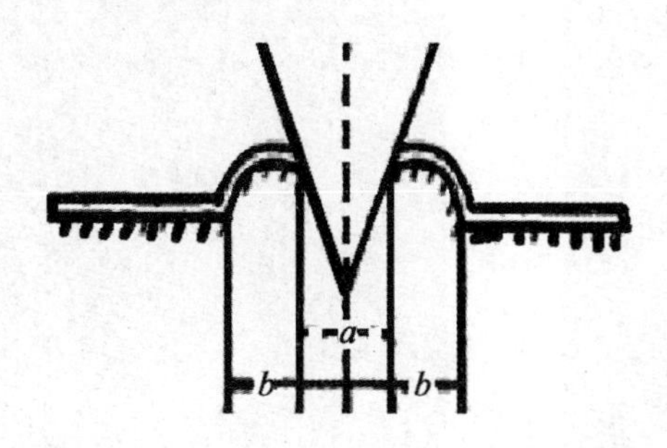

图 6-18　压痕法测试膜基附着力原理图

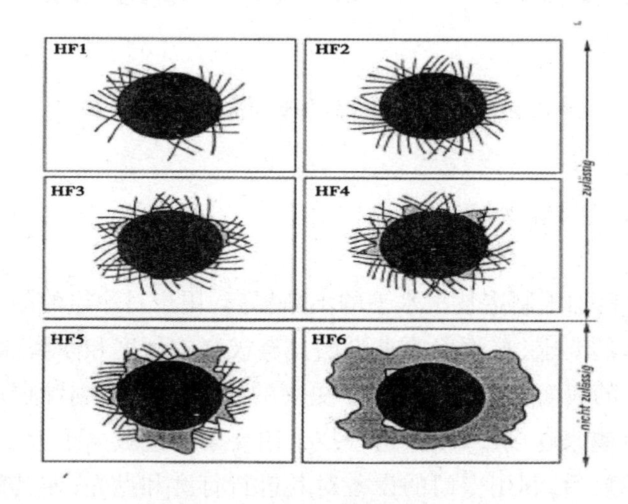

图 6-19　压痕法膜基附着力对比卡

工业生产中常用定性的压痕法评价膜基结合力。在垂直载荷压力下，压头压在膜面上，使基体发生形变，并形成表面张力。由于压头嵌入，基体受到挤压，在靠近压头的区域，基体会发生微凸，使膜呈拱形。超过某一临界值后，膜将产生裂纹，并最终脱落。当压头被移除后，塑性变形所产生的压痕仍保持不变。在显微镜下可以观察到脱落区域。常用 HF1~HF6 几个等级评价附着力。

(a)

(b)

图 6-20 洛氏硬度计与典型的洛式压痕放大图

6.1.2.7 涂层后处理

随着现代加工制造技术水平的不断提高,用户对涂层的品质和性能提出了更高的要求,这不仅要求涂层具有极高的硬度和耐磨性,而且对工具和工件的表面光洁度也提出了更高的要求。因而,对涂层后处理技术的研究也越来越多。当前,这一技术主要采用电弧离子镀工艺,将不同的刀具涂层后,利用专门的设备对其进行打磨和抛光,使其使用寿命比常规涂层刀具延长 20%~100%。

6.2 TiN、CrN 涂层、AlCrN、AlTiN 涂层

6.2.1CrN 和 CrAlN 涂层热稳定性、力学和摩擦学性能

自 20 世纪 80 年代以来,涂层技术的发展取得了显著成效,不仅延

长了金属刀具和零件的使用寿命,还降低了制造成本。其中氮化物涂层是应用最为广泛的一类,尤其在刀具和模具等对抗氧化性和热稳定性要求较高的工作条件下,它展现出优异的性能。CrN 涂层作为氮化物涂层的一种,具有硬度高及良好的热稳定性和耐磨性,在装备制造领域中广泛应用。随着加工需求的不断增加,在更高的温度条件下, CrN 涂层的硬度和热稳定性都会下降,这将大大缩短工件的使用寿命,因此 CrN 涂层并不能完全满足目前的加工条件。近年来许多研究表明,通过掺杂强化相元素制备复合涂层,可进一步提升 CrN 涂层的各项性能。

CrAlN 涂层是在 CrN 涂层中掺杂 Al 元素而成,具有比 CrN 涂层更高的硬度和抗氧化性,因此 CrAlN 涂层在高温防护涂层领域具有广阔的应用前景。Yu 等研究了基体负偏压对 CrAlN 涂层冲击性能的影响,结果表明,随着基体偏压的增加,晶粒尺寸越来越小,涂层具有更高的硬度和抗冲击循环性能。Lin 等研究发现, CrAlN 涂层的硬度和弹性模量随着涂层中 Al 含量的增加而增加,且 CrAlN 涂层的磨损率均低于 CrN 涂层的磨损率。目前的研究大多集中在沉积工艺参数和铝含量对 CrAlN 涂层力学和抗氧化性能的影响等方面,对于 CrN 和 CrAlN 涂层在大气和真空下的热稳定性研究尚少。这里采用中频反应磁控溅射技术制备 CrN 和 CrAlN 涂层,首先对 2 种涂层进行真空环境下的热脱附表征,在避免大气中元素影响的前提下,确定 2 种涂层中氮分解的温度,同时确定 2 种涂层在大气环境下进行热处理的温度范围,以此为基础,研究 CrN 和 CrAlN 涂层随温度增加时的微观组织演变对其热稳定性、力学及摩擦学性能的影响规律。

6.2.1.1 实验

(1)涂层的制备。采用 JGP-600 型反应磁控溅射系统分别在(100)取向的单晶硅片和 Inconel718 镍基合金钢上沉积 CrN 和 CrAlN 涂层,溅射电源为中频直流电源。在氩气(99.999%)和氮气(99.999%)混合等离子体气氛中溅射单靶 Cr(原子数分数为 99.9%)和单靶 CrAl(原子数分数为 99.9%)复合靶材,将 2 种靶材均平行于试样,并垂直于旋转台放置。在 CrAl 复合靶中, Cr 与 Al 的原子数分数比约为 2:1。将硅片和钢块分别用无水乙醇和丙酮超声清洗 15min 后放入真空室,样品到靶材的距离为 90mm。在沉积前，使用涡轮分子泵将真空室气压抽至 1.5MPa，然后在基板上施加 –500V 的偏置电压，并通入气流量为 40mL/min 的氩气对样品表面进行 20min 的等离子体蚀刻，以去除样品表面吸附的污染物。在沉积过程中，载物架以 9r/min 的转速绕中心轴旋转，同时将样品加热至 200℃。为了提高结合力，分别在 CrN 和 CrAlN 涂层下方沉积厚度约为 200nm 的 Cr 打底层。在沉积 CrN 和 CrAlN 涂层时，靶电流为 4A，衬底偏压为 –240V，通入 40mL/min 的氩气后调节真空室气压为 0.75Pa，最后通入 60mL/min 的氮气。CrN 和 CrAlN 涂层的沉积时间分别为 60min、50min，总沉积厚度约为 1.1μm。

（2）涂层的表征。分析 CrN 和 CrAlN 涂层在超高真空热脱附系统（TDS）中 N 的释放行为，并研究涂层的热稳定性。将 CrN 和 CrAlN 涂层置于真空度低于 0.01MPa 的石英管中，将其以 10℃ /min 的加热速率分别从室温加热至 1000℃，在开始对样品加热的同时用四极质谱仪（QMS）检测因 N 释放而产生的质谱信号。

当温度达到 1000℃后保温 30min，然后随炉冷却至室温。为了研究涂层在大气中的氧化行为，将 CrN 和 CrAlN 涂层在大气加热炉中以 10℃ /min 的加热速率分别升温至 600℃、700℃、800℃、900℃、1000℃，然后保温 1h，最后随炉冷却至室温。

采用以 CuKα 为辐射源，管电压和管电流分别为 45kV 和 40mA 的 X 射线衍射仪（XRD，Shimadzu，Japan）确定涂层的晶体结构，测量角度为 20°～80°。采用拉曼共焦光谱仪（Raman，LabRam HR Evolution）在频率 100~1000cm^{-1} 内进一步研究氧化前后涂层表面结构的变化情况。利用场发射扫描电子显微镜（FESEM，JSM–6701F，Japan）和原子力显微镜（AFM，Bruker Multi Mode8–HR，Germany）分析氧化前后涂层的表面、截面形貌和表面粗糙度。采用能量色散 X 射线能谱（EDS）分析氧化前后涂层成分的变化情况。利用纳米压痕仪（U9820A Nano Indentor G200）对涂层的显微硬度和弹性模量进行表征，并将最大压入深度设置为小于涂层总厚度的 10%，以减小基底对测量硬度的影响。采用球 – 盘旋转模式的高温摩擦磨损试验机（HT–1000 型）测定大气室温、600℃、800℃下涂层的摩擦因数，转速为 500r/min，对偶球为直径 6mm 的 Si_3N_4 陶瓷球，摩擦半径为 5mm，载荷为 2N，摩擦时间为 10min。采用光学显微镜（OLYMPUS）测定不同温度下磨损后涂层的磨痕形貌。

采用台阶仪(Alpha-StepD-300 型)测定不同温度下磨损后涂层的磨痕轮廓和磨损率,并利用能谱仪(EDS)测定涂层磨损后磨痕区元素的线分布。

6.2.1.2 结果与讨论

(1)涂层中 N 的分解释放行为。利用真空热脱附技术可以检测氮化物涂层中 N 的分解和释放温度,从而确定 2 种氮化物中更稳定的键合方式。通过真空热脱附系统中的 QMS,检测在真空退火过程中因涂层发生分解而产生的挥发性气体的相对原子或分子质量信号。CrN 和 CrAlN 涂层发生分解而释放的主要气体为 N_2,与 N_2 的检测相关的信号为 14(N 原子)和 28(N_2 分子)。由于质量数为 28 的信号可能来自样品暴露于空气中所吸附的 CO,所以采用质量数为 14 的信号来检测涂层中 N 的释放行为。

针对 CrN 和 CrAlN 涂层,分别在 1000℃真空退火过程中采用 QMS 检测到的质量数为 14 的热脱附谱图如图 6-21 所示。图 6-21 中的黑色曲线为未沉积涂层的单晶硅基底的热脱附谱,目的是在相同真空和温度条件下与沉积有 CrN 和 CrAlN 涂层的硅基底进行 N 释放信号的对比,用于说明 CrN 和 CrAlN 涂层的热脱附曲线在 7000~8000s 内出现的台阶来自硅基底,而非来自涂层中 N 发生的二次释放。图 6-21 中的蓝色曲线为温度随时间的变化曲线。由图 6-21 可知,CrN 涂层在退火温度低于 646℃时未出现 N 释放峰,说明 CrN 涂层在 646℃以下是稳定的;当温度高于 646℃时,N 的释放信号开始上升,表明温度高于 646℃时涂层开始发生分解;当温度达到 885℃时,N 的释放速率达到最大值,说明在该温度的热效应作用下大量的 Cr-N 键发生断裂,导致 N 迅速释放;当温度继续上升,N 的释放信号开始急剧下降,升温至 1000℃并保温 6min 左右时,CrN 涂层中的 N 完全释放。CrAlN 涂层在温度低于 722℃时未出现 N 释放峰,在温度高于 722℃时,N 释放信号开始上升,表明 CrAlN 涂层在温度高于 722℃时开始发生分解。由于设备的最高加热温度为 1000℃,当温度达到 1000℃后 CrAlN 涂层中 N 释放峰并未急剧下降,而是出现一小段平台,然后开始下降。表明在该温度的热效应作用下,并未使 CrAlN 涂层中大量的 Cr-N 和 Al-N 键发生断裂，1000℃并非是 CrAlN 涂层中 N 达到最大释放速率的极限温度，因此可以推测在 1000℃以上某温度，CrAlN 涂层中的 N 释放信号还将继续上升。当在 1000℃下保温 15min 后，CrAlN 涂层中的 N 完全释放。与 CrN 涂层中 N 的释放行为相比，Al 的掺入对 CrN 涂层中 N 的释放有着显著影响，CrAlN 涂层开始发生 N 释放的起始温度从 CrN 涂层的 646℃提高到 722℃，且释放的峰值温度由 885℃提高到 1000℃以上。与 CrN 涂层相比，CrAlN 涂层中的 Al 原子将占据 Cr 原子位，并形成 fce-CrAlN 结构，在高温作用下，fec-CrAlN 结构将分解生成 fcc-CrN 相和 hep-AlN 稳定相。当温度继续上升时，CrN 涂层在较高温度下的不稳定性会导致 N 的损失，从而形成亚稳态 hep-Cr_2N 相。相较于 CrN 涂层，Al 与 N 原子结合的键能高于 Cr 与 N 原子结合的键能，fcc-CrAlN 晶格中的 Al 与 N 原子结合将改善 CrN 涂层的热稳定性，并抑制氮的还原，从而提高涂层中 N 释放的起始温度和峰值温度。

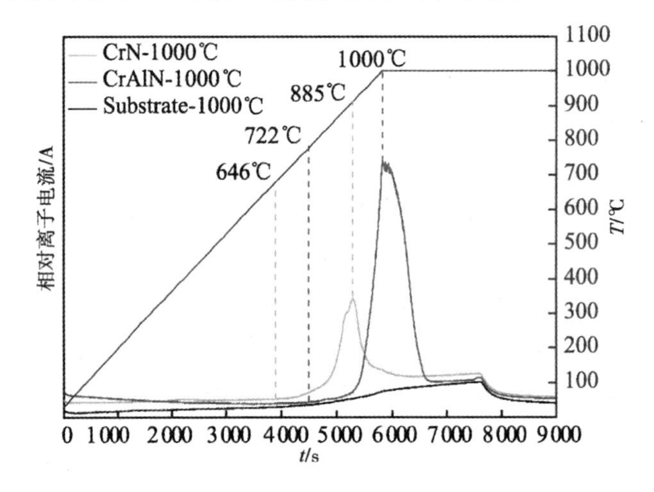

图 6-21 CrN 和 CrAlN 涂层在 1000℃真空退火后的热脱附谱

（2）涂层的结构变化。CrN 和 CrAlN 涂层分别在不同温度下加热并保温 1h 后的 XRD 谱图如图 6-22 所示。由图 6-22（a）可看到，CrN 涂层的沉积态为 fcc-CrN 相，（111）（200）（220）和（311）衍射峰分别位于 37.5°、43.7°、63.5°、76.2° 衍射角处（JCPDSNO.11-0065），并呈现（111）择优取向。当温度达到 600℃时，开始出现部分强度较低的氧化物峰，并在 42.6° 处检测到（111）取向的亚稳态 hep-Cr_2N 相（JCPDSNO.35-0803），且 CrN 涂层由沉积态的（111）择优转变为（200）

择优。在 700℃时，Cr_2O_3 相的峰强逐渐增大，此时涂层由 CrN 相、Cr_2O_3 相和小部分的 Cr_2N 相组成。在 800℃时，CrN 峰强逐渐降低，已检测不到 Cr_2N 相，并且大部分为窄而尖的 Cr_2O_3 峰，表明 Cr_2O_3 相的结晶度增加，涂层进一步被氧化。CrN 涂层在高温下发生氧化是由于 Cr 和 N 向涂层外部扩散而 O 向内扩散，使 Cr 原子与 O 原子结合，并形成 Cr_2O_3 层。在 900℃时，物相完全被 Cr_2O_3 相替代，表明在该温度下 CrN 涂层被完全氧化。由图 6-22（b）可知，CrAlN 涂层的沉积态为(200)择优取向的 fcc-CrN 结构。当温度从室温升至 800℃时，fcc-CrN 相分别在 40.2° 和 42.6° 处开始转变为(002)和(111)取向的 hcp-Cr_2N 相（JCPDSNO.35-0803）。在 800℃时未检测到氧化物峰，表明 CrAlN 涂层相对于 CrN 涂层，具有更高的抗氧化性。值得注意的是，经退火处理后，CrN 和 CrAlN 涂层中 CrN 峰的衍射角略微增大，这是涂层在沉积过程中因残余压应力的存在而在热效应作用下引起晶格收缩的结果。当温度继续升高时，Cr_2N 相的峰强逐渐增大，CrN 相的峰强逐渐减小，表明 CrN 相在热效应作用下转变为亚稳态 Cr_2N 相，CrN 向 Cr_2N 相转变是 CrN 晶格中因 Cr-N 键发生解离而形成 Cr_2N 相并释放出 N 的结果。在 900℃下开始检测到 Cr_2O_3 峰，并分别在 34.4° 和 66.1° 处出现 Al_2O_3 和 AlN 高温相，表明涂层开始被氧化。当温度升高到 1000℃时，Cr_2O_3 峰强继续增大，但涂层中仍然能检测到 CrN 和 Cr_2N 相，表明此时涂层还未被完全氧化。

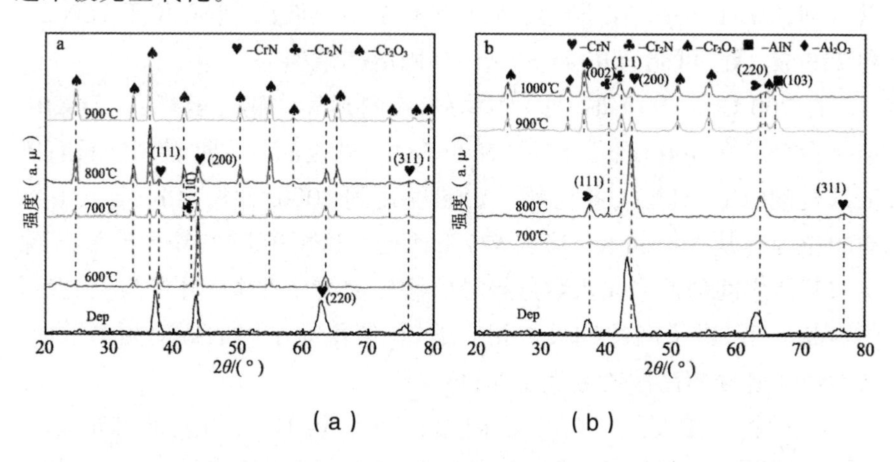

（a） （b）

图 6-22 CrN（a）和 CrAlN（b）涂层在不同温度下加热 1h 后的 XRD 谱图

为了进一步表征氧化前后涂层结构的变化，分别对 CrN 和 CrAlN 涂层进行了拉曼光谱分析。由图 6-23（a）可看到，CrN 涂层在沉积态和 500℃下加热后均未出现氧化物拉曼振动峰。当温度升至 600℃时，在 556cm^{-1} 处开始出现微弱的 Cr_2O_3 峰，表明涂层开始发生氧化。

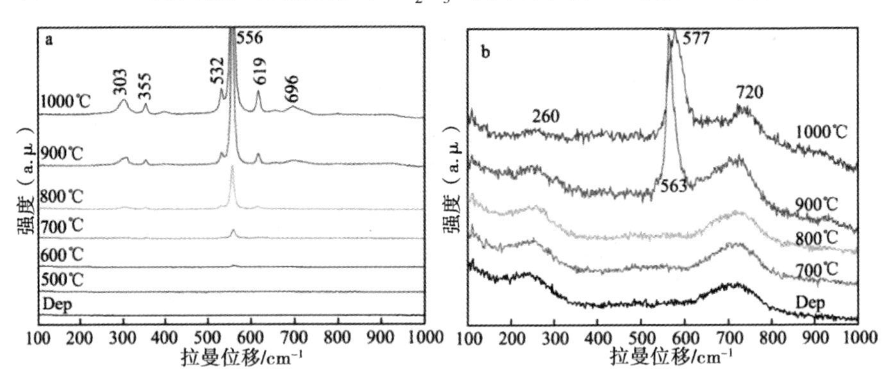

图 6-23　CrN（a）和 CrAlN（b）涂层加热 1h 后的拉曼谱图

在 700℃时，Cr_2O_3 峰的强度逐渐增大。在 800℃时，分别在 303cm^{-1}、355cm^{-1}、532cm^{-1}、619cm^{-1} 处开始出现 4 个微弱的 Cr_2O_3 峰，并且在 556cm^{-1} 处 Cr_2O_3 峰的强度进一步增大，CrN 涂层被进一步氧化。在 900℃时，在 696cm^{-1} 处出现新的微弱拉曼峰，这可能是更高价态的氧化物峰或氮氧化物峰。当温度达到 1000℃时，所有拉曼峰的强度均明显增大，表明 CrN 涂层的氧化程度加大，结晶性增强。由图 6-23（b）可以看到，CrAlN 涂层在不同温度下均有 2 个宽波段，中心位于 260cm^{-1} 和 720cm^{-1} 处，可能为 fcc-Cr（Al）N 固溶体结构。

在 700℃和 800℃时，涂层中均未检测到氧化物拉曼峰，这与 XRD 结果吻合。在 900℃下加热后，在 563cm^{-1} 处检测到强度较高的具有刚玉结构的 $(Cr, Al)_2O_3$ 拉曼峰。当温度达到 1000℃时，$(Cr, Al)_2O_3$ 结构的拉曼峰从 563cm^{-1} 上移至 577cm^{-1} 处。这可能是在高温下，由于涂层与基体之间的热膨胀系数差异导致涂层退火后产生了压缩应力，在压应力状态下，原子间的键长被相应缩短，使得原子间的振动频率增加，从而使拉曼峰向高波段发生了偏移。

CrN 涂层在大气环境中不同温度下加热 1h 后的表面和横截面 FESEM 图像如图 6-24 所示。在室温下，涂层表面的颗粒细小且分布较均匀，截面呈现致密且粗大的柱状晶。当温度达到 600℃时，涂层表面颗粒轻微长大,截面无明显氧化层。在700℃时,涂层表面明显被氧化,表面颗粒尺寸显著增大。这是由于在高温下晶粒发生聚结,且截面开始出现厚度约为90nm的薄氧化层。在800℃时,涂层进一步被氧化,其表面出现大量大小不均的氧化物块状结构,氧化物结晶度进一步增加,这与XRD谱图分析的氧化物晶体结构一致,截面氧化层的厚度增至281nm左右。在900℃时,涂层表面由块状结构转变为圆形氧化物大颗粒,并出现了大量的疏松多孔结构,氧化层厚度约为1.62μm,柱状晶消失。结合XRD分析可知,涂层完全被氧化。

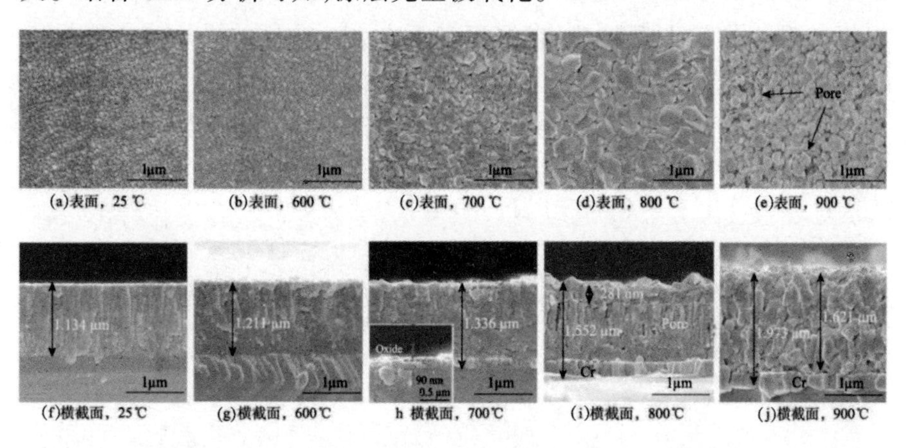

图6-24　CrN涂层加热1h后表面的FESEM图像

CrAlN涂层在大气环境中不同温度下加热1h后的表面和横截面FESEM图像如图6-25所示。观察不同温度下加热后的截面图可知,随着温度的升高,涂层的厚度不断增大。在室温下,涂层表面的细小颗粒紧密堆积,内部结构更加密实,其截面柱状晶相较于CrN涂层明显细化。这是由于在沉积过程中半径较小的Al原子通过替换CrN晶格中的Cr原子,形成了CrAlN固溶体结构,使得涂层的晶格收缩,从而起到了细化晶粒的作用。当温度升高到700℃时,涂层表面晶粒长大,截面无明显变化。在800℃时,涂层表面晶粒进一步长大,截面仍为致密柱状晶结构,未发现氧化分层现象。在900℃时,涂层表面开始氧化,晶粒尺寸显著增大,且晶粒聚结后开始出现细微间隙,表面形貌由颗粒状转变为针状和块状结构,截面不再呈柱状晶结构,出现了厚度约为0.70μm的致密氧化层。通过XRD谱图可以看到,此时氧化层由Al_2O_3和Cr_2O_3相组成。有研究表明,CrAlN涂层在高温氧化过程中形成了由Al_2O_3和

Cr_2O_3混合而成的氧化物层，具有比单晶Cr_2O_3层更致密的结构，该致密的氧化物层在高温下能够作为有效的扩散阻挡层，减缓O原子进一步向涂层内部的扩散侵蚀，从而提高CrAlN涂层的抗氧化性。在1000℃时，涂层表面氧化物的颗粒尺寸进一步增大，并由针状结构向块状结构转变，氧化程度加深，细小空隙数量增加，截面氧化层厚度增至0.93μm左右。为了进一步分析涂层加热后表面形态的变化情况，采用AFM测量了不同温度下加热后CrN和CrAlN涂层的表面粗糙度，结果如图6-26、图6-27所示。由AFM数据可知，2种涂层的表面粗糙度随着温度的升高均呈上升趋势，在沉积态下CrAlN涂层的平均表面粗糙度（3.93nm）小于CrN涂层的表面粗糙度（4.22nm），这归因于CrAlN涂层的晶粒尺寸较小，且CrAlN涂层在700℃下的表面粗糙度（4.67nm）仍然小于CrN涂层在600℃下的表面粗糙度（5.25nm）。

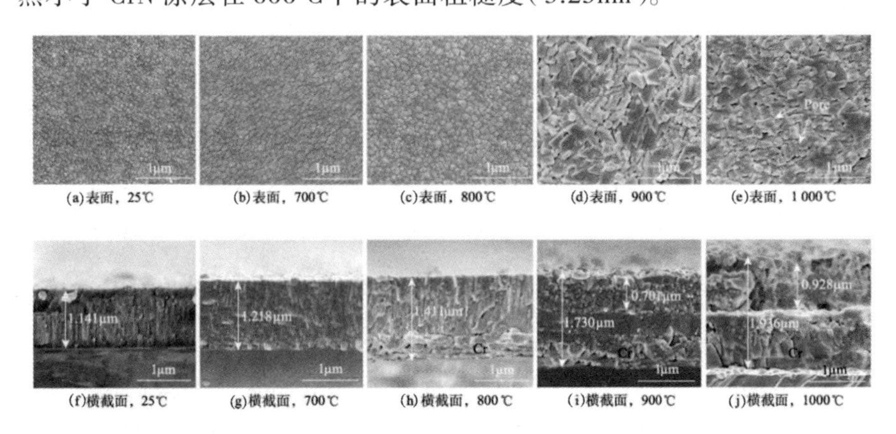

图6-25 CrAlN涂层加热1h后表面的FESEM图像

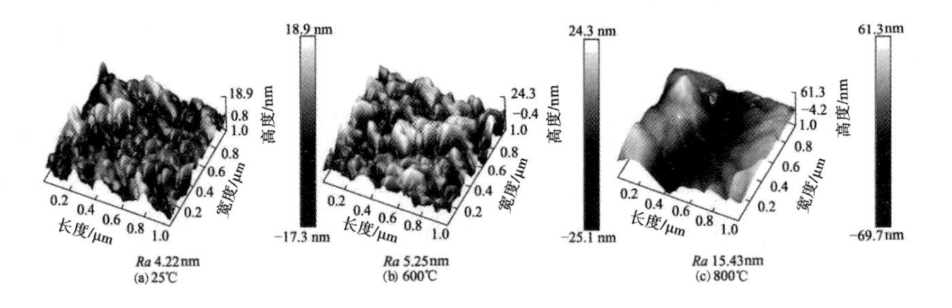

图6-26 CrN涂层加热1h后表面的三维AFM图像

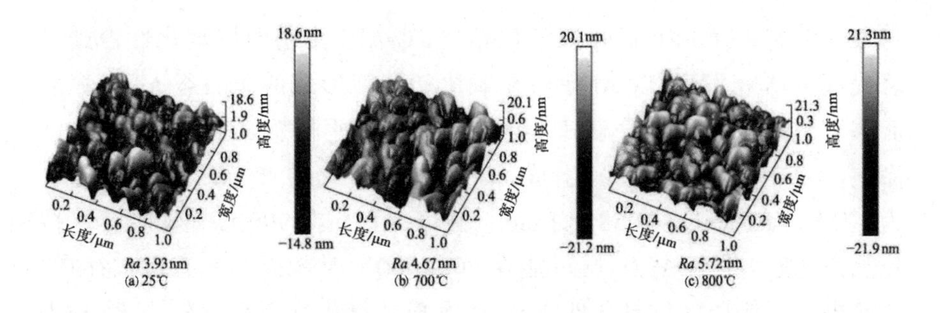

图 6-27 CrAlN 涂层加热 1h 后表面的三维 AFM 图像

当温度升高到 800℃时，CrN 涂层的表面粗糙度（15.43nm）相较于 600℃时增大了约 3 倍，而 CrAlN 涂层在该温度下的表面粗糙度为 5.72nm，其表面仍然保持光滑。由 XRD、Raman 和 FESEM 可知，在 800℃下 CrN 涂层的氧化现象较严重，且表面出现了尺寸较大的氧化物块状结构，而 CrAlN 涂层在该温度下并未发生明显的氧化现象，表面颗粒相对较小且整体较光洁。

（3）涂层成分变化。为了了解涂层加热后各元素含量的变化情况，分别对不同温度下加热 1h 后的 CrN 和 CrAlN 涂层表面进行了 EDS 分析。由图 6-28（a）可知，CrN 涂层在加热温度低于 600℃时，随着温度的升高，涂层中 N 的含量略微下降，且 O 的原子数分数从 0 增至 7.43%，表明此时涂层开始发生轻微氧化。当温度从 600℃升至 700℃时，O 的原子数分数从 7.43% 增至 21.5%，同时 N 的原子数分数从 34.53% 降至 22.69%。通过 FESEM 和 XRD 可知，涂层表面因晶粒发生聚结，形成了薄氧化层。由 TDS 可知，涂层中的 N 在 646℃时开始发生分解和释放。当温度从 700℃升至 800℃时，O 的原子数分数从 21.5% 急剧升至 43.14%，N 的原子数分数从 22.69% 急剧下降至 6.49%，表明涂层被进一步氧化，且涂层中的 N 在高温作用下大量释放。由 XRD 和 FESEM 可知，此时氧化物颗粒进一步长大，涂层表面及截面开始出现间隙和疏松结构，涂层的致密性降低。当温度从 800℃升至 900℃时，O 的原子数分数从 43.14% 增至 55.81%，N 的原子数分数从 6.49% 降至 0，表明此时涂层完全氧化，且 N 完全释放。由图 6-28（b）可知，CrAlN 涂层在室温至 800℃区间内，O 的原子数分数从 0 增至 3.97%，N 的原子数分数从 38.5% 降至 35.63%。由 XRD 和 FESEM 可知，在该温度区间内，CrAlN 涂层晶粒仅因温度的升高而长大，并未发生明显氧化现象，与 CrN 涂层在 600℃就开始氧化相比，CrAlN 涂层的抗氧化性得到显著提高。研究发现，含 Al 涂层在氧化初期就形成的非晶态 Al_2O_3 表层能够有效抑制涂层的分解和氧化的进行。对于开始发生氧化的 CrAlN 涂层，Al_2O_3 比 Cr_2O_3 更易生成，因为两者形成的吉布斯自由能分别为 -1582.4kJ/mol、-1058.1kJ/mol。由于 Al_2O_3 在 900℃前就能够保持非晶态，故可推断 Al_2O_3 层可能在 700~800℃时就以非晶态形式存在，从而提高了涂层的抗氧化性能，但因生成的氧化物为非晶态，导致 XRD 和 Raman 在该温度下检测不到该氧化物峰。当温度达到 900℃时，O 的原子数分数从 800℃时的 3.97% 急剧增至 36.97%，N 的原子数分数从 35.63% 快速降至 5.66%。根据 XRD 和 Raman 分析可知，此时伴有亚稳态的 Cr_2N 相和结晶态的 Al_2O_3 和 Cr_2O_3 相的生成，表明在该温度下涂层被迅速分解和氧化。

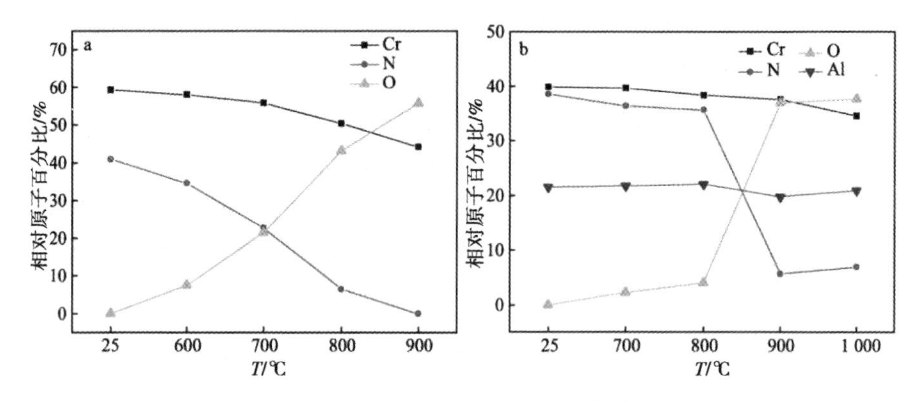

图 6-28　CrN（a）和 CrAlN（b）涂层在加热 1h 后元素含量的变化

根据 FESEM 可知，在高温作用下由于氧化物的形成，涂层体积会发生膨胀，导致涂层内部产生压应力，这种压应力会使涂层表层出现间隙，从而为 O 原子向涂层内部扩散提供快捷路径。在 1000℃下加热后，涂层中 O 的原子数分数达到 37.61%，但仍能检测到原子数分数为 6.92% 的 N，涂层未被完全氧化，且 N 含量相较于 900℃时略微上升。这可能是因为在该温度下生成的由 Al_2O_3 和 Cr_2O_3 混合而成的致密氧化物层阻挡了部分 N 的释放。

综合分析上述 2 种涂层加热后的结构、形貌、成分可知，随着温度的升高，2 种涂层的氧化层厚度和表面粗糙度均不断增加。其中，CrN 涂层在 600℃开始发生氧化，且生成了 Cr_2O_3 相；在 900℃时涂层完全氧化，氧化层厚度达到1.621μm。在温度低于800℃时，CrAlN涂层的氧化现象不明显，这是因为氧化初期在表层形成的非晶Al_2O_3相能够抑制涂层的进一步分解和氧化，从而提高了CrAlN涂层的抗氧化性。

在900℃时，CrAlN涂层开始出现明显氧化，生成了结晶态的Cr_2O_3和Al_2O_3相，由Cr_2O_3和Al_2O_3相混合而成的致密氧化层能够减缓O原子进一步向涂层内部扩散。在1000℃时，CrAlN涂层进一步氧化，氧化层厚度为0.928μm。为了进一步分析2种涂层在不同温度下各项性能的变化情况，分别研究了CrN和CrAlN涂层的力学性能和摩擦学性能。

（4）涂层力学性能变化。通过纳米压痕法测试了CrN和CrAlN涂层加热后的硬度和弹性模量，如图6-29所示。由图6-29（a）可知，当温度由室温（RT）升至900℃时，CrN涂层的硬度从22.86GPa降至6.75GPa，且在700~800℃温度区间内涂层硬度下降得最显著。根据XRD、EDS和FESEM可知，在该温度区间内涂层发生了明显的氧化和分解，形成了疏松的氧化物层，导致涂层的硬度下降。

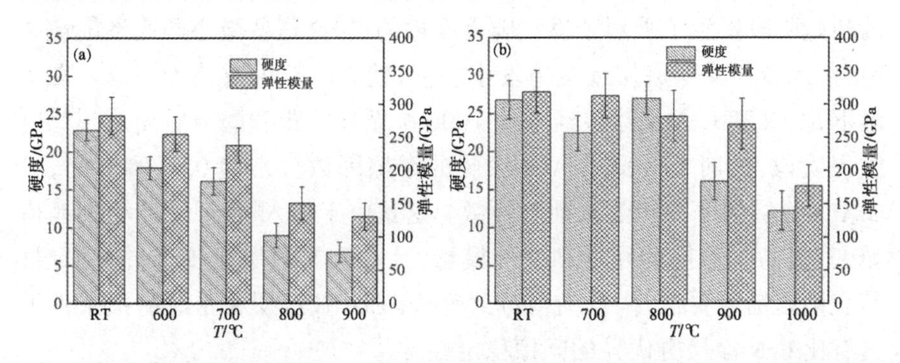

图6-29 CrN（a）和CrAlN（b）涂层加热1h后的硬度和弹性模量

也有研究发现，在退火后由于空位和位错等缺陷的减少也会使涂层的硬度下降。由图6-29可知，CrN和CrAlN涂层在室温下的硬度分别为22.86GPa、26.84GPa，CrAlN涂层的硬度高于CrN。这是由于Al原子替换CrN晶格中的Cr原子后产生了内应力，或是Al具有细化晶粒的作用，使得晶界增加，导致硬度升高。由图6-29（b）可知，当温度升至700℃时，CrAlN涂层的硬度降至22.43GPa，但在800℃下加热后其硬度又升至26.35GPa，这可能是由于该温度下非晶态Al_2O_3的形成延缓了涂层的氧化。在900℃和1000℃下加热后，CrAlN涂层的硬度分别降至16.1GPa、12.25GPa。

有研究发现，涂层的硬度与沉积过程中产生的压应力成正比。根据FESEM、XRD和EDS分析可知，此时涂层硬度的下降归因于在900℃和1000℃下发生的显著氧化和分解，降低了涂层的密度，并释放了涂层中的压应力，削弱了涂层对压头压入的阻力。值得注意的是，随着温度的升高，CrN和CrAlN涂层的弹性模量均呈下降趋势。这可能是由于Cr–N键在高温下发生了断裂，N从晶格中逃逸出来。由于CrAlN涂层中键能较高的Al–N键抑制了N的还原，使得CrAlN涂层在温度低于900℃时其弹性模量呈缓慢下降的趋势。

（5）涂层的摩擦学行为。在大气环境中不同温度下，CrN和CrAlN涂层磨损10min后的摩擦因数如图6–30所示。由图6–30可知，2种涂层的摩擦因数随着温度的升高均呈明显下降趋势，且涂层的磨损过程分为摩擦因数快速增加的跑合磨损阶段和摩擦因数保持相对平稳的稳定磨损阶段。在跑合磨损阶段，摩擦因数急剧上升。这可能是由于对偶球或者涂层表面存在粗糙度不一致的少量微小凸起或杂质，在摩擦副接触的初始阶段发生了强烈摩擦。随着摩擦的进行，这些微小凸起逐渐被磨掉，对偶球与真实涂层或基体发生磨损，使得摩擦因数趋于平稳。在室温下，CrN和CrAlN涂层经大约1000次循环的跑和磨损后均达到稳定磨损阶段，此时CrN和CrAlN涂层的摩擦因数分别为0.92和0.85，且CrAlN涂层的摩擦因数波动更轻微。这是由于加入Al原子产生的晶格畸变，提高了涂层的硬度和弹性模量，且CrAlN涂层相较于CrN涂层，其表面粗糙度更低，微观结构得到改善，CrAlN涂层在常温磨损条件下具有比CrN涂层更优异的摩擦稳定性。

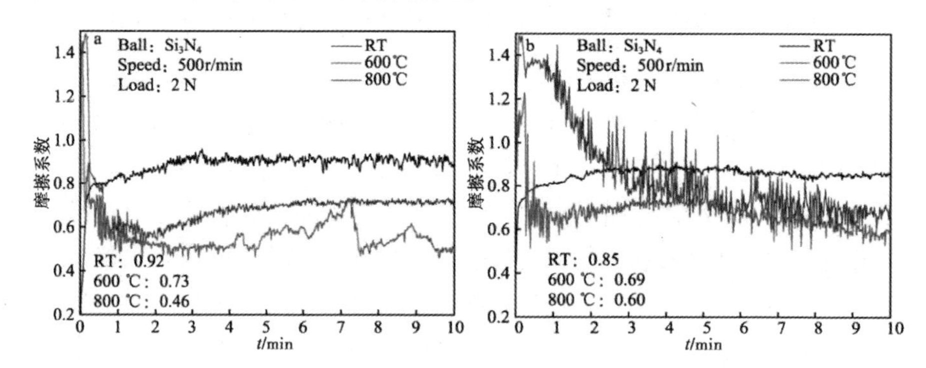

图6–30 CrN（a）和CrAlN（b）涂层在大气环境中不同温度下磨损10min后的摩擦因数曲线

由图 6–30（a）可知，当温度达到 600℃时，CrN 涂层在该温度下开始发生氧化，生成了少量剪切力较低的 Cr_2O_3 层，使得涂层在经过跑和磨损阶段后其摩擦因数下降，并稳定在 0.73 左右。在 800℃时，CrN 涂层的摩擦因数显著降低，这是由于涂层发生了明显的氧化，生成了大量硬度低且具有减摩作用的 Cr_2O_3 摩擦膜。在稳定磨损阶段的 2500~4500 次循环内，涂层的摩擦因数曲线出现 2 个波动幅度较大的高峰。这可能是由于在摩擦期间，从涂层上磨损下来的发生氧化且粗糙度较大的磨屑颗粒未能顺利排出。随着摩擦的进行，微观摩擦运动方式从滑动摩擦变为以滑动摩擦为主和部分含有较软的氧化物磨屑颗粒的滚动摩擦，从而导致摩擦因数出现明显波动。由图 6–30（b）可知，当温度从室温升高到 600℃时，CrAlN 涂层的摩擦因数降至 0.69，且波动幅度较大，这是由对偶球与涂层上转移的球材料发生了反复和轻微的黏滑行为所致，这可通过下面的磨痕 EDS 分析证实。

在 800℃下，涂层摩擦因数的波动幅度减小，且稳定在 0.62 左右。这主要是由于在该温度下摩擦区域形成了 Al_2O_3 层，且此时涂层的表面粗糙度保持在较低水平，降低了对偶球与涂层上转移球之间的黏附力，使得摩擦因数趋于稳定。

在大气环境中不同温度下，CrN 涂层磨损 10min 后的磨痕形貌、对偶球磨斑形貌和磨痕二维轮廓图如图 6–31 所示。在室温下，涂层磨痕平整光滑，磨损深度在 0.06μm 左右，在磨痕中部发现少量较浅的犁沟和细微划伤，磨痕边缘存在不同程度的磨屑堆积，磨斑直径为 428μm。由图 6–32 可知，此时涂层磨损率为 $1.87\times10^{-7}mm^2/(N\cdot m)$，磨损较轻微。当温度达到 600℃时，涂层的磨损深度和磨斑直径分别增至 1.2μm 和 543μm，且磨痕两侧的磨屑堆积厚度增加。由于在该温度下涂层磨损较为严重，涂层的磨损率达到 $2.71\times10^{-6}mm^2/(N\cdot m)$，涂层表面在对偶球垂直载荷作用下发生了破裂和塑性变形，磨屑不断被压实，且在磨痕表面聚集，并黏着在磨痕表面，形成了薄界面层。在摩擦副的相对滑动中这种薄界面层的黏着部位会被剪切，然后再黏着，出现黏着—剪切—再黏着—再剪切的循环过程，使得涂层表面出现宽而深的磨痕。

这表明该温度下磨损机制以黏着磨损为主。当温度升至 800℃时，在磨损轨迹上可以发现大量因磨粒磨损产生的犁沟和小部分的磨屑黏着，与 600℃时的磨痕区域相比，其磨损宽度明显减小，磨损深度降至

0.6μm，磨损率降至 $3.23\times10^{-7}mm^2/(N\cdot m)$。由图 6–31（a）可知，此时涂层发生了明显氧化，生成了大量结构疏松和硬度较低的 Cr_2O_3 摩擦膜，使得磨斑直径降至 450μm，表明在该温度下涂层的磨损机制逐渐由黏着磨损为主转变为磨粒磨损、黏着磨损和氧化磨损的混合磨损。

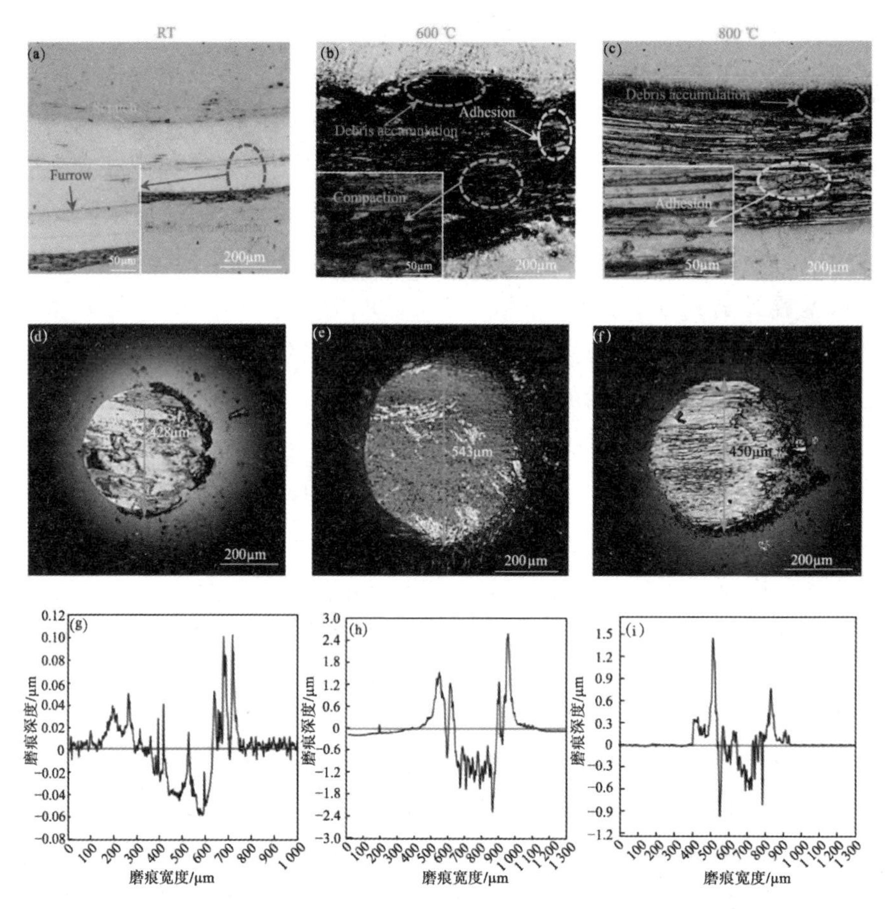

图 6–31　CrN 涂层在大气环境中不同温度下磨损 10min 后磨痕形貌 [（a~（c）]、对偶球磨斑形貌 [（d）~（f）] 和磨痕区二维轮廓图 [（g）~（i）]

在大气环境中不同温度下，CrAlN 涂层磨损 10min 后的磨痕形貌、对偶球磨斑形貌和磨痕二维轮廓图如图 6–33 所示。在室温下，CrAlN 涂层的磨痕宽度和磨损深度相较于 CrN 涂层略有增加，其磨斑直径为 458μm。

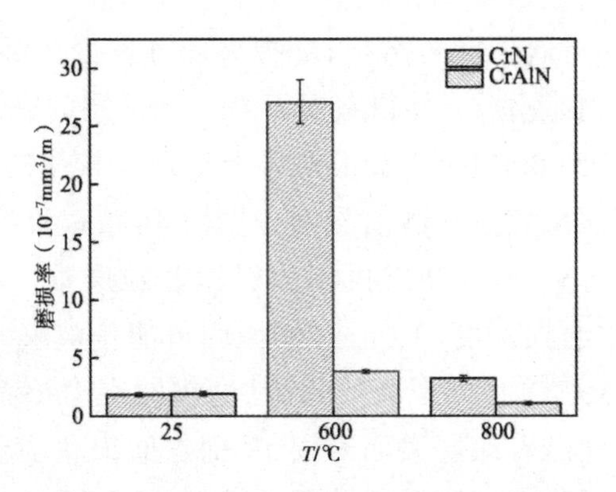

图 6-32 CrN 和 CrAlN 涂层在大气环境中不同温度下磨损 10min 后的磨损率

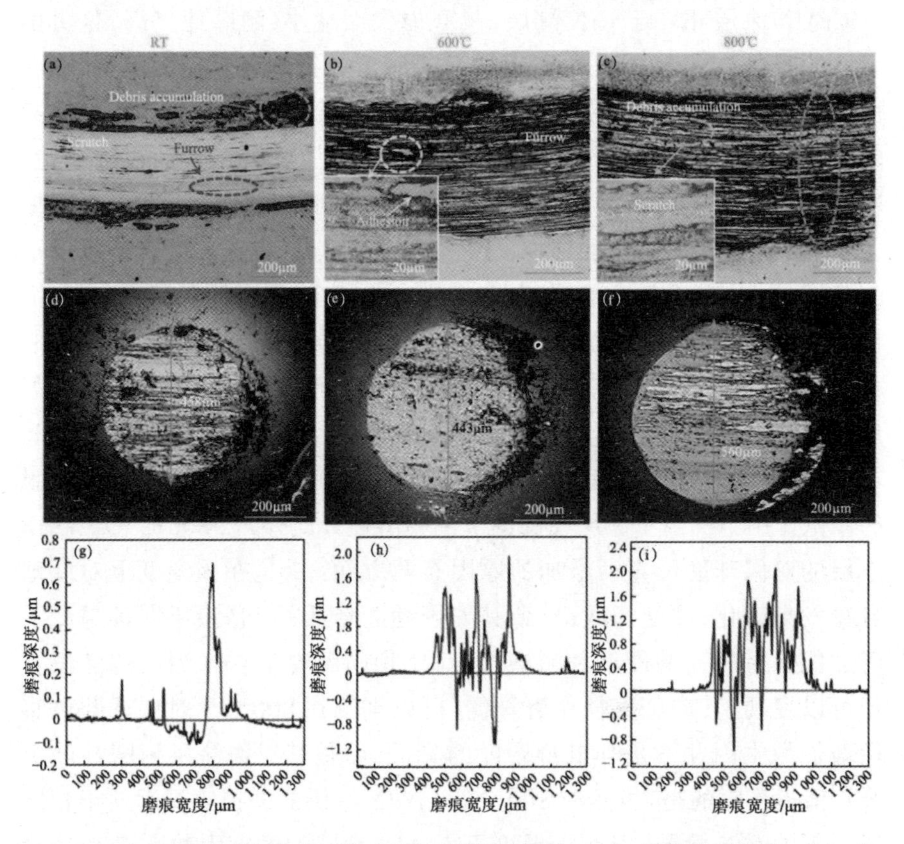

图 6-33 CrAlN 涂层在大气环境中不同温度下磨损 10min 后磨痕形貌[(a)~(c)]、对偶球磨斑形貌[(d)~(f)]和磨痕区二维轮廓图[(g)~(i)]

由图 6-32 可知，此时涂层的磨损率为 $1.93\times10^{-7}mm^2/(N\cdot m)$，略高于 CrN 涂层。在室温下，涂层和对偶球均能维持较高的硬度，磨损形式表现为涂层和对偶球同时磨损，磨损大部分发生在对偶球上，对偶球上的材料充当了细微磨粒，使得室温下 CrAlN 涂层的磨损率略高于 CrN 涂层。当温度达到 600℃时，磨损轨迹上出现了较浅的犁沟，并伴有少量的磨屑黏着，磨斑直径和磨痕深度分别为 443μm 和 0.2μm，磨损率为 $3.83\times10^{-7}mm^2/(N\cdot m)$，磨损机制为轻微磨粒磨损。该温度下，磨痕轨迹上出现最大磨损深度（1.0μm）的原因可能是被束缚在对偶球下少量磨屑和碎片未被顺利排至磨痕边缘，磨损时在摩擦副接触区域形成了微小凹凸体，并沿着涂层表面磨损，从而在磨损轨迹上形成凹槽。由二维轮廓图可发现，磨痕中间区域开始高于未摩擦表面，表明在该温度下 CrAlN 涂层相较于 CrN 涂层，其磨损大大减小，耐磨性提高，这可由下面的磨痕 EDS 分析进一步证实。在 800℃时，磨斑直径增至 560μm，由于对偶球磨损较多，在摩擦轨迹上仅出现对偶球脱落物作为磨粒引起的轻微划伤。对偶球上的磨损脱落物较均匀地分布在摩擦轨迹上，且磨痕轮廓发生了显著改变，磨损边缘和中间区域整体显著高于未摩擦区域，涂层的磨损率降至 $1.09\times10^{-7}mm^2/(N\cdot m)$。这表明在该温度下 CrAlN 涂层相较于 CrN 涂层，其磨损进一步减小，耐磨性明显提高，磨损机理为氧化磨损。这一方面是由于 CrAlN 涂层在氧化初期就能形成非晶 Al_2O_3 相，提高了涂层在 700℃、800℃下的硬度。另一方面，在高温环境下磨损时涂层发生了显著氧化，生成了更为致密且连续的 Cr_2O_3 和 Al_2O_3 混合保护性摩擦膜，降低了磨损率，在高硬度和混合保护性摩擦膜的双重作用下提高了涂层在高温下的耐磨性。此外，在 800℃下，CrAlN 涂层的对偶球磨斑直径增加的原因有两方面：一是在该温度下对偶球自身发生软化，硬度降低，导致其耐磨性能降低；二是涂层在该温度下仍然能保持较高的硬度和耐磨性，对比相同温度下 CrN 涂层的磨斑直径可以发现，其磨斑直径显著降低，可以推测在 800℃下对偶球磨斑直径增加的主因并不是其自身硬度的降低，而是其对磨涂层耐磨性的上升。值得注意的是，虽然在 800℃下 CrAlN 涂层的磨损体积远低于相同温度下的 CrN 涂层，但在该温度下 CrAlN 涂层的摩擦因数高于 CrN 涂层。这是因为高温下 CrAlN 涂层上的 Al_2O_3 层主要作为氧化阻挡层，相对来说涂层上的 Cr_2O_3 等氧化物软质相较少，导致高温下 CrAlN 涂层的摩擦因数高于 CrN 涂层。将涂层置于环境温度下摩擦，其摩擦区域会产生大量摩擦热，摩擦区域的温度比环境温度高数百摄氏度，使得 Cr_2O_3

和 Al_2O_3 混合摩擦膜更易形成。

在大气环境中不同温度下，CrN 涂层磨损 10min 后的磨痕形貌及元素线分布如图 6-34 所示。在室温下，CrN 涂层磨痕较平整，EDS 显示涂层磨损区域与未磨损区域的元素含量变化幅度不明显，表明涂层磨损较少。当温度升至 600℃时，在磨痕区域检测到分布不均的 Cr、O 和 Fe 元素，且与未磨损区元素含量的水平差值较大，表明涂层发生了较为严重的磨损。在 800℃时，磨损区域中涂层的 Cr 和 O 元素相较于 600℃时分布更多、更均匀，相较于未磨损区元素含量的水平差值减小。结合 XRD 和 Raman 分析可知，此时生成了较多硬度较低的 Cr_2O_3 相，涂层发生了明显氧化，生成了 Cr_2O_3 摩擦膜，对偶球直径减小，从而降低了磨痕宽度。

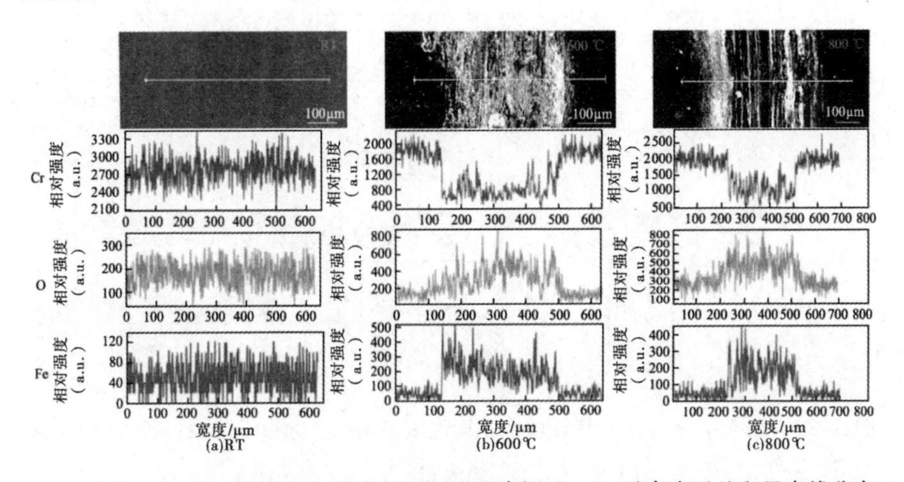

图 6-34 CrN 涂层在大气环境中不同温度下磨损 10min 后磨痕形貌和元素线分布

在大气环境中不同温度下，CrAlN 涂层磨损 10min 后的磨痕形貌和元素线分布如图 6-35 所示。由二维轮廓和 EDS 线扫结果可知，元素含量变化不大，表明在室温（RT）下涂层仅发生了轻微磨损。当温度达到 600℃时，在磨损区域检测到对偶球中的 Si 元素，且磨痕中的 O、Cr 和 Al 元素含量的变化幅度相较于未磨损区呈现一定程度的水平差值，表明球和磨痕都发生了一定程度的磨损和氧化。检测到对偶球中的 Si 元素，说明被磨损下来的球材料在高温下以磨屑的形式黏附在磨痕上，且磨痕区在高温下生成了一定量的致密 Cr_2O_3 和 Al_2O_3 混合层，与 600℃下 CrN 涂层的磨痕相比，CrAlN 涂层磨损区域暴露出的基底 Fe 元素较少,耐磨性得到提高。当温度升至 800℃时,在磨损区域检测到涂层中的 Al 和 Cr 元素和对偶球中的 Si 元素分布更多,且更均匀,在涂层磨损区域中 Cr 和 Al 元素的含量与未磨损区元素的含量的水平差值减小,但 O 含量的变化幅度上升,表明涂层在环境温度和摩擦热的共同作用下,其氧化程度加深,产生了更多的 Cr_2O_3 和 Al_2O_3 相。这种致密的双相混合层使得涂层磨损进一步减小,磨损主要发生在对偶球上。对偶球的磨损进一步增大,导致磨痕宽度增加,但涂层的完整性较好。

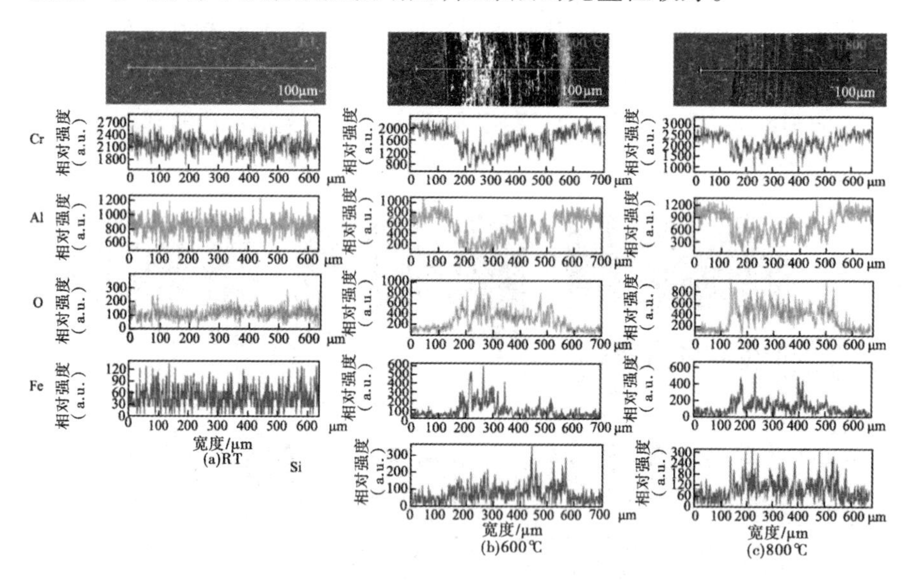

图 6-35 CrAlN 涂层在大气环境中不同温度下磨损 10min 后的磨痕形貌和元素线分布

6.2.2 TiN 涂层加工高速钢类产品

电弧离子镀入射粒子能量高,在高能量的离子轰击下,可使膜的致密度高,强度和耐久性好。特别是膜层和基体界面原子扩散,使膜具有良好的结合性能,并在薄膜表面形成具有特定厚度的高硬度过渡层。涂层自身的高硬度,使得涂层与过渡层共同构成一个耐磨、耐冲的稳定强化区,从而大幅提升了冲模的抗磨与抗冲击能力。在冲孔冲头上进行多弧离子镀 TiN 涂层后,冲孔冲头的使用寿命是原来的 5 倍以上,同时也大大降低了冲压模具的生产成本。冲模冲头常选用高速钢材质,易生锈,在机加工后,涂层前都会涂防锈油做防锈处理。

6.2.2.1 来料检验

来料检验主要是客户信息的记录,点检数量,有无缺损等基本来料信息,对涂层有无特别要求等。图 6-36 所示为来料冲头。

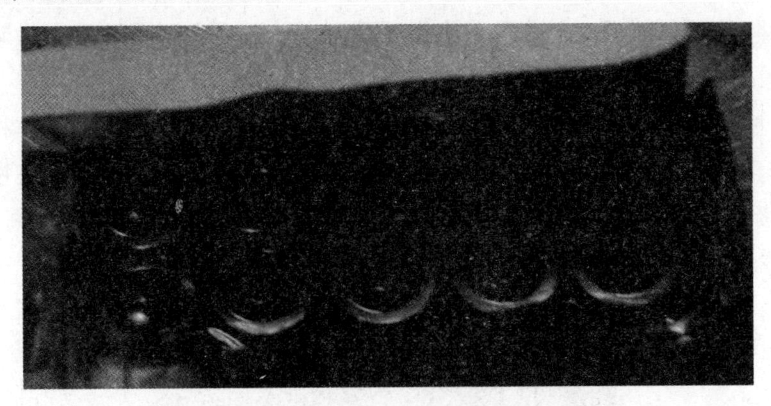

图 6-36 来料冲头

6.2.2.2 除油

因冲头来料表面有大量防锈油,所以在吹砂之前要做除油处理,以免油污污染喷砂机。图 6-37 所示为冲头超声波除油。

图 6-37 冲头超声波除油

除油溶液采用一般的除油清洗剂即可，可以添加防锈剂，也可以不添加防锈剂，在随后的生产过程中有喷砂、抛光等工艺，所以少量的锈斑会在后续过程中处理掉。

6.2.2.3 喷砂

除油后的冲头，在烘干箱中做干燥处理，之后拿到喷砂机中做喷砂处理。

冲头喷砂工艺：喷砂压力 3~4bar，喷枪到工件距离 3~4cm，喷枪在工件表面移动速度，2~10cm/s，喷扫速度根据来料表面状况做快慢调整，来料比较干净，速度就稍快一些，来料表面较脏，速度就慢一些。图 6-38 所示为冲头喷砂。

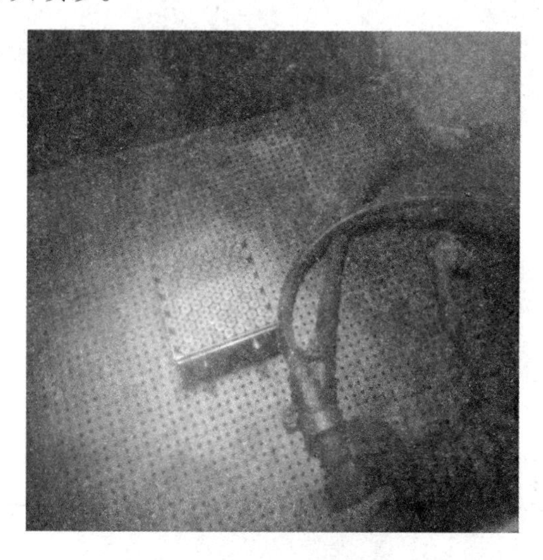

图 6-38 冲头喷砂

6.2.2.4 抛光

工件表面越光滑，涂层附着力越好，工件涂层后性能越优越。对于一般需要抛光工件，抛光要求表面粗糙度达到 R_a0.2 以下。

为了提高涂层工作效率，可把冲头整齐排列在一个小框架内，在抛光机上整体抛光。这样既可实现冲头抛光，又提高了抛光效率，同时免去了购买自动抛光机的投入。图 6-39 所示为冲头抛光。

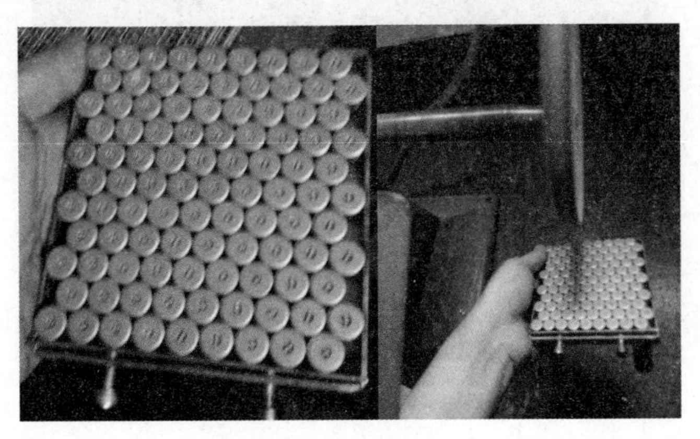

图 6-39 冲头抛光

6.2.2.5 清洗

清洗对涂层品质同样至关重要，清洗一般分为 9 个步骤：喷淋除油，超声除油、除盐，清水漂洗，超声除顽固残留，清水漂洗，清水超声，防锈水漂洗，压力空气吹干，110℃烘干。图 6-40 所示为砂喷洗；图 6-41 所示为冲头气枪吹水；图 6-42 所示为烘箱烘干。

图 6-40 冲头喷洗

图 6-41 冲头气枪吹水

图 6-42 烘箱烘干

对于抛光类产品，在抛光过程中会用到抛光蜡，在进清洗线进行清洗之前，要根据实际工况，增加除蜡清洗。

6.2.2.6 装夹、涂层

冲头尺寸较短，以 F12~16mm 居多，长度为 16~25mm。工作面是顶部，如图 6-43 所示，因此采用斜插式装夹。

图 6-43 冲头照片

离子源辅助电弧离子镀涂层 TiN 工艺流程如下：

（1）抽真空依次开机械泵、罗茨泵、分子泵。

（2）加热当真空抽到 7×10^{-3}~8×10^{-3}Pa，开启加热和转架，加热是为了消除附着在试样架、炉壁等地方的空气、水汽等，开启转架是为了保证炉内加热温度均匀。

（3）辉光清洗当真空度再次达到 10^{-3}Pa 级别，开始离子源进行辉光清洗。辉光处理是指利用离化的 Ar 和 H_2 混合离子轰击工件表面，清洗工件在清洗过程中未洗去的杂质和加热导致的氧化物杂质等。

（4）离子轰击辉光结束后，开始进行金属离子轰击刻蚀。轰击处理的作用是将 Ti 离子在高偏压作用下轰击工件表面，进一步清洁工件表面，获得更为优越的结合力。

（5）TiN 涂层的涂覆轰击结束后，开启所有 Ti 靶，在工件表面涂覆 TiN 涂层。

6.2.2.7 出炉

涂层沉积工艺结束后，关掉加热器、气体流量计，并继续对真空腔体抽真空，直到温度降到 150℃以下，可开炉门，取出工件。图 6-44 与图 6-45 所示分别为待涂层冲头与涂层处理后冲头。

图 6-44　待涂层冲头

图 6-45　涂层处理后冲头

6.2.2.8 后处理

根据出炉后的冲头情况，可做喷砂、抛光后处理，提高表面光洁度。

6.2.2.9 品质检测

使用洛氏硬度计检测工件表面涂层附着力，采用球磨仪测量工件表面涂层厚度，附着力和厚度的测量都是采用破坏式测量模式，所以待测部位选用非主要功能区做测试点，或者采用试片间接测量工件涂层厚度、附着力基本数据。

6.2.3 AlTiN/AlCrN 纳米复合涂层加工硬质合金刀具

涂层刀具是电弧离子镀的成功应用之一，涂层刀具最常用的涂层由最初的 TiN，发展到今天为 AlTiN 基，AlCrN 基等纳米复合涂层。Al 元素加入涂层可以有效提高涂层的抗氧化温度，AlTiN/AlCrN 纳米复合涂层刀具比没有涂层的刀具硬度提高 2 ~ 3 倍，耐磨性提高，抗氧化温度增强。AlTiN/AlCrN 纳米复合涂层的刀具使用寿命可以提高 3 ~ 5 倍。

6.2.3.1 来料检验

客户信息记录，点检数量等基本来料信息，此外在体式显微镜下检查来料刀具刃口其有无损伤、残留油脂等，如有异常与客户做及时沟通。图 6-46 所示为端齿有缺失的铣刀。

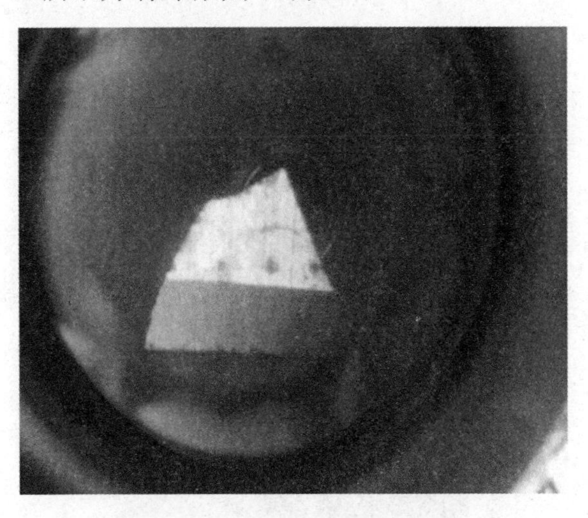

图 6-46 端齿有缺失的铣刀

如图 6-47 所示，为一支四刃平底铣刀一个角，楞部有缺口，有一个角缺失。此种情况下，一般需要和客户做沟通，涂层效果会有折扣。

图 6-47　来料待涂层铣刀

6.2.3.2 清洗

硬质合金刀具一般不容易生锈，不做喷砂处理，同时基材比较硬，喷砂容易造成刀刃部损伤(部分硬质合金刀片还是采取喷砂处理)。硬质合金立铣刀清洗工艺，清洗一般分为 12 个步骤：喷淋除油，纯净水漂洗，除焦斑剂漂洗，清水漂洗，超声清洗，清水漂洗，超声清洗，纯水漂洗，超声清洗，防锈水漂洗，压力空气吹干，110℃烘干。图 6-48 所示为清洗后刀具。

图 6-48　清洗后刀具

6.2.3.3 装夹

立铣刀装夹规则：

（1）尺寸一致的立铣刀，如图6-49所示。一层一层，放在有效镀膜区域Lm内，层与层之间距离L4不小于刀具直径的1.5倍，同时不小于30mm，最底层刀具，刀刃L5要在最下面一个靶材之上。最上层刀具上方要加盖板，防止落灰，刀具端部涂层出现未涂层斑点，同时刀具端部到盖板距离L3不小于L4。同时L1、L2、L3、L6要大于一定尺寸，尺寸根据不同炉体有所不同。

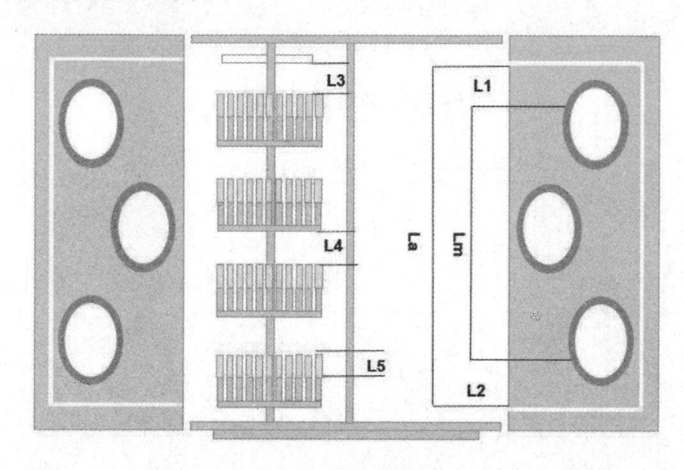

图6-49 刀具装夹示意图

（2）尺寸不一的混装情况，如图6-50所示，尺寸较小刀具一般装在顶部或底部，顶部刀具需加盖板，刀具端部到盖板距离L7要小于L4，F16以上刀具L4在40mm以上，直径小于F6的刀具L7在20mm。这样才能保证小尺寸刀具表面涂层不至于过厚，同时在混装情况下，加热时间要以大尺寸刀具为准，轰击时间以小尺寸刀具为准。

如图6-51所示，严禁吊装工件，顶层工件上面无盖板。这样会使吊装工件过热，降低基材强度，损害刀具使用寿命，影响刀具涂层均匀性。严禁L7大于L4。

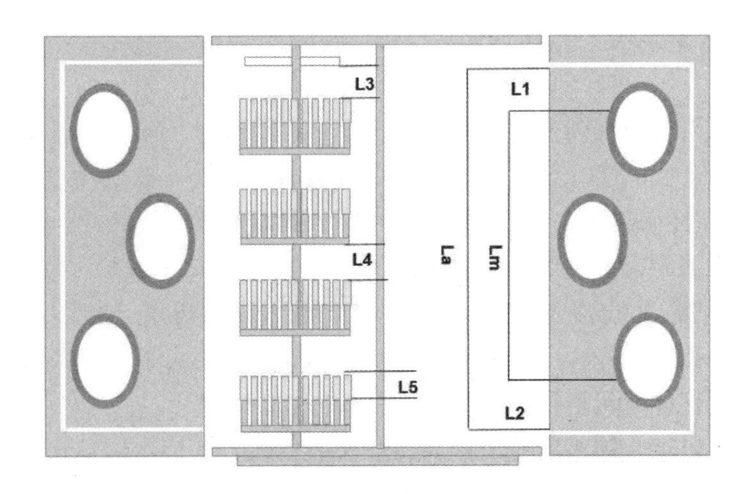

图 6-50　刀具混装示意图

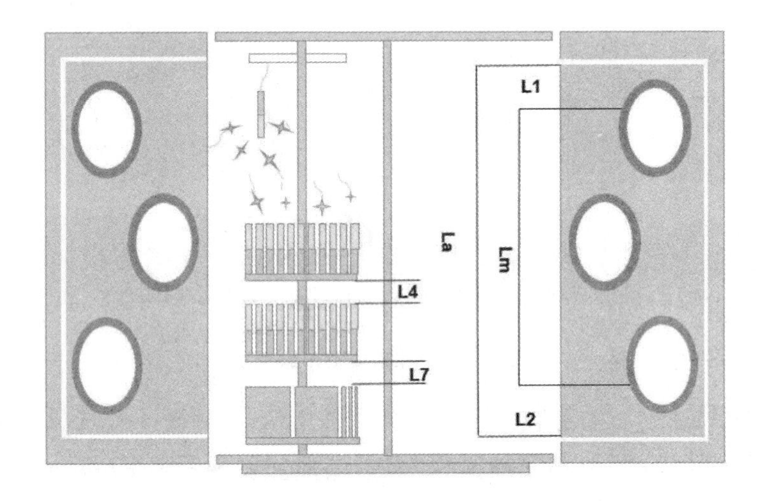

图 6-51　刀具吊装示意图

6.2.3.4 涂层

涂层工艺：

（1）抽真空：依次开启机械泵，罗茨泵，分子泵对真空腔体进行抽真空。

（2）加热：当真空抽到 5×10^{-3}Pa，开启加热和转架。

（3）辉光清洗：待真空再次达到 5×10^{-3}Pa，向真空腔体通入氩气和氩气混合气体，开启离子源对工件进行辉光处，去除工件表面杂质。

（4）离子刻蚀辉：光结束后，开启金属靶材 Cr，在高偏压下对工件进行金属离子刻蚀，进一步清洁刀具表面，保证在后续的镀层中涂层与基体的结合力。

（5）过渡层沉积：离子刻蚀结束后，工件表面依次沉积 CrN、CrN/AlTiN 过渡层。过渡层可有效提高膜基结合力。

（6）AlTiN/AlCrN 涂层沉积：在过渡层表面涂覆纳米复合涂层 AlTiN/AlCrN。

6.2.3.5 出炉

待温度降低到 150℃以下时，取出涂层刀具。

6.2.3.6 品质检测

使用洛氏硬度计，球磨仪检测随工件进炉试片。检测膜层厚度、膜基附着力基本数据。

6.3　纳米晶非晶复合涂层 TiSiN、TiBN

6.3.1 硅烷环境中 TiSiN 纳米复合涂层的制备

6.3.1.1 TiSiN 纳米复合涂层的研究历史

1995 年，德国的 S.Veprek 等人在 Appl.Phys.Lett.66(20)上发表文章，称首次发现了一种新型的超硬的材料 TiSiN，其维氏硬度为 5000kg/mm，弹模量达到 500GPa，在空气中的抗氧化性大于 1000℃。这种材料是由纳米 TiN 颗粒分布于非晶 Si_3N_4 之中形成一种新型的纳米复合结构。

在他们的实验中，TiN 晶粒大约小于 4nm，非晶 Si_3N_4 的厚度小于 1nm。S.Veprek 等采用的制备方法是等离子体增强的化学气相沉积。他们的研究结果迅速引起了广大研究者的关注，在随后的时间里，TiSiN 纳米复合材料迅速成为研究的热点。

1998 年，瑞士的 M.Diserens 等首次采用物理气相沉积（反应非平衡磁控溅射）制备了这种新型的薄膜材料，获得了类似的 nc-TiN/a-Si_3N_4 的结构。不过，TiN 的纳米颗粒尺度约为 20nm，并且观察到随着 Si 的加入，TiN 的结晶取向发生了变化，由（111）取向的柱状晶结构逐渐转变为无规取向的小颗粒结构。不过他们的实验中获得的最大硬度只有 HV3500 左右，低于 S.Veprek 等的实验值。

2002 年，台湾的 Dong-HauKuo 采用低压化学气相沉积制备了 TiN、TiC-N 和 TiSiN 等系列样品。用 $TiCl_4$、C_2H_2 或 $SiCl_4$ 和 NH_3 作为反应物，发现 C_2H_2 没有改变 TiN 的结构，而 Si 的加入改变了 TiN 的结构，形成了纳米 TiN 和非晶 Si_3N_4，并且在高 Si 含量时发现了 $TiN_{0.3}$ 相。他们认为这是 Ti-N 和 Si-N 竞争的结果。

S.Veprek 等发现 TiN 晶间的 SiN_x 物质对整个材料的硬度起着至关重要的作用。日本的 M.Nose 用射频磁控溅射制备了 TiSiN。与大多数报道的结论不同。他们的样品在 Si 含量为 5at.% 时，涂层硬度达到最大 42GPa，但涂层仍是 TiN 柱状晶结构，晶粒尺寸大于 23nm。到 Si 含量为 20at.% 时，才形成纳米晶 - 非晶结构。Hisashi 等则发现硬度随 Si 含量增加而先增加后减小，硬度与晶粒度大小的关系类似于 Hall - Petch 关系。他们认为增硬机制是小晶粒尺寸效应以及非晶相的存在阻止了位错的移动。A.Flink 等用弧离子蒸发合金靶方法得到（Ti, Si）N。涂层为针状柱状晶结构，没有发现非晶 a-Si_3N_4 相，最大硬度（44.7 ± 1.9）GPa，他们认为致硬机制是固溶体增强和缺陷密度增加。

国内很多学者对 TiSiN 也进行了实验研究。西安交大的 DayanMa 等采用脉冲直流等离子体增强 CVD 方法在 13at.%Si 时获得 57GPa 的硬度。清华大学的 C.HZhang 采用闭合场非平衡磁控溅射法制备 TiSiN 并系统讨论了其结构，机械性能和抗氧化性。在 Si 含量为 8.6at.% 时，获得最高硬度 47.1GPa。

澳大利亚的 A.Bendavid 等采用结合弧离子镀和 CVD 方法，得到 nc-TiN/α-TiSix 结构的涂层，并发现 Si 含量影响 TiN 晶粒度的大小，随 Si 含量的增加,TiN 晶粒从 33nm 减小到 4nm。当 Si 含量为 5at.% 时,涂层硬度最大为 41GPa。

随着 TiSiN 材料研究工作的不断深入,不同研究小组获得了差异很大的实验结果,包括最高硬度时硅的含量,纳米晶中 TiN 相的取向,界面 SiN_x 相的取向和分布,界面杂质含量等。这同时也反映出对 TiSiN 涂层力学性能和微结构之间关系的研究还不够深入。

6.3.1.2 TiSiN 涂层研究方案

该方案在硅片基体材料上制备 TiSiN 纳米复合涂层,系统研究沉积过程中硅烷流量的变化对涂层成分、结构和性能的影响。采用透射电子显微镜、扫描电子显微镜、原子力显微镜、X- 射线衍射仪、表面形貌、显微硬度计、摩擦磨损仪等对涂层微结构和性能进行测试,并研究制备工艺参数、微结构以及性能之间的相互关系,优化制备工艺,为工业应用提供依据。

实验方案如下:

(1)纳米晶涂层的制备。在硅片基体材料上生长 TiSiN 纳米复合涂层。Ti 从矩形电弧靶产生, Si 从硅烷气体产生, Si 含量可以通过硅烷流量自由调节。系统研究沉积过程中硅烷流量对涂层成分、结构和缺陷的影响。优化涂层制备工艺条件,制备高硬度、高耐磨以及耐高温的 TiSiN 纳米复合涂层。

(2)纳米晶涂层的表征。用 X 射线光电子能谱(XPS)和 X 射线能量散射谱(EDX)测定涂层成分,用 X 射线衍射(XRD)、电子衍射测定涂层的结构、界面和应力;用扫描电镜(SEM)观测涂层的表面和截面形貌,分析涂层与基体的界面结合强度;用透射电镜(TEM)观测涂层的微结构。

(3)纳米晶涂层力学性能研究。用显微硬度计测量涂层的表面硬度。通过测量不同工艺条件下 TiSiN 纳米复合涂层的力学性能,和表征的成分、结构信息相联系,重点测量在最优制备条件下生长的纳米晶涂层的硬度和纳米颗粒尺寸之间的关系。

6.3.1.3 涂层制备系统与工艺

（1）实验设备。采用多弧离子镀技术在硅片和硬质合金衬底上沉积 TiSiN 涂层。多弧离子镀系统主要由真空镀膜室、靶系统、电源系统、加热系统、真空系统、气路系统、电控系统等组成。

图 6-52 所示的是真空镀膜室的结构简图。真空室尺寸为 700×1000mm，四周有 4 个空间位置均匀分布的 Ti 靶。真空室设有抽真空口，真空室侧面有门，以方便工件的装卸。真空室内设有圆形电弧靶和独立工件架，圆形电弧靶在真空炉壁上均匀分布，由大功率逆变电源供电，工件架位于圆形电弧靶之间。衬底放在旋转工件架上，工件架可以实现公自转。这样的布局可将真空室内产生的等离子体布满整个真空室，提高了等离子体的密度及分布均匀性。

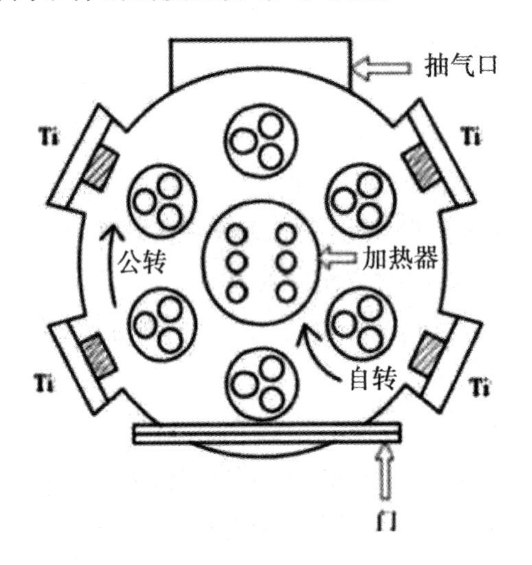

图 6-52 多弧离子镀设备结构示意图

TiSiN 涂层复合膜的制备过程中，Ti 从矩形电弧靶上产生，Si 则从 SiH_4 气体中获得。本实验中使用的硅烷气体为硅烷和氮气的混合气体，其中 SiH_4 含量为 10%。这种设计的优点在于大功率电弧靶使真空室中具有很高密度等离子体，涂层具有较好的均匀性和高硬度。通过调整不同的硅烷通入量可方便地调整涂层中硅的含量，制备不同硅含量的 TiSiN 涂层。

（2）涂层制备工艺流程。实验所用的基材有不锈钢、Si 片和硬质合金。制备的步骤如下，制备过程的各参数见表 6-3。

表 6-3 多弧离子镀制备 TiSiN 纳米复合涂层的典型工艺参数

Ar 流量 /sccm	120
SiH_4 流量 /sccm	30，80，180，300，400，680
N_2 流量 /sccm	280，240，80，3000
工作气压 /Pa	0.7，0.7，0.7，0.7，2.5，5
Ti 靶电流 /A	80
偏压 /V	150
旋转频率 /Hz	15
沉积温度 /℃	~300
沉积时间 /min	60

6.3.1.4 TiSiN 纳米复合涂层微结构和性能分析

（1）TiSiN 纳米复合涂层的 XRD 分析。图 6-53（a）所示的是在不同硅烷流量下硬质合金衬底样品的 X 射线衍射图谱，可以看出，由于硬质合金基底本身含有 TiC、WC、Ni 基化合物等成分，这些成分有很强的衍射峰，因此所得的图谱中衍射峰较多，利用 Origin 软件扣背底，可使衍射图中只有涂层的衍射峰，如图 6-53（b）所示。

通过 ASTM 标准图谱（JCPDF38-1420）卡片，并结合衍射图 6-53（b）分析，所有涂层中只有 TiN 晶体的衍射峰，其择优取向平面有（111）（200）（220）和（311）四个方向，衍射角度分别位于 36.4°、42.2°、61.8°、73.9° 左右，从图中可以看出，涂层中 TiN（111）晶面取向占主导地位，而（200）（220）（311）晶面取向很弱，在有些涂层中（200）晶面的择优取向甚至消失，这表明涂层主要沿着（111）晶面生长，与 Ma 等人的研究结果一致。但在 Chang 等人的研究中，TiSiN 纳米复合涂层中 TiN（200）晶面为晶体生长的主要方向，（111）晶向的衍射峰很弱，也并伴有 TiN（220）和（311）取向，而在纯 TiN 涂层中，（111）晶面为主要的择优取向，因此他们认为由于硅元素的加入形成了非晶体，从而改变了 TiN 晶体的生长方向。关于 TiN 晶体的生长机制，目前没有统一的定论，但可以肯定的是 Si 元素的加入对 TiN 晶体的生长产生了很大的影响。

通过分析得知，涂层制备过程中硅烷流量的变化对 TiN 晶体有着一定的影响，在较低的硅烷流量下，TiN（111）择优取向明显，为柱状晶生长，硅烷流量增加到 400sccm 时，（200）取向逐渐明显，晶粒增大。随着硅烷流量的增大，TiN 晶体（111）晶面的衍射峰逐渐减弱，并朝小角度方向偏移，当硅烷流量从 30sccm 增加到 680sccm 时，衍射峰角度从 36.41° 降低到了 36.06°，据分析，衍射峰向低角度方向的偏移可能与涂层表面的残余应力状况有关。Hisashi 等人认为偏压的增加会使 TiN（111）择优取向朝低角度方向偏移，因为偏压影响了沉积过程中离子的运动，从而影响了不同离子之间的结合力。在 Zhang 等人的研究中，硅含量的变化并没有造成衍射峰的偏移。

可见，衍射峰的偏移与诸多因素有关，包括偏压、气压、气体流量、靶电流、材料表面状况等。从图示衍射峰强度的变化可以看出，随着硅烷流量的增大，晶体的结晶度变差，这与涂层中 Si 含量增加有关，Si 的存在阻碍了 TiN 晶粒的长大。

从图 6-53（b）可以看出，衍射谱中只有 TiN 衍射峰的存在，而并没有发现 TiSi 相或是其他硅化合相，说明 TiSiN 涂层中只存在 TiN 晶体，Si 是以非晶体的形式存在。

采用 Scherrer 公式计算 TiN 晶体的粒径大小，如下：

$$D=\frac{K\lambda}{\beta\cos\theta}$$

式中，K 为 Scherrer 常数，其值为 0.89；D 为晶粒尺寸，nm；β 为积分半高宽度，在计算的过程中，需转化为弧度，rad；θ 为衍射角；λ 为 X 射线波长，Cu 为 0.154056nm。

计算结果显示，当硅烷流量小于 300sccm 时，晶粒大小约为 15nm，然而硅烷流量为 400sccm 和 680sccm 时，达到了 35nm，晶粒明显变大。其变化规律如图 6-54 所示。结合图 6-53（b）分析发现，衍射峰越宽，晶粒越细小。

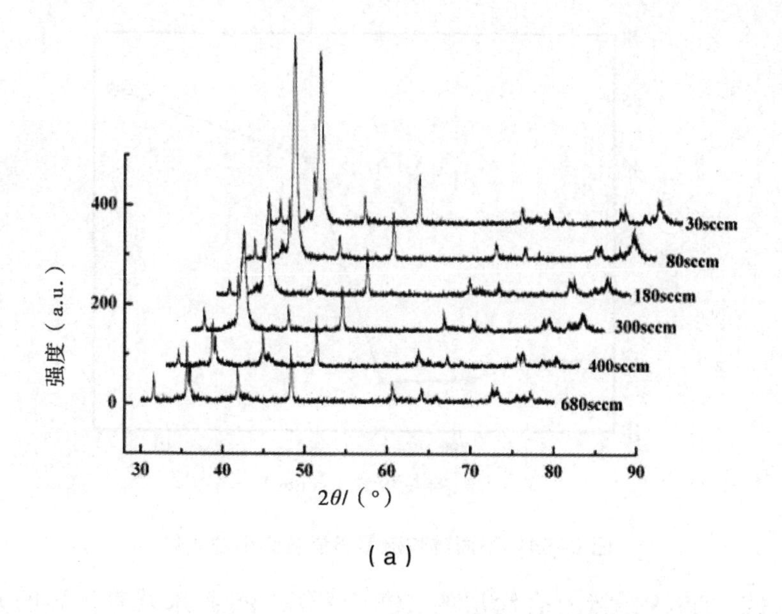

（a）

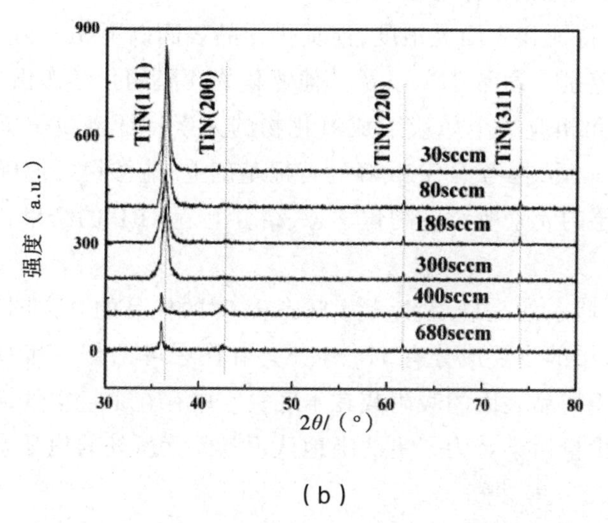

（b）

图 6-53 不同硅烷流量下的硬质合金衬底样品的 X 射线衍射谱

（a）原谱图；（b）扣背底图

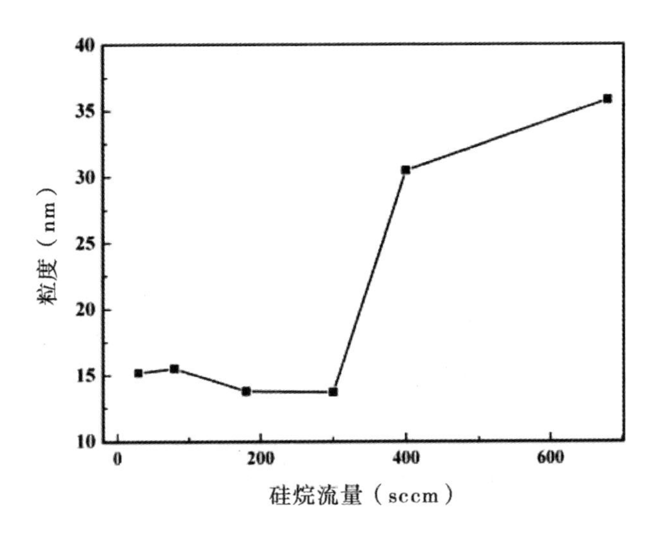

图 6-54　不同硅烷流量下晶粒大小的变化

（2）TiSiN 纳米复合涂层的 XPS 分析。XPS 技术有着优异的元素选择性、量化特征和表面灵敏度，能提供样品表面以下 5nm 左右的元素和化学态的鉴别。通常 TiN 以及其他氮化物薄膜的化学态由 N1s 峰的结合能位置和相应的金属或形成氮化物的元素特征谱线位置所判定。在加入 Si 元素后，在考虑 Si2p 峰的特征基础上，能够很好地确定 TiSiN 纳米复合涂层的元素所对应的化学态，结合上节 XRD 的结果，就能认识薄膜的结构。

图 6-55 所示的是硅烷流量为 80sccm 时的样品的全谱图。从图中可以看出，涂层的主要成分有 Ti、Si、N。在图中可见有 C 和 O 的存在，这可能是由于样品表面的吸附或在本底真空中存在少量空气，在溅射镀膜过程中有少量污染。为了更清晰地认识各元素所处的化学态，我们分别做了 Ti、Si、N、O 的分谱。

图 6-56（a）所示的是 N1s 的高斯拟合图，可以看到，N1s 由两个很近的峰组成，其中一个位于 396.2eV，对应于 Ti-N 键，表明薄膜中存在化学计量的 TiN，另一个位于 399.4eV，对应于 Si_3N_4 中的 Si-N 键。从两个峰的峰强的对比可以看出，薄膜中 TiN 的含量比 Si_3N_4 多。除此之外，在 401.5eV 附近没有峰位存在，表明薄膜中不存在单质 N_2。图 6-56（b）所示的是 Si2p 的高斯拟合图，其峰值位于 101.12eV，对应于 Si-N 键，与上面对 N1s 的分析吻合。

图 6-56（c）所示的是 Ti2p 的高斯拟合图，由图可知，薄膜中无单质 Ti（对应峰位 454.5eV）存在，样品表面除了有 TiN（对应峰位（455.90eV）外，还有一个峰位在 460.1eV 处，对应于 Ti_xO_y 中的 Ti-O 键。这表明样品表面吸附氧气以后少量的 Ti 被氧化。460.1eV 处峰强比 455.90eV 处的峰要弱，可见薄膜中 Ti-N 键是主体，与上面 N1s 谱的分析一致。图 6-56（d）所示的是 O1s 的高斯拟合图，峰值位于 530.9eV，对应于 TiO_2，作为参考。

XPS 的分析结果中也给出了涂层表面各种元素的含量，但一般认为，XPS 检测的只到达样品表面 5nm 左右的深度，实验中样品的厚度约为 1.5μm，所以 XPS 给出的量化结果不如 EDS 可信。

由上面的分析可以看出，在样品中有 Ti-N 键，Si-N 键，还有 Ti-O 键，而并没有发现 Ti-Si 键。这表明样品中形成了 TiN 和 Si_3N_4 相，因为表面吸附了氧气，所有表面存在少量 Ti_xO_y，而并没有 Ti_xSi_y 相存在。结合 XRD 和 XPS 检测结果可以判定，样品中的 Si_3N_4 以非晶的形式存在。TiSiN 纳米复合涂层是由微晶 TiN 和非晶 Si_3N_4（即 nc-TiN/a-Si_3N_4）所组成。

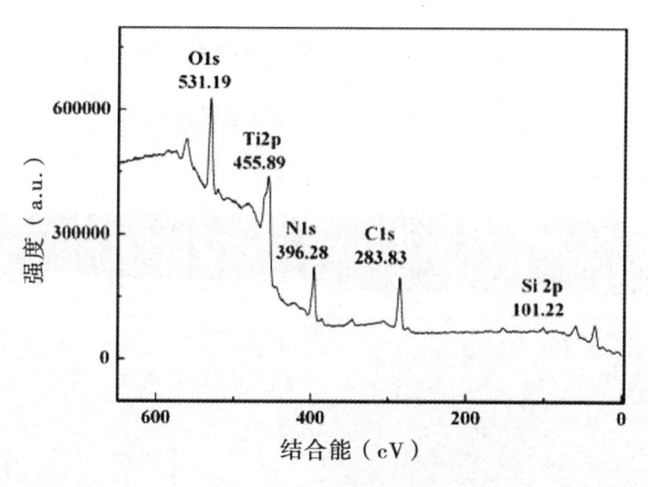

图 6-55　TiSiN 涂层的 XPS 能谱(全谱图)

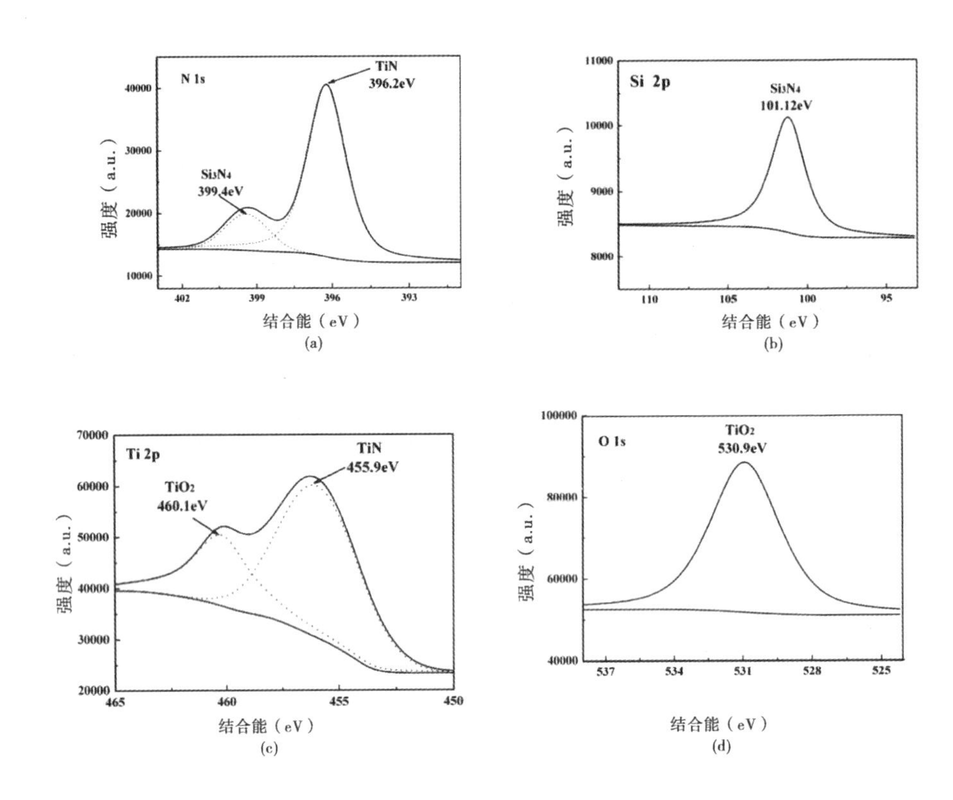

图 6-56　TiSiN 涂层的 XPS 能谱图

（a）N1s；（b）Si2p；（c）Ti2p；（d）O1s

（3）TiSiN 纳米复合涂层的 SEM 分析。

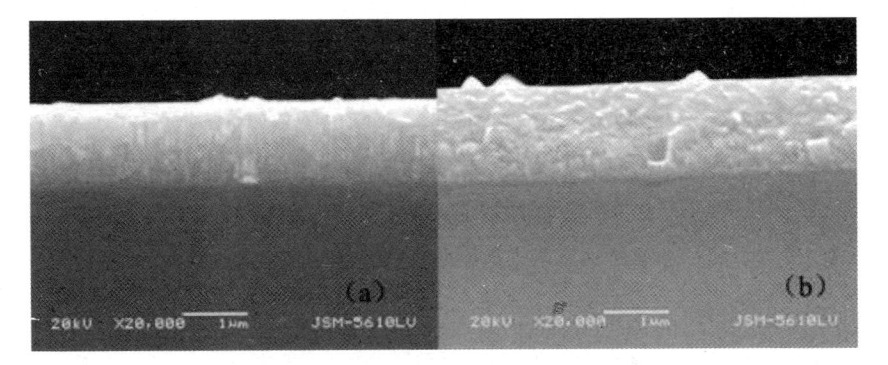

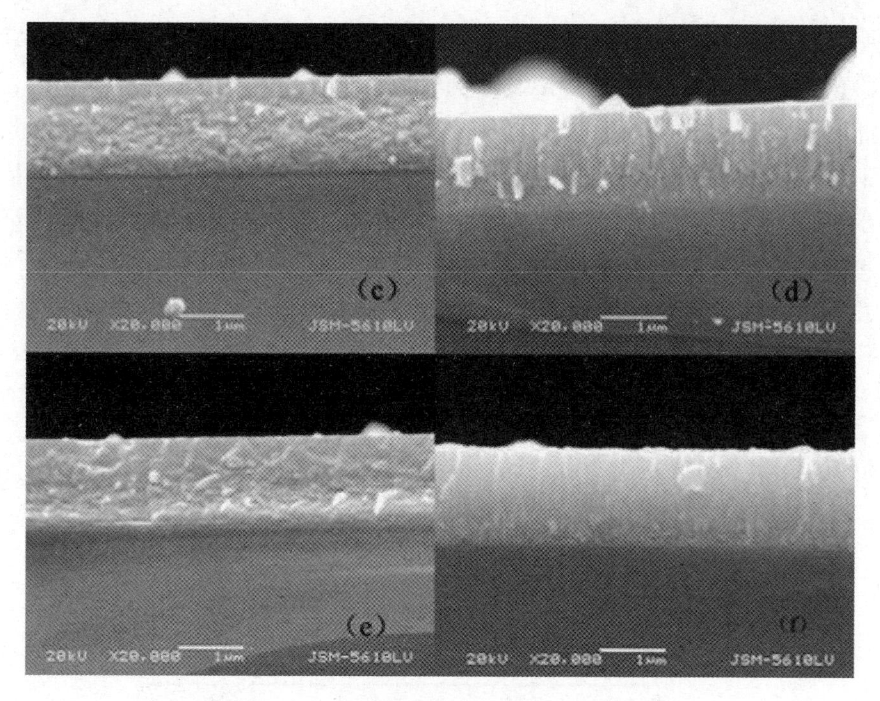

图 6-57 不同硅烷流量下涂层的截面 SEM 图

(a)30sccm;(b)80sccm;(c)180sccm;(d)300sccm;(e)400sccm;(f)680sccm

图 6-57 所示的是不同硅烷流量下 TiSiN 涂层截面形貌。可以看到,在硅烷流量为 30sccm 的情况下,所制备的涂层结构致密,存在择优取向的柱状晶生长;在 80sccm 的硅烷流量下,涂层生长的颗粒细小,柱状晶趋势不明显,这与涂层中硅含量的增加有关,通过对涂层的 EDS 分析,得到涂层中 Ti 和 Si 元素的相对百分比,所得出的变化规律如图 6-58 所示,从图中可以看出,在硅烷流量为 80sccm 时,涂层中硅含量较高,因此可形成非晶相阻碍 TiN 晶体的生长,从而使晶粒细小。当硅烷流量为 180sccm 时,涂层表现出了下层颗粒细小但上层有明显的柱状晶生长的趋势,此时所测得的硅含量并不高,这可能是因为在制备前期阶段真空室中硅烷反应良好,但在后期由于某些原因导致硅烷未能充分变为离子镀到膜层,使膜层中的硅含量减少,从而膜层呈现了柱状晶生长。继续增加硅烷流量到 300sccm,可以看到明显的柱状晶生长,结合 XRD 分析也可以看出,此时的 TiN(200)取向消失,TiN(111)择优取向很

明显。在400sccm的硅烷流量下，涂层截面有内凹的趋势，这是因为实验中所用的硅片涂层是直接裂断的，因此会存在裂断面不平整的情况，此时涂层的柱状晶也不明显。图6-57（f）所示的是680sccm硅烷流量下涂层的截面图，可以看到涂层生长很致密，而且看不到明显的柱状晶生长，结合图6-64，此时涂层中硅含量很高，因此存在含量较高的非晶相阻碍的TiN晶体的生长。

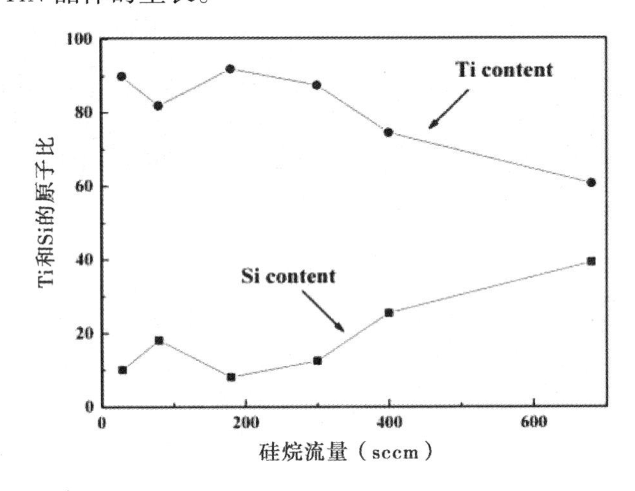

图6-58　涂层中Ti和Si元素的相对含量

综上所述，采用硅烷法制备的涂层结构非常致密，在不同的硅烷流量下涂层中晶体的生长状况有一定的变化规律，硅烷流量为30sccm和300sccm时，涂层的柱状晶生长比较明显，在80sccm、180sccm、400sccm和680sccm的硅烷流量下，涂层的柱状晶不甚明显，颗粒细小，但硅烷流量为680sccm时涂层中硅含量过高，导致非晶相含量过多，并不是理想的涂层。因此较好的流量范围为200~400sccm，此时柱状晶的生长被抑制，非晶相的含量也不高，涂层中的非晶体和晶体的结合较好。

6.3.1.5 TiSiN纳米复合涂层的TEM分析

通过对样品进行XRD和XPS分析，发现TiSiN纳米复合涂层是由TiN晶体和非晶相Si_3N_4所组成，但是对于这两相是如何结合还不甚了解，为此本实验中对样品进行了透射电镜分析。本节中选取了硅烷流量为300sccm时的截面样品进行测试，衬底是硅片。首先将刻好的样品固定在研磨盘上，进行机械研磨到 30~60μm，然后进行离子减薄，再在透射电镜下观察。

图 6-59 所示是硅烷流量为 300sccm 时涂层的截面 TEM 像，图中可以看到明显晶格的区域为 TiN 晶体区，晶粒尺寸在 10~20nm，与前面的计算结果吻合。可以看到，晶界面非常清晰，TiN 晶粒之间存在一定的空隙，从高分辨像可以判定为非晶。结合 XRD 和 XPS 可知非晶为 a-Si_3N_4。从图中还可以看出，硅烷流量为 300sccm 时，涂层的 TiN 晶体的择优取向很明显，在 XPS 的分析结果中，300sccm 的流量下涂层中硅含量较低，因此非晶相较少，不能很好地抑制晶体的择优生长。

图 6-59　硅烷流量为 300sccm 时样品的 TEM 图

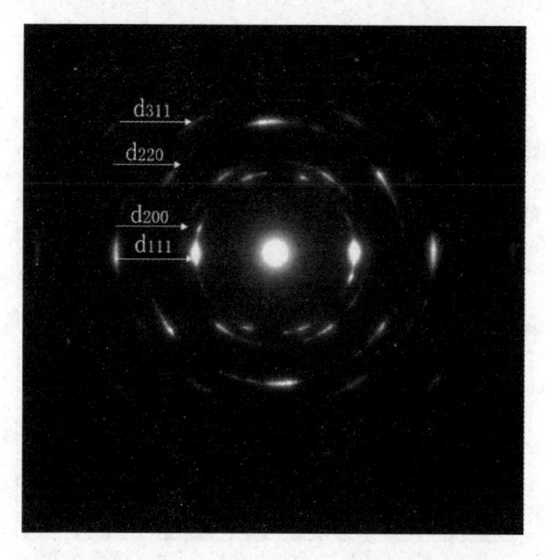

图 6-60　硅烷流量为 300sccm 时样品的选区电子衍射图

图 6-60 为样品的选区电子衍射图,图中所出现的衍射环表明薄膜是多晶薄膜。存在有多种晶粒取向,分别对应于面心立方 TiN 的(111)(200)(220)(311)面。从衍射环亮度分析,(111)面取向较亮,而且这种择优取向性较明显。这与前面 XRD 分析吻合。衍射环中未发现 Si_3N_4 晶体所对应的衍射环,进一步表明 Si_3N_4 是以非晶形式存在于薄膜中。

6.3.1.6 TiSiN 纳米复合涂层的力学性能分析

(1)不同硅烷流量对涂层硬度的影响。TiSiN 纳米复合涂层由于其高硬度而受到广泛关注,一般而言,纯 TiN 涂层的硬度约为 2000HV, Si 的掺入大大提高了涂层的硬度,使涂层的力学性能得到很大的改善。

本实验采用硅烷制备涂层,采用显微硬度计测定了涂层的硬度,并分析了制备过程中硅烷流量的变化对涂层硬度的影响,结果如图 6-61 所示。所制备的涂层中,除了 680sccm 条件下的涂层,其他涂层由于硅含量过高,达到了 40at.%,涂层中非晶相过多,导致涂层的硬度偏低。但是其他涂层均表现了高硬度的特点,平均硬度在 3000HV 左右,远高于传统 TiN 涂层的硬度范围。从图中可以看出,硅烷流量为 400sccm 时,涂层的硬度最高,达到了 4175HV。当硅烷流量从 30sccm 增加到 80sccm 时,涂层中 Si 含量增加,硬度也随之增大。在流量为 180sccm 的条件下,涂层中 Si 含量减少,涂层的硬度也降低。

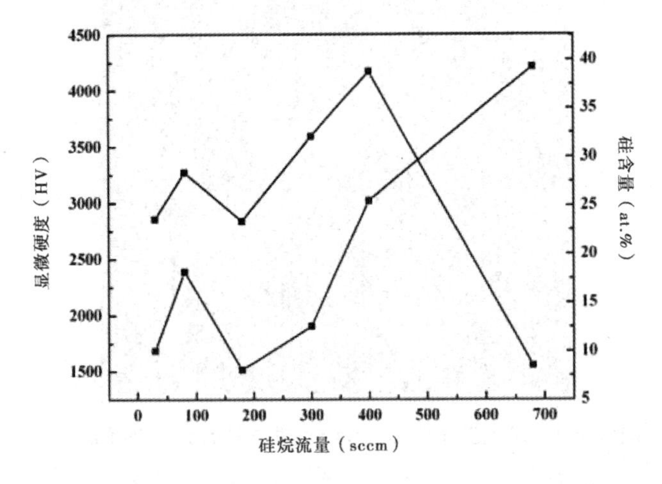

图 6-61 不同硅烷流量下涂层的硬度变化与硅含量的关系

由此可见,涂层硬度与 Si 含量存在一定的关系。从前面的结构分析得知, Si 元素的掺入,在薄膜中形成了非晶 Si_3N_4 相。随着 Si 含量的增加,这种非晶成分逐渐增多。非晶的存在不仅影响了 TiN 晶体的择优取向,而且也影响了晶粒大小,从而影响了涂层的硬度。关于涂层的增硬机制,目前没有统一的定论,可能是以下几种因素导致:(1)小尺寸效应,这类似于 Hall-Petch 关系;(2)在微晶 TiN 中,位错数量少,位错源不易形成;(3)非晶 Si_3N_4 阻碍了缺陷的转移。

本实验中最高硬度时的硅含量为 25.4at.%,高于 Yang 等人的研究结果,在他们的研究中,涂层中的 Si 含量为 6at.% 时,涂层的硬度最高为 45GPa; 在 M.Nose 等人的研究中, Si 含量为 10at.% 时,涂层的最高硬度为 42GPa。产生这种差别的原因可能在于涂层制备方法的差异,本实验中采用的是硅烷工艺,真空室中充满等离子体,硅掺杂量很均匀, Yang 等人的实验中采用的是 TiSi 靶制备涂层,靶中 Ti 和 Si 比例是一定的。因此用这两种方法制备出的涂层中 Ti、N 和 Si 的结合方式存在一定的差异, TiN 晶体的择优取向生长也不同,从而导致了最高硬度时涂层中硅含量有所差异。

(2)不同硅烷流量对涂层摩擦系数的影响。本实验中,对不同硅烷流量下样品的实时摩擦系数进行了测试,实验结果如图 6-62 所示:测量环境温度 26℃,载荷 500g,平均摩擦速度 100r/m,测试时间为 60min,对磨材料为硬质合金球。

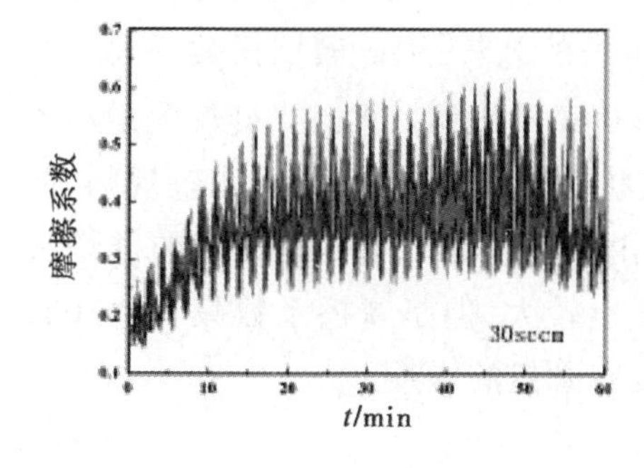

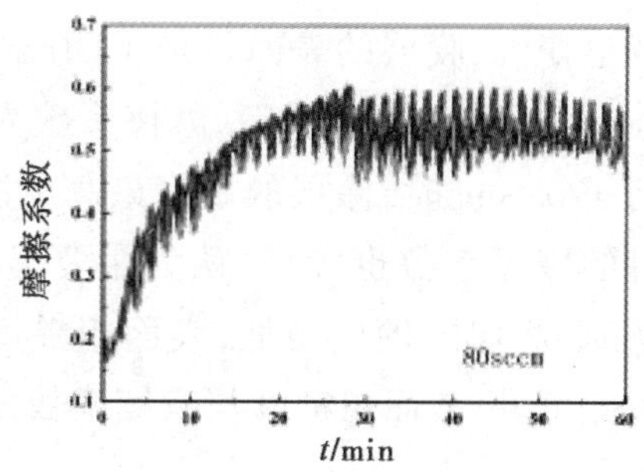

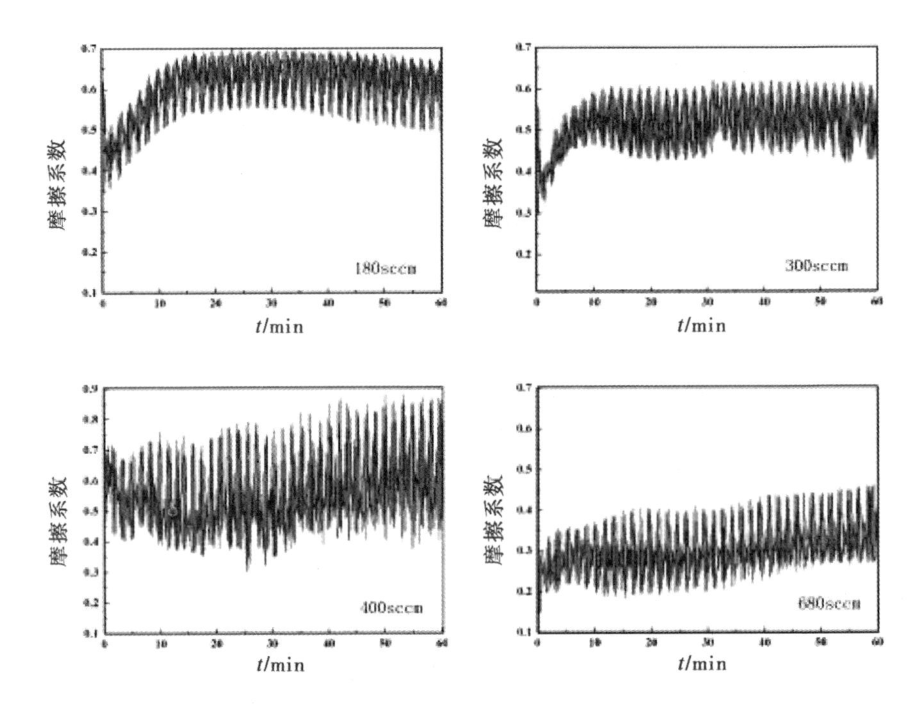

图 6-62　不同硅烷流量下涂层的实时摩擦系数变化曲线

从平均摩擦系数与硅烷流量的关系图(图 6-63)中可以看出,随着硅烷流量的增加,涂层的摩擦系数呈现了先增加后减小的趋势。在硅烷流量为 30sccm 时,膜层的结构致密,硬度较低,表面粗糙度较低,此时的摩擦系数很小,只有 0.36。随着流量的增加,硬度增大,表面粗糙度也变大,膜层的表面呈现了凹凸生长的趋势,因此摩擦系数增大。在 180sccm 的硅烷流量下,摩擦系数为 0.601,达到最大。当硅烷流量增大到 400sccm 时,涂层的硬度最高,柱状晶生长较明显,表面比较规则,此时的摩擦系数也较大,认为主要是由硬度引起。在 680sccm 的硅烷流量时,涂层的硬度很低,表面粗糙度也较大,但是摩擦系数只有 0.304,由此可见,表面粗糙度与摩擦系数没有必然的联系。

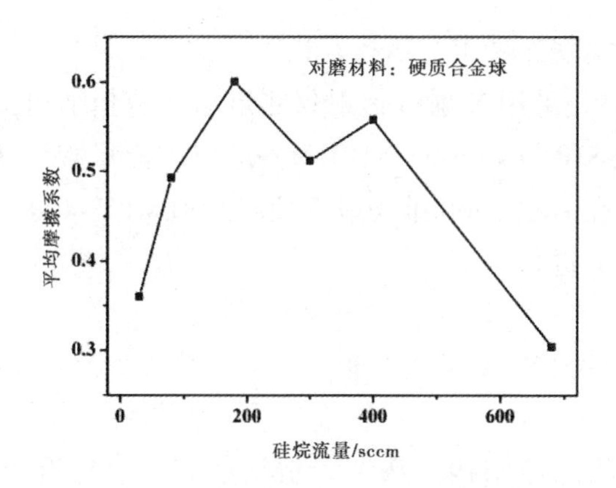

图 6-63 平均摩擦系数与硅烷流量的关系

一般而言，摩擦系数的变化机制比较复杂，跟许多因素有关，涂层的结构、硬度、密度、表面粗糙度等都对摩擦系数会产生影响。从本节的结果来看，与某一个因素没有明显的对应关系，经分析，应是各种因素综合作用的结果。

6.3.2 TiBN 纳米复合涂层结构及力学性能研究

本节采用离子源辅助电弧离子镀技术，在硬质合金衬底上制备 TiBN 纳米复合涂层，系统研究基底偏压对 TiBN 涂层结构和力学性能的影响。

6.3.2.1 实验

试验使用离子源辅助电弧离子镀系统，在单晶硅和硬质合金衬底上制备 TiBN 纳米复合涂层。实验所用的衬底材料分别依次在波尔清洗液和去离子水中超声清洗并烘干。极限真空 5×10^{-3}Pa。在 Ar 气氛、2Pa 气压下，开启离子源对工件进行等离子体清洗，以保证衬底表面清洁无污物。辉光清洗结束后，开启金属 Cr 靶，在 800V，0.5Pa 的 Ar 气气氛中对衬底进行金属离子刻蚀，刻蚀结束后，降低偏压在纯 N_2 气氛中先沉积 5min CrN 过渡层，再沉积 40minTiBN 涂层。制备过程中温度控制在 300℃，总气压控制在 0.7Pa。使用金属 Cr 轰击刻蚀，CrN 作为过渡层，来提高 TiBN 涂层的膜基结合力。总厚度大约为 2 ~ 3μm。通过自动控制系统实现涂层工艺运行。

获得样品后，采用 X 射线衍射仪测定涂层的相结构，采用场发射扫描电子显微镜 SIRION-200（FED 观察涂层表面形貌）。硬度测量和附着力测量分别在 HX-1000 维氏显微硬度计和 MFT-4000 多功能材料表面性能测试仪上进行。

6.3.2.2 涂层测试结果与分析

（1）涂层的晶体结构。从 X 射线衍射谱中可以看出，在 $2\theta=35.9^{\circ}$ 有较强衍射峰，对应于面心立方（fcc）结构的 TiN（111），在不同的基体偏压条件下，涂层表现了（111）面择优生长。XRD 图谱中没有发现 TiB_2 相或 BN 相，说明二者以非晶态、亚纳米晶态存在，或没有形成 Ti-B 或 B-N 化学键。

（2）涂层的表面形貌。从 SEM 表面形貌图中可以看出，当偏压为 -100V，真空比为 80% 时，沉积的涂层最平滑，此后随着偏压继续增加，涂层表面凹坑逐渐增加，这是由于在高偏压下，高能粒子轰击溅射作用，使得附着较弱的涂层表层大颗粒脱落产生凹坑所致。

（3）涂层的机械性能。从涂层与基体附着力随基体偏压变化的关系曲线可以看出，随着基体偏压的增加，附着力逐渐减小，当偏压为 -150V 时达到最小值 36N，偏压继续增加到 -200V 时，附着力增加到 38N。

随着基体偏压的增加，涂层的硬度也逐渐增加，在基体偏压为 -200V 时获得最大值为 $3600HV_{0.05}$ 当基体偏压越大，粒子到达基体表面的能量也越大，高能粒子在基底表面充分迁移，涂层较为致密，同时高能粒子轰击加热作用使沉积的涂层具有较大的压应力，所以硬度也较高。

6.4 多元多层涂层、高熵合金涂层

6.4.1 纳米多层多元涂层制备研究

自涂层刀具被应用以来，刀具涂层技术取得了突飞猛进的发展，涂层种类也越来越多。从第一代的二元涂层（TiN、TiC）逐渐发展到多元（TiAlN、AlCrN、AlCrTiN 等）、多层涂层（CrN/AlCrN、TiN/AlTiN）以满足苛刻的金属切削工况。近几年来，随着纳米涂层技术的发展，新型的纳米多层、纳米复合结构涂层刀具开始走向市场。

纳米多层涂层是 20 世纪 70 年代年 Koehler 提出的概念。纳米多层涂层是交替沉积两种或两种以上具有不同结构或成分的薄膜在垂直于薄膜一维方向上交替生长的多层结构涂层。Koehler 认为这是一种人为可控的一维周期结构，构成纳米多层涂层的两种组分 A 层和 B 层应具有不同剪切模量，但有接近的热膨胀系数和相似的外延结构以及较强的键能。A 层与 B 层厚度和为纳米多层涂层的调制周期，当调制周期的厚度很小时(几十个纳米)，位错源在层内不起作用。在外力作用下，多层结构获得较高的强度。纳米多层涂层其强度直接依赖于涂层的调制周期和不同单层材料的性能。当纳米多层涂层调制周期约为 10nm 时，硬度接近或超过 40GPa。金属多层涂层性能很难达到氮化物纳米多层涂层的性能。

纳米复合涂层是 1995 年德国硬质涂层专家 Veprek 等根据 Koehler 的异质外延结构理论，提出了纳米复合涂层的设计理念。纳米复合结构是涂层中纳米尺度的氮化物或碳化物晶粒均匀弥散分布在晶态或非晶态的第二相基体中，形成蜂窝状的结构。

1998 年，瑞士的 M.Diserens 等首次采用物理气相沉积（反应非平衡磁控溅射）制备了这种新型的薄膜材料，是由纳米晶 TiN 分布于非晶 Si_3N_4 之中形成一种新型的纳米复合结构。他们的研究结果迅速引起了广大研究者的关注，在随后的时间里，TiSiN 纳米复合材料迅速成为研

究热点，掺 Si 涂层也得到人们的广泛重视。

本节采用等离子体辅助电弧离子镀技术，在纳米多层、多元涂层理念下制备 AlCrN/TiSiN 和 AlTiSiN/AlCrSiN 纳米多层结构涂层。综合纳米复合涂层高硬度、低摩擦系数、韧性良好的特点以及当前使用广泛 AlCrN、TiSiN、AlTiSiN 及 AlCrSiN 涂层的优越性能，研究不同工艺参数对涂层的微结构的影响，以期获得性能更优的硬质刀具涂层，为新型涂层的开发提供科学依据。

6.4.1.1 多弧离子镀制备 AlCrN/TiSiN 涂层研究

（1）研究内容。采用 AlCr 靶和 TiSi 靶不同气压和偏压下制备 AlCrN/TiSiN 复合涂层，用扫描电子显微镜（SEM）观察涂层的表面和截面形貌；用 X 射线衍射（XRD）和能谱仪（EDS）观测涂层的微结构；用摩擦磨损仪测定的 AlCrN/TiSiN 复合涂层的摩擦系数；用显微维氏硬度仪测定 AlCrN/TiSiN 复合涂层材料硬度。

具体工艺参数见表 6-4 与表 6-5。

表 6-4　不同气压下的 AlCrN/TiSiN 工艺参数

工艺 / 参数	负偏压 /V	占空比	气压 /Pa	时间 /min
辉光	600	65%	2	20
Cr 轰击	600	65%	E/2	10
CrN	150	72%	0.5	5
TiSiN/CrN	150	72%	3.5	5
AlCrN/TiSiN	150	72%	2/2.5/3.0/3.5/4	30

表 6-5　不同偏压下的 AlCrN/TiSiN 工艺参数

工艺 / 参数	负偏压 /V	占空比	气压 /Pa	时间
辉光	600	65%	2	20min
Cr 轰击	600	65%	E/2	10min
CrN	150	72%	0.5	5min
TiSiN/CrN	150	72%	3.5	5min
AlCrN/TiSiN	50/100/150/200/250	72%	3.5	30min

（2）涂层参数对 AlCrN/TiSiN 复合涂层的影响。

①氮气压对 AlCrN/TiSiN 复合涂层的影响。

（a）2Pa （b）2.5Pa

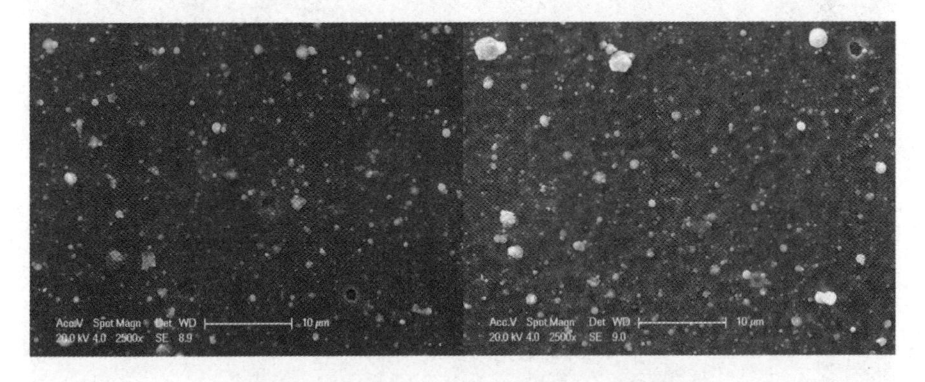

（c）3Pa （d）3.5Pa

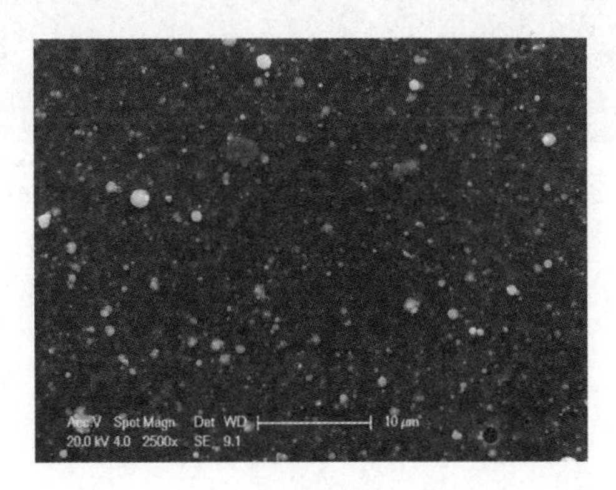

（e）4Pa

图 6-64 不同氮气压下 AlCrN/TiSiN 复合涂层的表面形貌

图 6-64（a）~（e）是在不同气压下制作的 AlCrN/TiSiN 复合涂层的表面形貌，对比发现，随着气压的升高，AlCrN/TiSiN 复合涂层的表面颗粒度增多，同时不均匀地分布一些针孔。表面的颗粒大小与针孔与制备过程中从阴极表面飞溅出来的液滴有关。液滴到达涂层表面凝固形成大的颗粒；少部分颗粒脱落在表面留下针孔。大颗粒的存在，是多弧离子镀自身缺陷之一。

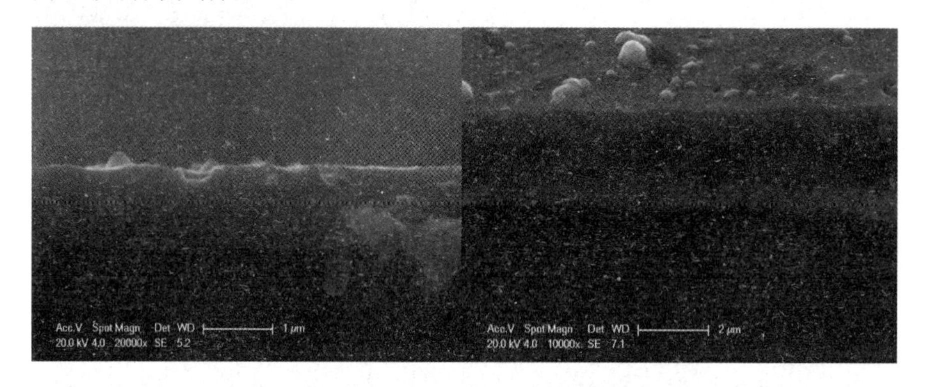

（a）2.0Pa　　（b）2.5Pa

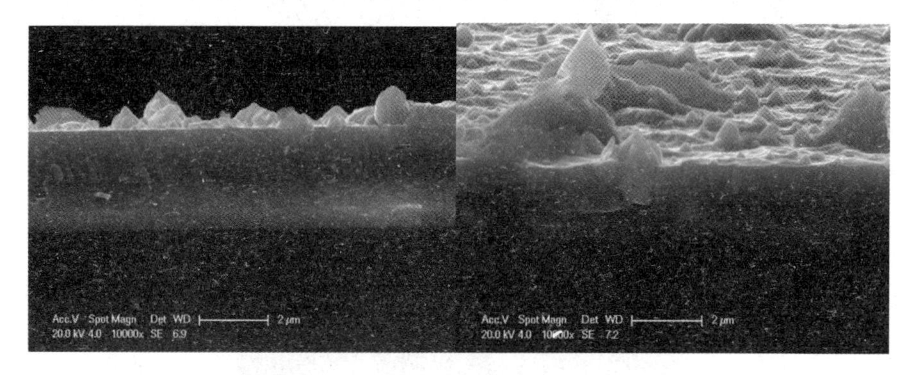

（c）3.0Pa　　（d）3.5Pa

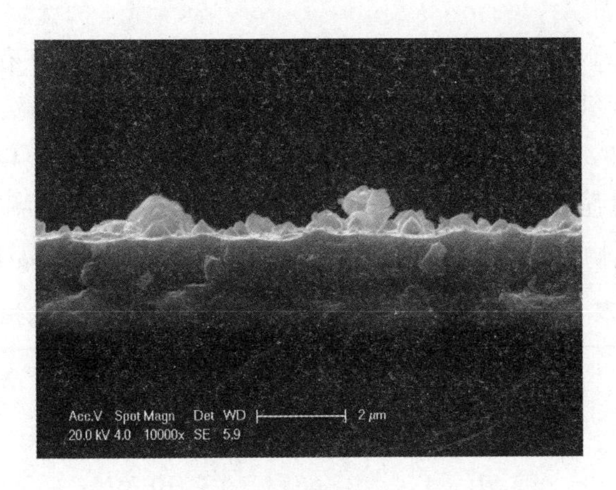

(e)4.0Pa

图 6-65 不同氮气压下的 AlCrN/TiSiN 复合涂层的截面形貌

图 6-65 是 AlCrN/TiSiN 复合涂层的截面形貌，可以看出涂层厚度，都在 2~2.3μm 之间，结构致密。从图中可以看出，涂层有多层，靠近基底的层 CrN/TiSiN 涂层，而在 CrN/TiSiN 层上较为致密的 AlCrN/TiSiN 涂层。

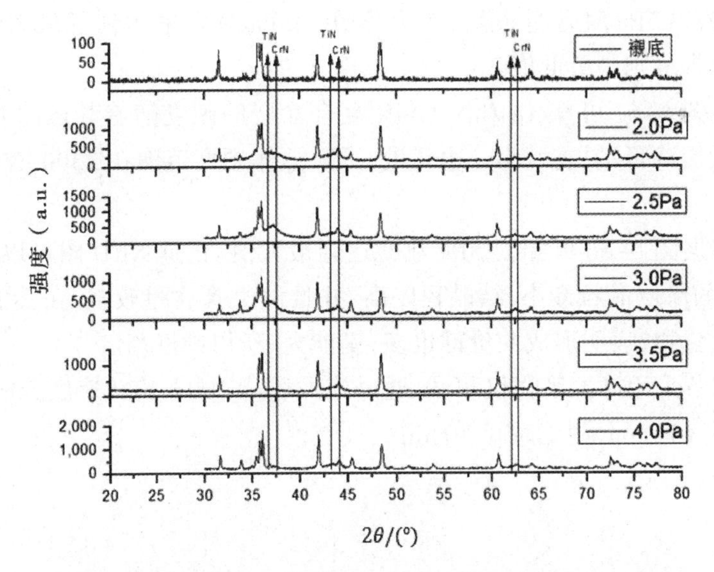

图 6-66 不同气压下 AlCrN/TiSiN 复合涂层 XRD 图谱

去除衬底信息后，可发现 AlCrN/TiSiN 复合涂层，主要是多晶 TiN 与 CrN，其中 TiN 的结晶取向有(111)(200)(220)和(311)，CrN 的结晶取向是(111)(200)和(200)的衍射峰。从37° 左右的衍射峰可以看出,随着气压的增加,这些衍射强度逐渐降低并展宽之后增长,表明晶粒越来越小,在3.0Pa和3.5Pa的衍射强度中,对应44° 左右的衍射峰,其衍射强度最宽且最强,所以结晶程度高。图谱中没有观察到Si和Al的氮化物,说明Si和Al的氮化物是以非晶或亚微晶形式存在的。

表6-6　不同气压下AlCrN/TiSiN复合涂层元素含量

	X(N)/at%	X(Al)/at%	X(Ti)/at%	X(Cr)/at%
2.0Pa	37.56	32.80	14.05	15.59
2.5Pa	35.51	35.66	10.73	18.10
3.0Pa	35.91	33.18	14.75	16.16
3.5Pa	40.80	26.05	17.48	15.66
4.0Pa	38.38	29.11	15.84	16.67

由表6-6可以看出,各种元素随着氮气气压的增加,涂层中各元素含量变化。Cr元素在2.5Pa时含量最高,Ti元素则是在2.5Pa时含量最低,在3.5Pa时含量最高,N元素在3.5Pa时含量达到了最大值,Al元素的含量则是最低值。

由图6-67可知,AlCrN/TiSiN复合涂层的硬度随着气压的升高是先增大后降低的,在3.5Pa达到最大值,总体硬度范围在2300~3000HK之间。

根据图6-66可知,3.5Pa硬度达到最大值,根据XRD图可以看出,3.5Pa的涂层晶粒最小,结晶程度高,并且由于N含量较多,在其中形成较多氮化物,表明形成共价键也多,键能大,所以硬度高。

本节采用摩擦磨损仪测试,通过施加载荷500g,旋转速度50r/m,样品半径3.75mm,测试时间30min。

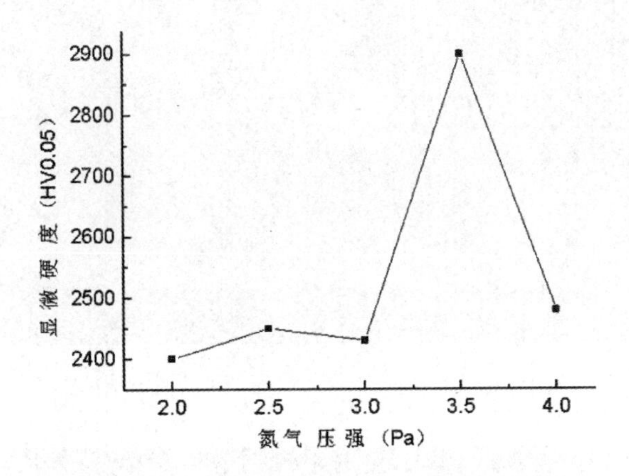

图 6-67 AlCrN/TiSiN 复合涂层显微硬度

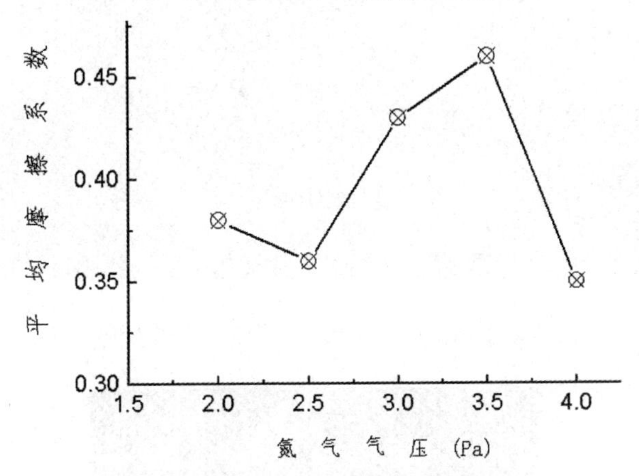

图 6-68 AlCrN/TiSiN 复合涂层

平均摩擦系数随氮气压变化：摩擦系数随氮气压的增加，呈抛物线变化。同时可以看到摩擦系数基本都稳定在 0.4 左右，AlCrN/TiSiN 纳米复合涂层具有较低的摩擦系数。

②基底偏压对 AlCrN/TiSiN 复合涂层作用。

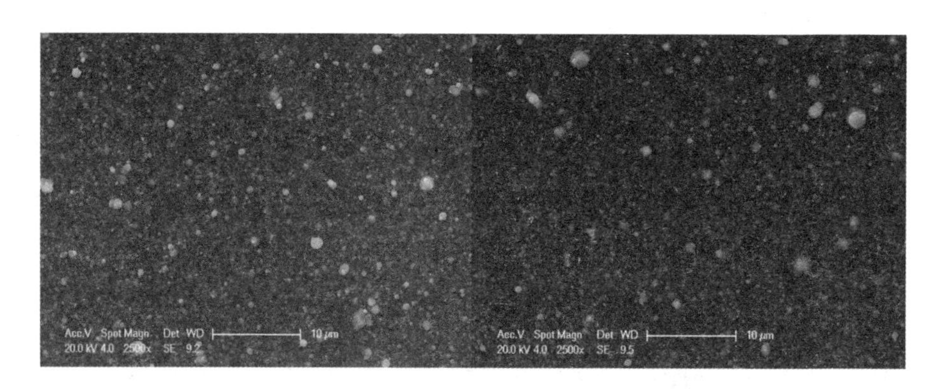

(a)50V　　　　(b)100V

(c)150V　　　　(d)200V

(e)250V

图 6-69　不同偏压下 AlCrN/TiSiN 复合涂层表面形貌

图 6-69（a）~（e）分别是在 3.5Pa、50V、100V、150V、200V、250V 的偏压下制作的 AlCrN/TiSiN 复合涂层的表面形貌。随着偏压的升高，AlCrN/TiSiN 复合涂层的表面附着的颗粒逐渐减少。

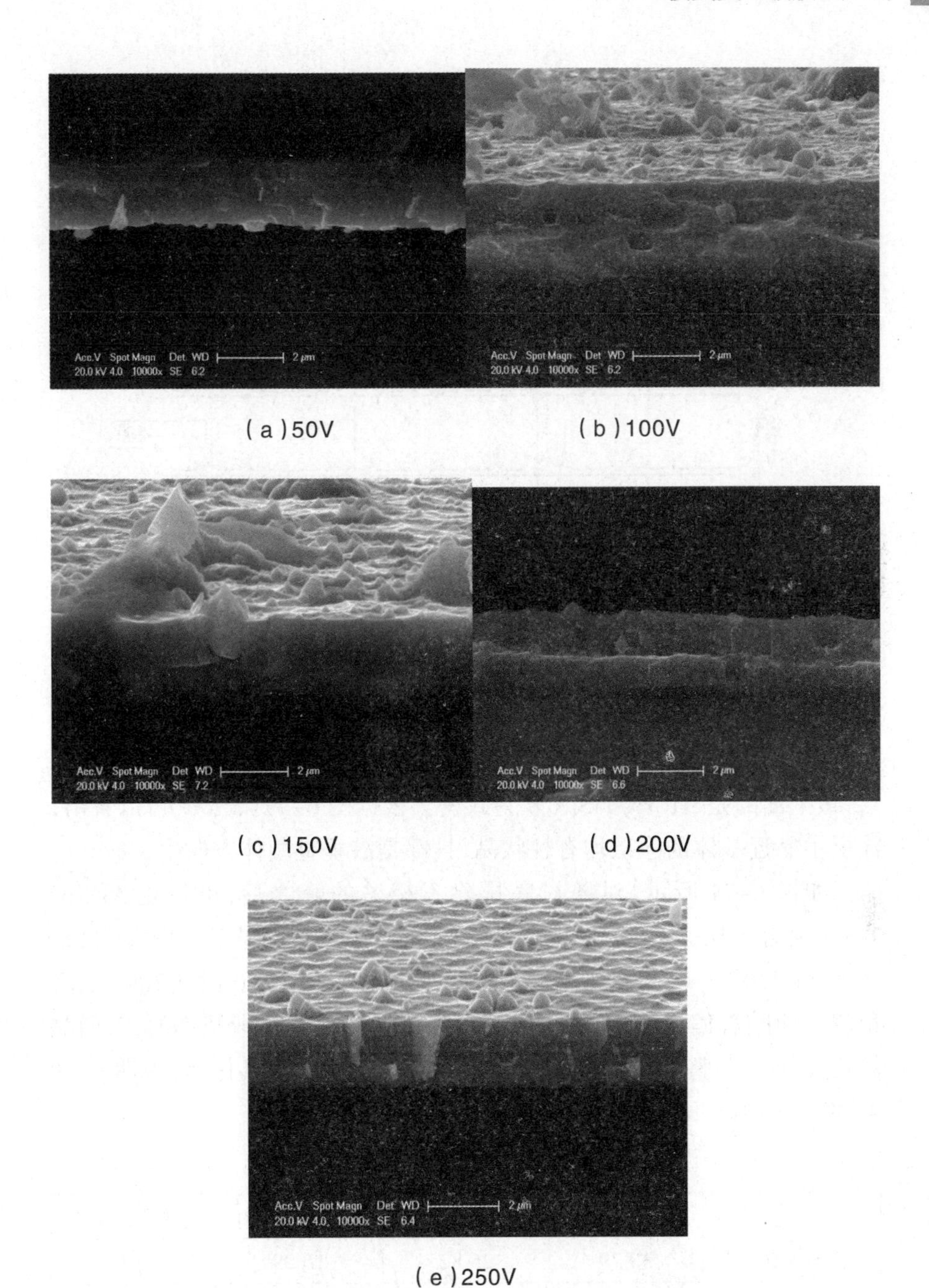

(a)50V (b)100V

(c)150V (d)200V

(e)250V

图 6-70 不同偏压下 AlCrN/TiSiN 复合涂层截面形貌

由图 6-71 可以看出,涂层表面随着偏压的升高越来越光滑,这是由于偏压的升高,离子对衬底的溅射作用增强,刻蚀掉表面大颗粒所致。

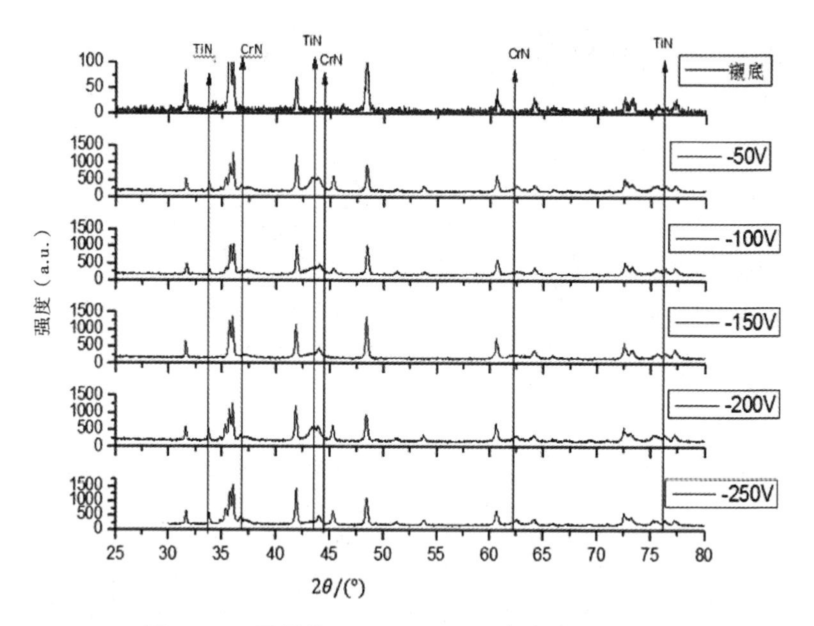

图 6-71　不同偏压 AlCrN/TiSiN 复合涂层 XRD

图 6-70 是 AlCrN/TiSiN 复合涂层的截面形貌，可以看出涂层厚度，涂层由三层组成的，第一层较为稀疏的是 CrN，第二层是 CrN/TiSiN 涂层，最上面的是 AlCrN/TiSiN 较为致密。根据图 6-71(a)(d)可以看出，涂层中靠近基体的涂层均有柱状晶，且都是沿垂直基体方向生长的。

如图 6-71 所示，对照衬底排除不相关的峰之后，可发现 AlCrN/TiSiN 复合涂层，主要是多晶 TiN 与 CrN，其中 TiN 的结晶取向有(111)(200)(220)和(311)，CrN 的结晶取向是(111)(200)和(200)的衍射峰。而随着偏压的增加，可以看出峰衍射强度是逐渐减小的，表明晶粒度减小。在整个衍射实验没有观察到 Si 和 Al 的氮化物，说明 Si 和 Al 的氮化物以非晶或亚微晶存在。

表 6-7　AlCrN/TiSiN 复合涂层各元素含量

	X(N)/at%	X(Al)/at%	X(Ti)/at%	X(Cr)/at%
3.5Pa/50V	38.79	25.82	16.29	19.10
3.5Pa/100V	40.76	26.19	18.79	14.25
3.5Pa/150V	40.80	26.05	17.48	15.66
3.5Pa/200V	39.64	25.89	18.77	15.70
3.5Pa/250V	38.68	29.44	13.86	18.02

由表 6-7 可以看出,各元素随着偏压的变化而减少或增加。Ti 与 Cr 元素随着偏压的增加相对原子含量呈现出相反的增长方式,而 N 元素在 100~150V 是接近最大值,整体接近平缓。Al 元素则是在 200V 过后直线增加。所以可以发现 150V/3.5Pa 的样品所对应的相对原子含量最为均匀且含量高。

由图 6-72 可知,AlCrN/TiSiN 复合涂层的显微硬度随着偏压的变化先增加后减少,在达到 150V 时,AlCrN/TiSiN 复合涂层硬度最大,随后迅速降低。

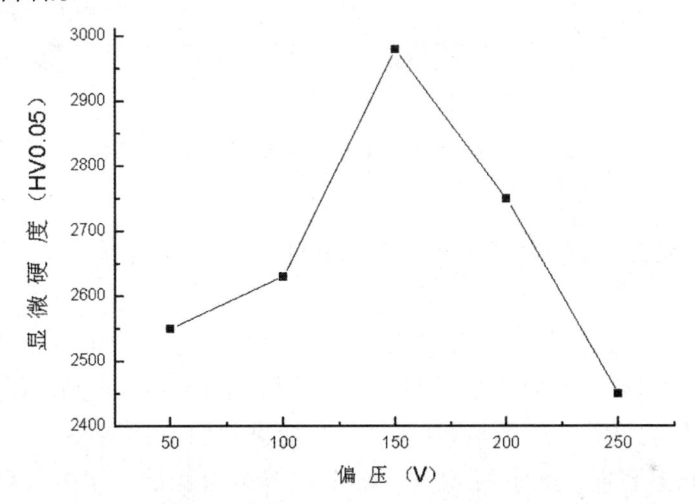

图 6-72　不同偏压下 AlCrN/TiSiN 复合涂层的显微硬度

本节采用摩擦磨损仪测试,通过施加载荷 500g,旋转速度 50r/m,样品半径 3.75mm,测试时间 30min。

由图 6-73 可知,当气压保持在 3.5Pa 时,AlCrN/TiSiN 摩擦系数随偏压变化局势不明显,基本维持在 0.4 左右,与不同氮气压下制备的涂层的摩擦系数类似。

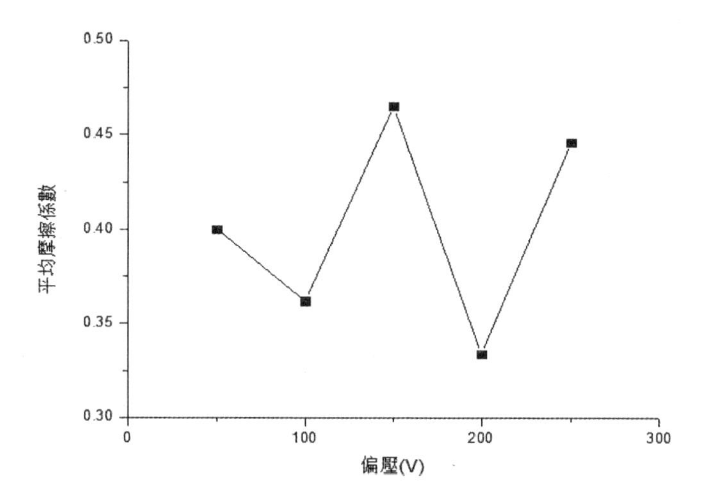

图 6-73 AlCrN/TiSiN 复合涂层的平均摩擦系数

6.4.1.2 多弧离子镀制备 AlCrSiN/AlTiSiN 涂层研究

(1) 研究内容。采用 AlCrSi 靶和 AlTiSi 靶不同气压下制备 AlCrSiN/AlTiSiN 复合涂层,用扫描电子显微镜(SEM)观测涂层的表面和截面形貌;用 X 射线衍射(XRD)和能谱仪(EDS)观测涂层的微结构;用摩擦磨损仪测定的 AlCrSiN/AlTiSiN 复合涂层的摩擦系数;用显微维氏硬度仪测定 AlCrSiN/AlTiSiN 复合涂层材料硬度。

工艺参数见表 6-8。

表 6-8 不同气压下的 AlCrSiN/AlTiSiN 工艺参数

工艺 / 参数	负偏压 /V	占空比	气压 /Pa	时间 /min
辉光	600	65%	2	20
Cr 轰击	600	65%	E/2	10
CrN	150	72%	0.5	5
CrN/AlTiSiN	150	72%	3.5	5
AlTiSiN/AlCrSiN	100	72%	2/2.5/3.0/3.5/4	30

（2）氮气压对 AlCrSiN/AlTiSiN 涂层性能的影响。

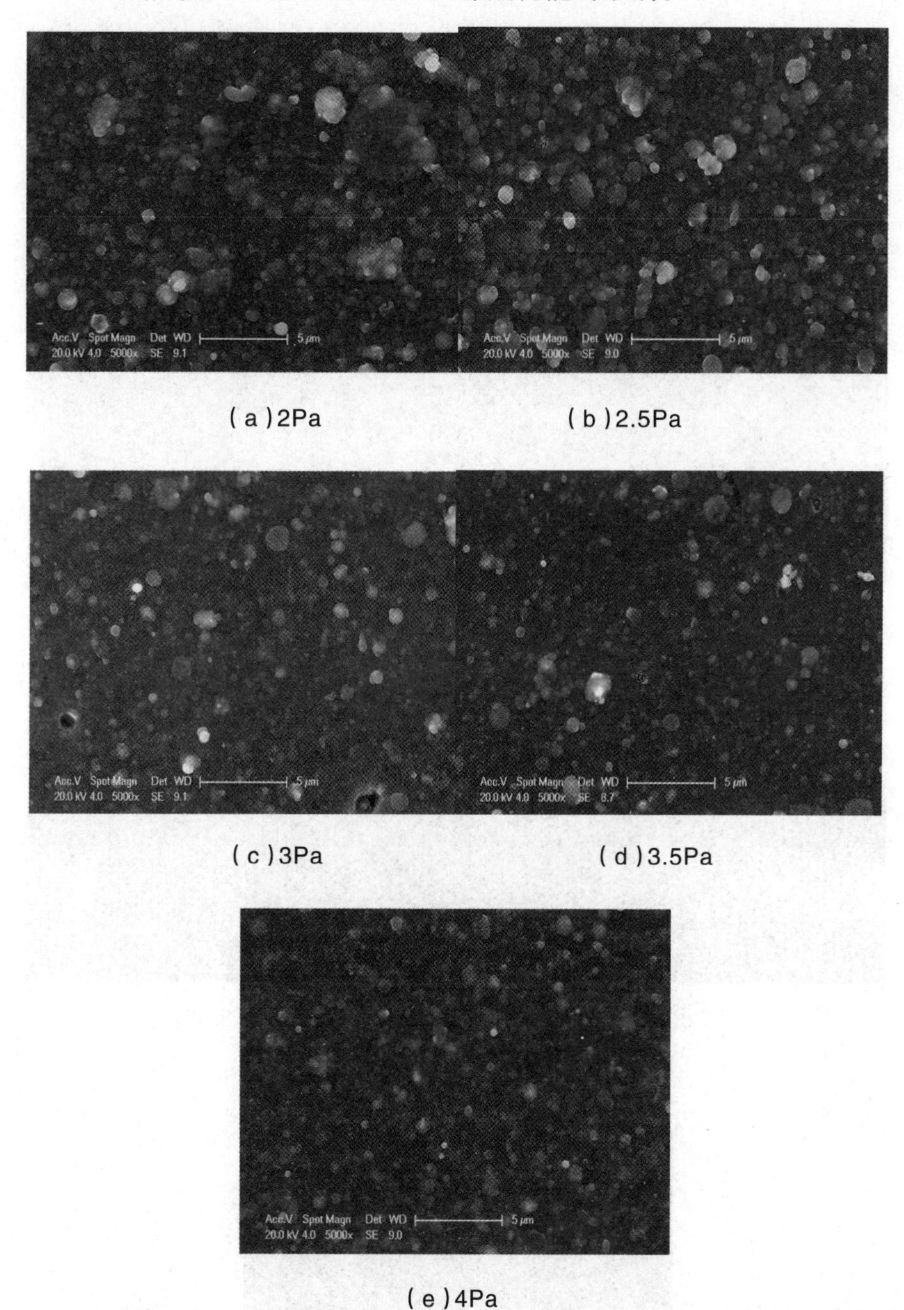

（a）2Pa　（b）2.5Pa

（c）3Pa　（d）3.5Pa

（e）4Pa

图 6-74　不同氮气压下 AlTiSiN/AlCrSiN 复合涂层的表面形貌

如图 6-74 所示为不同气压下沉积的 AlTiSiN/AlCrSiN 复合涂层表面 SEM 图。由图可知，涂层表面布满了大量的颗粒物，为金属铬熔滴颗粒，这是阴极弧度技术自身缺陷造成的，通过调节沉积工艺从本质上几乎不能改变涂层中的大颗粒金属熔滴问题，但是在可接受范围内，不影响涂层性能发挥及使用。从图中可以看到，在低气压 2Pa 下沉积的 AlTiSiN/AlCrSiN 复合涂层大颗粒大尺寸较多，且分布不均。随着气压的升高，大颗粒数量有所减少，大颗粒尺寸趋于均匀化。

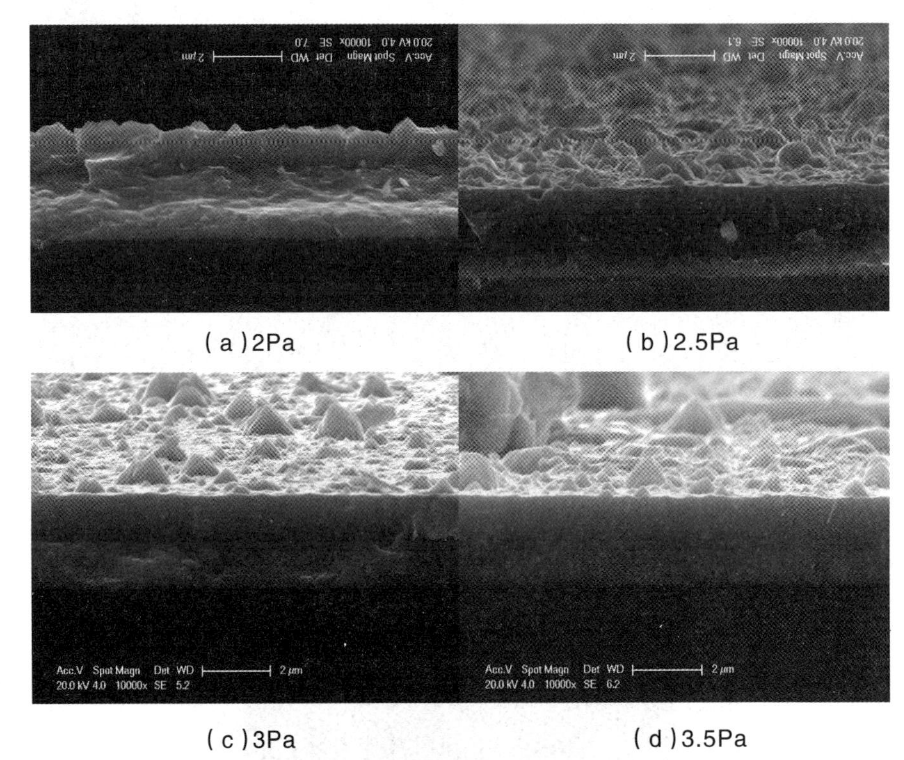

(a)2Pa　(b)2.5Pa

(c)3Pa　(d)3.5Pa

(e)4Pa

图 6-75　不同氮气压下 AlTiSiN/AlCrSiN 复合涂层的截面形貌

如图 6-75 所示为不同氮气压下 AlTiSiN/AlCrSiN 涂层的截面形貌，随着氮气压强的增大，其他条件不变，涂层厚度有所增加，究其原因可能是随着气压升高，衬底上反溅射作用降低，致使涂层厚度稍有增加。可以明显看到涂层有多层结构组成，这对应于 CrN、CrN/AlTiSiN 及 AlTiSiN/AlCrSiN 层。

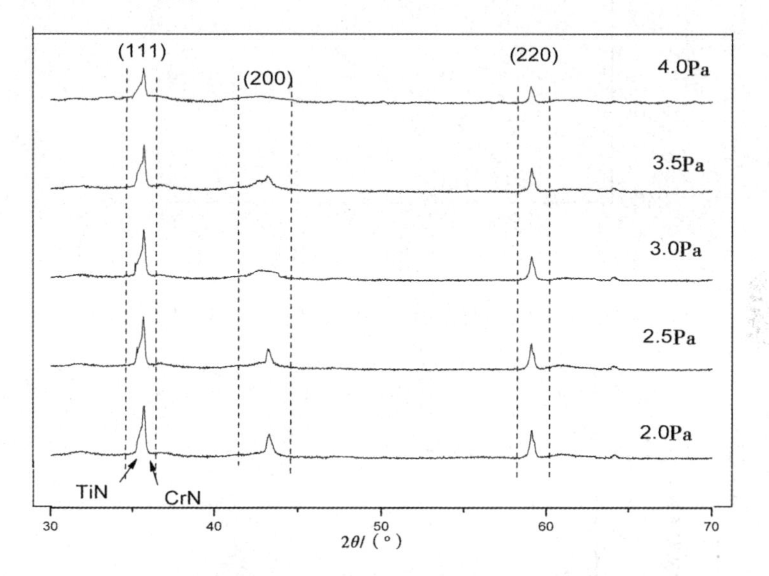

图 6-76 不同气压条件下 AlTiSiN/AlCrSiN 的 XRD 谱

由图 6-76 XRD 谱可以看出，AlTiSiN/AlCrSiN 涂层中的相主要是 TiN 和 CrN，衍射峰峰的形状不对称，原因为 TiN 和 CrN 的峰发生重叠，但由于二者的含量不同导致峰形呈现不对称。TiN 与 CrN 的结晶取向均为(111)(200)(220)。随着压强的增大，相结构没有发生变化，但衍射强度逐渐降低并展宽，表明随着压强增大使得晶粒尺寸变小。未发现硅或者硅合金的峰，该结果表明硅以非晶态或亚微晶存在。图中也没有观察到明显的 AlN 或 Al 的衍射峰，但由于 Al 替换 TiN 晶格中的 Ti 原子，导致 TiN 的衍射峰相对于标准峰发生了位移。

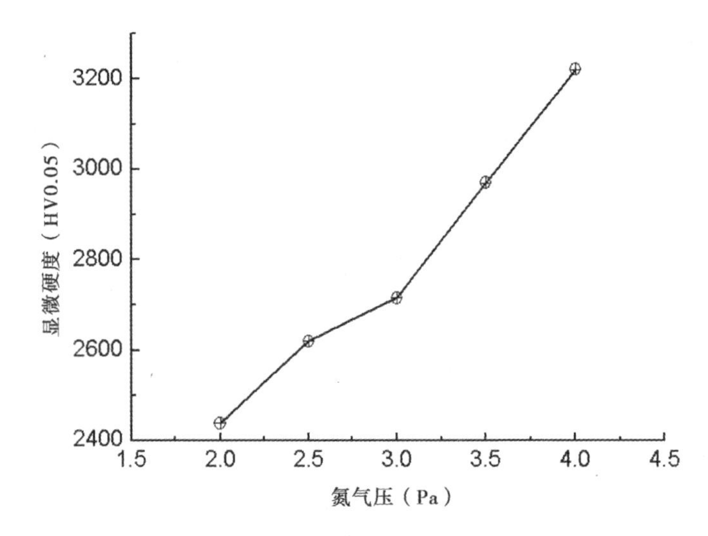

图 6-77　AlTiSiN/AlCrSiN 显微硬度随压强变化的曲线图

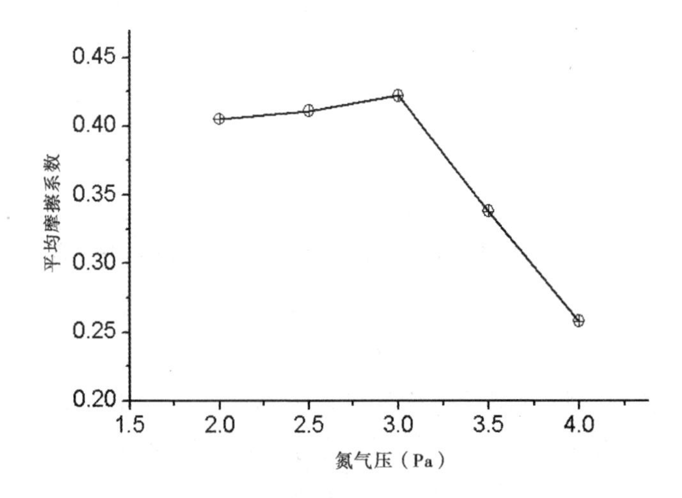

图 6-78　涂层平均摩擦系数随氮气压强变化的曲线图

由图 6-77 可以看出，AlTiSiN/AlCrSiN 复合涂层的硬度逐渐增大，在 N_2 气压大于 3.55Pa 时 AlTiSiN/AlCrSiN 超过 3000HV，大于 AlTiN/AlCrN 在此条件下的硬度，这可能是 Si 元素作用的结果，阻止了晶粒尺寸的增大，使得膜层结构更加优化所致。

由涂层平均摩擦系数随压强变化的曲线图 6-78 可以看出，在 2.0~3.0Pa 时，涂层的平均摩擦系数基本保持不变，而在 3.0~4.0Pa 时，随着压强的增大，平均摩擦系数减小。摩擦系数降低的原因有：氮气压强的增大,涂层表面熔滴颗粒尺寸减小,表面更加平整,表面粗糙度降低,从而使涂层摩擦系数减小;涂层硬度随氮气压强的增大而增大,也会降低涂层的摩擦系数。

6.4.1.3 小结

用电弧离子镀膜技术成功在硬质合金、不锈钢片和硅片表面上制备出了 AlCrN/TiSiN、AlTiSiN/AlCrSiN 复合涂层,并采用 SEM/EDS/XRD 手段对 AlCrN/TiSiN、AlTiSiN/AlCrSiN 复合涂层薄膜进行微观结构,采用显微硬度计和摩擦磨损仪对涂层的力学性能进行研究,得出以下结论:

(1)随着气压的升高,AlCrN/TiSiN 涂层表面颗粒越来越多,衍射强度逐渐降低,半高宽逐渐展宽,表明了晶粒越来越小。XRD 没有观察到 Si 和 Al 的氮化物,说明 Si 和 Al 的氮化物是以非晶或亚微晶形式存在的,硬度随着气压的增加先增加后减少,在 3.5Pa 时达到了最大值 2970HK,由于晶粒度小,氮化物键能大,摩擦系数先减少后增加,在 3.5Pa 时,达到最大值 0.46。

(2)随着偏压的升高,AlCrN/TiSiN 涂层表面的颗粒逐渐减少,过渡层呈柱状晶,且都是垂直沿基体方向生长,其衍射峰是随着偏压的增加逐渐地减少之后增加,由于晶粒度减小,偏压影响着原子的活性,使晶体/非晶体更加密集地聚集在基体上,硬度则是先增加后减少,在 150V 达到了最大值 2970HK,摩擦系数平均在 0.4 上下起伏。

(3)随着氮气压强升高,AlTiSiN/AlCrSiN 涂层中 TiN 和 CrN 衍射峰的衍射强度降低并展宽,表明随着压强增大晶粒尺寸变小,而晶粒尺寸的大小将影响涂层的硬度。气压高于 3.5Pa 时 AlTiSiN/AlCrSiN 涂层的硬度高于 3000HV。在氮气压强低于 3.0Pa 时,涂层的平均摩擦系数随氮气压强的增大变化不明显,当氮气压强较大于 3.0Pa 时,平均摩擦系数随氮气压强的增大而减小,在氮气压强为 4.0Pa 时,达到最小的平均摩擦系数 0.258。

6.4.2 高熵合金复合涂层研究现状及展望

高熵合金中含有较多的镍、钴、铬等元素，使块状高熵合金成本过高，难以广泛应用，而高熵合金涂层能在经济实用的基础上很大程度地发挥出高熵合金的优异性能，有效提高了零部件表面的硬度、耐磨损性能、耐腐蚀性能及抗高温氧化性能。

但是高熵合金涂层韧性与硬度不匹配，且有的耐蚀性能的高熵合金涂层，其硬度和耐磨性相对较差，可在高熵合金中引入硬质颗粒，从而得到综合性能良好的高熵合金复合涂层。目前，激光熔覆、等离子熔覆和氩弧熔覆是制备高熵合金复合涂层的常用技术。以实现复合增强的方式将其分为两种类型：一种是外加颗粒增强，在高熵合金涂层中添加 WC、SiC、NbC、TiC 等硬质颗粒；另一种是原位增强，通过原位自生的方式在高熵合金涂层中形成增强相。与外加颗粒增强高熵合金复合涂层相比，原位增强相是在基体中原位形核并长大，具有热力学性质稳定，界面无污染，与基体相容性好等优点。

6.4.2.1 高熵合金复合涂层制备的常用技术

（1）激光熔覆技术。激光熔覆技术是指将涂层材料通过预置或同步送粉的方式置于基体表面，利用高密度激光束辐射使之与基体表层熔融，并快速凝固后形成表面涂层的工艺方法。激光熔覆技术具有激光功率密度大、加工过程快热快冷、基材的热影响区小、变形小的特点，并且熔覆层粉末选择范围广，熔覆层稀释率低，可与基体形成良好冶金结合。李礼在 AlCoCrFeNiCu 高熵合金粉末中加入了 Ti 和 B_4C 粉末，采用激光熔覆技术制备了高熵合金复合涂层，实现了原位（TiB_2，TiC）增强，复合涂层成形良好，无气孔、裂纹及咬边等缺陷发生。刘健利用激光熔覆技术制备了 AlCoCrFeNi-TiC 复合涂层，发现涂层没有明显的裂纹、气孔等缺陷，涂层与基体结合处呈现平滑的白亮带。Cai 等采用激光熔覆技术制备了 FeMnCrNiCo-x（TiC）涂层，研究了涂层中陶瓷颗粒与晶粒生长之间的关系。

（2）等离子熔覆技术。等离子熔覆技术是以钨极和工件之间产生的等离子弧为热源，将粉末和工件表面共同熔化形成熔池，随着等离子弧向前转移，熔池发生快速凝固，形成与基体冶金结合的熔覆层的工艺方法，等离子熔覆技术具有涂层材料范围广泛，工艺简单，成本较低的特点。王虎等利用等离子熔覆技术制备出 CoCrCuFeNiMn-VC 高熵合金复合涂层，实现了原位 VC 增强，涂层物相主要由 FCC 相及 VC 相组成，复合涂层的硬度超过未复合涂层的 1.6 倍。Peng 等采用等离子熔覆技术制备了 FeCoCrNi-WC 复合涂层，发现复合涂层中 WC 颗粒周围有大量晶体和鱼骨状 Fe_3W_3C 碳化物。Wang 等采用等离子熔覆技术制备了 CrCuFeNiAl-Ti（C_3N_4）高熵合金复合涂层，该复合涂层具有致密的微观结构。

（3）氩弧熔覆技术。氩弧熔覆技术是指将氩弧作为热源，将粉末和基体熔化，从而形成熔池，熔池冷却凝固之后即可形成复合涂层。氩弧熔覆技术制备高熵合金复合涂层有以下几个优点：氩气可以避免或减缓金属氧化；氩弧可以熔化大多数金属；设备成本低。时海芳等用氩弧熔覆技术制备了 AlCuFeNiCo-SiC 复合涂层，研究了 SiC 对复合涂层组织和性能的影响，复合涂层由 FCC 相和 BCC 相组成，SiC 的添加使复合涂层硬度有很大提高。时海芳采用氩弧熔覆技术制备了 AlCuFeNiCo-B_4C 高熵合金复合涂层，复合涂层由 FCC 和 BCC 相组成，并未生成复杂的金属间化合物。

6.4.2.2 高熵合金涂层实现复合增强的方式

按照硬质颗粒的引入方式，高熵合金复合涂层分为外加颗粒增强高熵合金复合涂层和原位合成颗粒增强高熵合金复合涂层两种。目前，国内外学者针对这两种涂层，主要从组织与结构、硬度、耐磨损性能、耐腐蚀性能和抗高温氧化性能开展了一系列的研究。

（1）外加颗粒增强高熵合金复合涂层。

①组织与结构。对于外加颗粒高熵合金复合涂层，细小硬质颗粒对晶粒长大起到抑制作用，使晶粒细化，促使涂层中 BCC 相生成。黄晋培等利用激光熔覆技术制备了 SiC-FeCoCrNiTiMo 高熵合金复合涂层，发现复合涂层主要由 CoCrNi 元素为主的 FCC 固溶体与 FeCoCrNi 元素

组成的BCC固溶体构成。周勇采用激光熔覆技术制备了AlCoCrFeNi-TiC复合涂层,复合涂层由BCC相与TiC相组成,TiC的加入未改变基体的相结构。Peng等采用激光熔覆技术制备了FeCoCrNi-WC复合涂层,发现涂层中WC颗粒周围有少量的$(Cr, W)_2C$粒状碳化物。张琪等制备了WC-FeCoNiCrB高熵合金复合涂层,当WC含量为10%时,涂层组织为网状碳化物、硼化物相以及FCC相。

②硬度。在高熵合金涂层中加入硬质颗粒,产生晶格畸变效应,可以使复合涂层有较高的硬度。Peng采用等离子熔覆技术在42CrMo钢表面制备了FeCoCrNi-WC复合涂层,WC的加入使涂层硬度增加,最高达到61.9HRC,是FeCoCrNi涂层的2.5倍。蓝阳等采用激光熔覆技术在304不锈钢表面制备了WC-Co/FeCoCrNiMoo.15复合涂层,涂层的平均硬度为882.55MPa。张冲等采用激光熔覆在45钢表面制备了FeCoCrNiB-SiC复合涂层,发现随着SiC的增加,涂层析出硼化物和碳化物颗粒尺寸显著变小,当SiC的添加量为10%时硬度最高,达到了1094HVo.2,约为基体硬度的4.5倍。冯英豪通过激光熔覆技术在Q235钢表面制备了AlCoCrFeNi-NbC复合涂层,NbC的添加阻碍了晶粒的生长,起到了晶粒细化的作用,使复合涂层硬度有很大提升,最高为525HV。

③耐磨损性能。高熵合金复合涂层的耐磨性与涂层硬度成正比,随着涂层硬度的升高,耐磨性也增大。Cai等采用激光熔覆技术在4Cr5MoSiV1模具钢表面制备了FeMnCrNiCo-TiC涂层,结果表明,TiC的加入可以有效改善涂层的磨损性能,但TiC含量低时,容易发生黏着磨损;TiC含量过多,容易产生疲劳磨损。董世知利用氩弧熔覆技术在Q235钢表面制备了TiC-FeAlCoCrCuTio.4复合涂层,发现TiC颗粒弥散分布在涂层内,有效减缓了涂层表面的磨损,涂层耐磨性可达到未添加TiC涂层的2.27倍。

Jiang采用激光熔覆技术在Cu-Zr-Cr合金上制备了FeMnCoCr-TiC复合涂层,复合涂层的摩擦因数和磨损率均有所降低。李大艳等采用激光熔覆技术在304不锈钢上制备了AlCoCrFeNiNbo.75-WC复合涂层,当WC含量为10%时,涂层表面无明显犁沟和剥落,具有较好的耐磨性。

④耐腐蚀性能。高熵合金复合涂层中含有一定的Co、Cr、Ti等元素,

会在涂层表面形成一层钝化膜，进而阻碍 Cr 与金属基体的吸附，提高涂层的耐腐蚀性能，添加的硬质相本身的性质也会增强涂层的耐蚀性。董世知利用氩弧熔覆技术在 Q235 钢表面制备了 TiC-FeAlCoCrCuTio4 复合涂层，TiC 的加入降低了晶间腐蚀，使涂层耐蚀性、耐冲蚀磨损性均有所提高。Cui（30）采用激光熔覆技术在 TC_4 表面制备了 CeO_2-FeCoNiCrMo 复合涂层，发现 CeO_2 的加入可以提高涂层的耐蚀性。Akash 采用激光熔覆技术在 AlSl316 钢上制备了 AlFeCuCrCoNi-WC 复合涂层，发现该涂层的耐腐蚀性能优于基体，但当 WC 含量增加时，会使晶粒细化，晶粒表面积增多，容易在枝晶区形成碳化铬，进而减少氧化铬钝化膜的产生，降低涂层的耐蚀性。

⑤抗高温氧化性能。高熵合金复合涂层中添加 TiC、TiB_2 等硬质颗粒，Ti 的氧化反应会优先发生，在涂层表面会形成致密的氧化膜，使涂层具有更好的耐高温氧化性，也有少量文献指出，硬质相的加入导致“短路扩散”，降低涂层的抗氧化性。吴刚刚采用激光熔覆技术在 Ti-6Al-4V（TC_4）表面制备了 AlCoCrFeNiTix-TiB_2 复合涂层，600℃氧化试验表明，复合涂层内部组织无明显变化，抗氧化性得到增强。Shi 等通过等离子熔覆技术制备了具有 Ag 和氟化物共晶的 AlCoCrFeNi 高熵合金复合涂层，在 800℃时，Ag 和氟化物共晶的加入提高了涂层的抗氧化性。Sun 等将激光熔覆制备的 CrMnFeCoNi-TiC 复合涂层在 600℃进行 100h 的高温氧化实验，发现 TiC 的加入促进涂层中位错的生成，导致“短路扩散”，降低了涂层的抗氧化性。

（2）原位合成硬质颗粒增强高熵合金复合涂层。

①组织与结构。相比直接添加的方式，通过原位合成的硬质相在复合涂层中弥散分布，与涂层结合更好，原位合成的细小硬质相会阻碍枝晶生长。王智慧等采用等离子熔覆技术在 Q235 钢表面制备了 CoCrCuFeNiMn-NbC 复合涂层，发现 C 和 Nb 的加入原位合成了 NbC，涂层物相由 FCC 相和 NbC 相组成，NbC 聚集在基体的树枝晶周围。刘健在 AlCoCrFeNi 高熵合金粉末中掺杂 Ti 元素，采用激光熔覆技术实现原位自生 TiC 增强相，复合涂层由 BCC 相、TiC 相和 Al_2O_3 相组成。郭亚雄利用激光熔覆技术制备了 MC-AICrFeNb3MoTiW 复合涂层，发现复合涂层中原位形成了 NbC、TiC、MoC 和 W2C 增强相，涂层中碳化物为颗粒状。

②硬度。高熵合金复合涂层的硬度随增强相含量升高而增加,原位合成的细小硬质相在涂层中弥散分布,使得涂层具有较高的强度和硬度。王智慧等采用等离子熔覆技术在Q235钢表面制备了CoCrCuFeNiMn-NbC高熵合金复合涂层,由于原位NbC的析出和Orowan强化机制,涂层硬度达到了3110MPa。Cheng等在CoCrFeNiCu粉末中添加Ti和B_4C,利用等离子熔覆技术在Q235钢表面制备了(TiC, TiB_2)-CoCrFeNiCu复合涂层,随着Ti和B_4C的增加,涂层硬度得到明显提高。Guo利用激光熔覆技术在904L钢表面制备了TiN-$CoCr_2FeNiTi_x$复合涂层,原位合成的TiN相使涂层硬度提高,大约为基体硬度的3倍。Guo等利用激光熔覆技术在304不锈钢表面原位合成了TiC-$CoCrCuFeNiSi_{0.2}$复合涂层,其硬度超过基体涂层的2倍。Zhang等利用等离子熔覆技术在Q235钢表面制备了TiN-Al_2O_3-Cr_2B增强CoCrFeMnNi高熵合金复合涂层,与CoCrFeMnNi涂层相比,复合涂层的硬度提高了71.9%。

③耐磨损性能。高熵合金复合涂层中原位合成的增强相可以降低涂层的摩擦因数,改变涂层的磨损方式,使复合涂层具有优异的耐磨性。李礼采用激光熔覆技术在Q235钢表面制备了(TiB_2, TiC)-AlCoCrFeNiCu复合涂层,原位陶瓷颗粒在涂层中弥散分布,并在位错移动中起到钉扎作用,阻碍位错运动,造成位错塞积,从而提高涂层强度和耐磨性能。Guo采用激光熔覆技术在304不锈钢表面原位合成了TiC-$CoCrCuFeNiSi_{0.2}$高熵合金复合涂层,与未添加TiC的涂层相比,摩擦因数和磨损体积均减小。李涵在AlCoCrNiTi粉末中加入B,利用激光熔覆技术在Q235钢表面制备了TiB_2-AICoCrNiTi复合涂层,其耐磨性约为AlCoCrNiTi涂层的7倍。Zhang等采用等离子熔覆技术在Q235钢表面制备了TiN-Al_2O_3-CrB增强CoCrFeMnNi高熵合金复合涂层,复相陶瓷的强化抑制了涂层的黏着磨损,使得复合涂层具有优异的耐磨性。

④耐腐蚀性能。原位合成硬质颗粒增强高熵合金复合涂层拥有良好的耐蚀性,但也有少量研究发现原位合成增强相降低了涂层的耐蚀性。刘健在AlCoCrFeNi高熵合金涂层原位合成TiC后,在电化学实验中发现涂层中Ti元素的掺杂有利于降低涂层的维钝电流密度,Ti元素参与阴极反应形成的TiO_2和Ti_2O_3氧化物有利于增强钝化膜的稳

定性,降低钝化膜的溶解速度,使涂层的腐蚀机制由严重的晶间腐蚀改为点蚀。Guo 利用激光熔覆技术在 904L 钢表面制备了原位 TiN-$CoCr_2FeNiTix$ 高熵合金复合涂层,表明 TiN 的析出可以有效降低腐蚀速率。Liu 通过激光熔覆在奥氏体不锈钢表面制备了陶瓷颗粒增强 FeCoNiCrMnTix 高熵合金复合涂层,随着 Ti 的加入,在高纯度氮气保护下,涂层中原位生成了 TiN, $FeCoNiCrMnTi_{0.5}$ 涂层的耐蚀性优于基体,当 Ti 在涂层中的原子比超过 1.0 时,涂层的耐蚀性降低。

⑤抗高温氧化性能。高熵合金复合涂层具有优良的抗高温氧化性,原位合成硬质相后,硬质相会阻碍氧进入涂层内部,从而提高复合涂层的抗氧化性。盛洪飞制备了 TiC 颗粒增强 AlosCoCrCuFeNi 高熵合金复合涂层,在 950℃空气中进行 100h 循环氧化后,复合涂层表面生成保护性的氧化膜,可以明显提高合金的抗氧化性能,但当 TiC 浓度较高时,活泼的 Ti 不断向氧化膜外表层扩散,生成大量的疏松 TiO_2 颗粒团簇镶嵌在内层氧化膜中并且不断长大,加快了内层氧化的速率。

6.4.2.3 结论与展望

高熵合金复合涂层因其在硬度、耐磨性、耐蚀性及抗高温氧化性等方面表现优异,具有广泛的科学研究价值和应用前景。针对目前高熵合金复合涂层研究中存在的问题提出几点展望。

(1)在制备技术方面,未来要加强对现有制备工艺的优化,开发新的工艺,探索出适应现代工业生产需要和条件的高熵合金复合涂层制备技术。激光电弧复合热源结合了激光热源与电弧热源两者各自的优点,激光热源的优势在于能量密度高,可以提高电弧热源的稳定性,电弧热源作用范围大,在降低所需激光热源的同时,又可以起到部分预热缓冷的作用,从而实现在提高热源能量利用率的同时,又可以改善复合涂层内部的应力分布情况,减少裂纹、气孔等缺陷,具有较好的应用前景。

(2)在增强相方面,目前高熵合金复合涂层中的增强相大多是各种碳化物、氮化物和硼化物颗粒,仅有少数文献采用金属间化合物;并且由于高熵合金元素的多元化,高熵合金复合涂层中增强相的设计、原位析出机制、强化机制等都不同于通常的硬质颗粒增强金属基涂层,还缺少系统的理论指导。在未来的研究中,应丰富增强相的种类,对增强相与固溶强化之间的协同强化机制进行深入探讨,揭示基体与涂层之间界面的适应性及匹配性原理。在计算模拟理论上,应对增强相的引入进行模拟、预测及优化,实现增强相种类、尺度和分布的主动调控。

(3)在性能研究方面,目前关于高熵合金复合涂层中腐蚀磨损性能的研究还很少,对腐蚀磨损机制的研究还有待深化。今后应研究复杂服役环境下的腐蚀磨损行为,阐明失效机制,建立腐蚀和磨损的力-电耦合损伤测试评价体系。在涂层研发设计中,充分利用高通量计算、机器学习等大数据工程,阐明结构与性能之间的关系,实现涂层成分-组织-性能关系的充分挖掘。此外,还应加强对高熵合金复合涂层极端服役条件下的研究,如超高温性能、冲蚀性能、抗辐射性能,这有利于将其推广到更广泛的应用领域,如燃料元件包壳材料、隔热涂层、硬质合金涂层刀具、船舶与海洋耐腐蚀材料、模具内衬、航空发动机等。

参考文献

[1] 张以忱 . 真空镀膜技术与设备 [M].2 版 . 北京：冶金工业出版社，2021.

[2] 方应翠 . 真空镀膜原理与技术 [M]. 北京：科学出版社，2014.

[3] 石澎，马平 . 光学真空镀膜技术 [M]. 北京：机械工业出版社，2022.

[4] 陆峰 . 真空镀膜技术与应用 [M]. 北京：化学工业出版社，2022.

[5] 李云奇 . 真空镀膜 [M]. 北京：化学工业出版社，2012.

[6] 王福贞，武俊伟 . 现代离子镀膜技术 [M]. 北京：机械工业出版社，2021.

[7] 王月花 . 薄膜光学原理与技术 [M]. 徐州：中国矿业大学出版社，2020.

[8] 冯丽萍，刘正堂 . 薄膜技术与应用 [M]. 西安：西北工业大学出版社，2016.

[9] 王治乐 . 薄膜光学与真空镀膜技术 [M]. 哈尔滨：哈尔滨工业大学出版社，2013.

[10] 刘爱国 . 低温等离子体表面强化技术 [M]. 哈尔滨：哈尔滨工业大学出版社，2015.

[11] 张世宏，王启民，郑军 . 气相沉积技术原理及应用 [M]. 北京：冶金工业出版社，2020.

[12] 王月花，黄飞 . 薄膜的设计、制备及应用 [M]. 徐州：中国矿业大学出版社，2016.

[13] 张永宏 . 现代薄膜材料与技术 [M]. 西安：西北工业大学出版社，2016.

[14] 徐成海 . 真空工程技术 [M]. 北京：化学工业出版社，2006.

[15] 刘玉魁 . 真空工程设计 [M]. 北京：化学工业出版社，2016.

[16] 贺自名 . 真空镀膜控制系统的设计与研究 [D]. 石家庄：石家庄铁道大学，2020.

[17] 石斌 . 真空镀膜机自动控制系统应用研究 [J]. 现代制造技术与装备，2019（6）：205–206.

[18] 王伟 . 浅析真空镀膜技术的现状及进展 [J]. 科学技术创新，2018（28）：146–147.

[19] 眭凌杰，尚心德 . 真空镀膜制备彩色装饰性涂层 [J]. 真空，2018，55（1）：46–51.

[20] 陈超 . 影响真空蒸发镀膜膜厚的因素分析 [J]. 数字通信世界，2018（8）：65.

[21] 王帅康 . 磁控溅射不同晶粒度铜靶表面形貌及溅射性能研究 [D]. 太原：太原理工大学，2022.

[22] 娄一帆 . 真空溅射智能制造生产线工业设计 [D]. 长沙：湖南大学，2022.

[23] 邹登祥 . 真空离子镀膜设备中的膜厚控制技术研究 [D]. 南昌：南昌大学，2021.

[24] 温雪龙，韩风兵，巩亚东，等 . 沉积时间对真空离子镀 TiC 涂层微磨具表面性能的影响 [J]. 东北大学学报（自然科学版），2022，43（6）：857–863.

[25] 张羽洲 . 基于 PLC 的真空离子镀膜机控制系统设计 [J]. 机械管理开发，2022，37（2）：283–284+287.

[26] 李福球，林松盛，林凯生 . 离子镀硬质装饰膜的发展与现状 [J]. 电镀与涂饰，2016，35（15）：817–822.

[27] 刘宏辉 . 真空离子镀技术在电镀工艺中运用 [J]. 中国石油和化工标准与质量，2021，41（9）：171–172.

[28] 马会中，路军涛，张兰 . 等离子体增强化学气相沉积法制备类金刚石薄膜研究综述 [J]. 科学技术与工程，2023，23（18）：7597–7606.

[29] 李娜，张儒静，甄真，等 . 等离子体增强化学气相沉积可控制备石墨烯研究进展 [J]. 材料工程，2020，48（7）：36–44.

[30] 姚涵，何叶丽，陈育明 . 石墨烯的等离子体增强化学气相沉积法合成 [J]. 印染，2018，44（5）：12–17.